U0262191

TDD 大规模组网干扰控制与实践

王晓云 丁海煜 邓伟 李新 王大鹏 著

人民邮电出版社
北京

图书在版编目（CIP）数据

TDD大规模组网干扰控制与实践 / 王晓云等著. -- 北京 : 人民邮电出版社, 2023.3
ISBN 978-7-115-60854-3

Ⅰ. ①T… Ⅱ. ①王… Ⅲ. ①软件开发－组网技术
Ⅳ. ①TP311.52

中国国家版本馆CIP数据核字(2023)第001720号

内容提要

本书系统阐述了大规模 TDD 组网干扰方面的理论及实践，包括 TDD 超大规模组网干扰体系、TDD 特有系统内网络全局自干扰及控制理论、TDD 特有系统内网络全局自干扰问题及解决方案实践、TDD 系统内基站终端间干扰控制原理与实践、TDD 系统与其他系统间干扰原理及分析、TDD 系统与其他系统间干扰解决方案实践、干扰控制的技术演进方向以及 TDD 大规模组网干扰理论及方法对全球 TDD 推广的借鉴意义等内容。

本书作者经历了 3G、4G、5G 的 TDD 系统的标准制定、技术和规模试验到商用网络建设及应用的全过程。本书凝聚了作者团队多年实践的汗水和心血，是从事移动通信技术研究、标准制定、产品研发、网络规划与优化的工程技术及管理人员，以及高等院校相关专业师生不可多得的参考书。

◆ 著　　王晓云　丁海煜　邓　伟　李　新　王大鹏
责任编辑　李彩珊
责任印制　马振武
◆ 人民邮电出版社出版发行　北京市丰台区成寿寺路 11 号
邮编　100164　电子邮件　315@ptpress.com.cn
网址　https://www.ptpress.com.cn
涿州市京南印刷厂印刷
◆ 开本：720×960　1/16
印张：18.75　2023 年 3 月第 1 版
字数：325 千字　2023 年 3 月河北第 1 次印刷

定价：159.80 元

读者服务热线：(010)81055493　印装质量热线：(010)81055316
反盗版热线：(010)81055315
广告经营许可证：京东市监广登字 20170147 号

序　一

在 4G 时代，我国主导的 TDD 技术已成为全球主流应用，并带动了移动互联网的蓬勃发展；在 5G 时代 TDD 已成为全球主导化应用，正在产业互联网中全面兴起。然而 TDD 在 3G 时代立而不强，前期业界对 TDD 制式系统的大规模组网能力普遍持怀疑态度，一个主要的原因在于 TDD 比 FDD 制式系统具有更加复杂的干扰。这些干扰包含两大类：一是 TDD 系统特有的系统内基站间干扰（即书中所提的网络全局自干扰）；二是与 FDD 干扰类型相同但更加复杂的干扰，如系统内基站对终端的干扰（即基站终端间干扰）、系统间等各类干扰。

TDD 系统特有的基站间自干扰是世界级难题。前期全球没有基于 TDD 的规模组网先例，业界缺乏对该干扰规律的认知和表征，因干扰源众多，且存在独特的大气波导干扰，该干扰的预测和捕获也是一个难题。由王晓云带领的中国移动团队经过多年的理论研究、技术分析及试验，揭示 TDD 移动通信网络全局自干扰的特性并构建模型，特别是发现和揭示多站功率集总的大气波导干扰效应，为精准控制干扰奠定理论基础；提出了灵活 GP 帧结构设计、远端干扰溯源的导频设计及检测等技术，解决了控制开销与网络性能的对立统一、干扰随机不可控等难题。相关技术已写入 3GPP 国际标准，构成了 3GPP RIM（远端干扰管理）标准的基石，具备系统性和原创性特点。同时，上述技术均规模应用于中国移动现网中，并被全球 200 余家 TDD 运营商所采用，助力 TDD 成为全球主导技术方向。

针对 TDD 与 FDD 干扰类型相同但更加复杂的干扰，由王晓云带领的中国移动团队提出了一整套干扰研究及分析的方法，包括干扰特征提取、数学分析建模、仿真评估、解决方案提出、测试验证等，并与 TDD 系统特有的网络全局自干扰一起形成了 TDD 大规模组网干扰控制的技术体系，该干扰体系已用于中国移动在 3G、

4G、5G 等 TDD 大规模组网的实践，助力中国移动建成了规模最大、性能最先进的 TDD 网络，证明了该体系的科学性和系统性。

随着信息需求的爆炸式增长，TDD 相比 FDD 频率获取更容易、频谱资源更多、能够获得更优的资源匹配效率，TDD 技术优势日益明显，成为全球运营商建网的首选。这也再次印证了当年我们这些“少数派”毅然选择支持 TDD 技术的正确性。在 5G 商用发展以及 6G 预研的关键阶段，作者将其对于 TDD 大规模组网干扰理论的认识、理解和实践经验整理成书，并奉献给广大读者，必然对于 TDD 在全球的推广及发展具有非常实际的指导意义。

中国工程院院士

序 二

公众移动通信商用到现在有 40 年的历史，其中前 20 年即 1G 和 2G 时代采用的双工技术均是 FDD 制式，欧美日在技术与产业上占据绝对主导地位。2000 年，由我国主导提出的基于 TDD 制式的 TD-SCDMA 被国际电信联盟确立为 3G 国际标准之一，改变了全球移动通信 FDD 制式一统天下的局面，在重大通信系统技术国际标准上实现了我国百年电信史上零的突破，中国自主发展 TD-SCDMA 产业并在全球率先建设及运营 TD-SCDMA 网络。到 4G 时代，我国主导的 TD-LTE 不仅是国际 4G 两大标准之一，而且成为全球主流应用模式，极大推动了移动互联网应用的蓬勃发展。在 5G 时代，频谱带宽更宽、效率更高、利用率更高的 TDD 技术优势更为凸显，成为全球 5G 部署的主导技术。

20 多年来移动通信 TDD 技术的发展历程充满了挑战与创新，在突破的多类技术问题中，TDD 大规模同频组网就是其中的一个世界级难题。FDD 中不存在的上下行间同频干扰在 TDD 中成为主要干扰源，当上下行时隙的保护时间间隔不足以避免来自干扰基站的下行信号落在本基站接收的上行信道时隙时，系统性能就受到很大影响。其中大气波导效应导致的超视距和超长距离传输的时延具有不确定性，带来 TDD 大规模组网干扰控制的严峻挑战。中国移动作为全球首个建设大规模 TDD 网络的运营商在实践中发现了这一全局性干扰现象，改变了移动通信基站间局域性干扰的传统认知，通过对干扰特性分析、数学建模、仿真评估、测试验证等，提出了具有灵活保护时间间隔的帧结构方案和远端干扰溯源的导频设计等多项创新技术。中国移动联合产业链相关方经过多年的理论研究与实践，最终攻克了 TDD 大规模组网难题，建成全球最大规模和最先进的 TDD 网络，实现了移动通信技术、标准、产业、商用等领域的全面突破。中国对 TDD 大规模组网干扰技术的深入研究夯实了 TDD 移动通信的技术基础，相关技术规范已贡献到国际标准中，为 TDD 技术的全球应用提供了技术保障和组网经验，TDD 技术成为 5G 时代双工模式的首选。

当前，5G 正在加快网络部署和深化应用，6G 的标准化前期研究也已经开始，在这样一个关键节点，总结 TDD 大规模组网干扰理论及实践成果，将对 5G 后续演进及 6G 技术研究提供有力的支持。中国移动王晓云牵头的本书作者团队长期从事移动通信系统研发，多年奋战在 TDD 技术的研究开发、标准制定、产业推进、规模试验、网络运维、应用开发的一线，在 TDD 大规模组网方面拥有深厚的理论功底和丰富的实践经验。如今，他们将研究心得和宝贵经验总结成书，并奉献给广大读者，对于 TDD 技术在全球的推广及发展具有重要的指导意义；同时，本书中所蕴含的问题导向和理论与实践相结合的全局思维解决问题的思路及分析方法，对于从事科学研究、产品开发、规划设计、网络运维的科技人员都有实用的参考价值。

中国工程院院士

前言

1G 和 2G 时代，移动通信系统的双工方式均以 FDD 为主，我国处于技术跟随状态。3G 时代，中国提出的基于 TDD 的 TD-SCDMA 被确立为 3G 国际标准，实现了我国百年电信史上国际标准零的突破！基于 TD-SCDMA 技术，我国初步构建了 TDD 制式移动通信端到端完备产业链。同时，面对 TD-SCDMA 商用难题，中国移动联合产业开展了大量商用关键技术攻关和创新，降低了工程建设难度，解决了 2G（GSM）和 3G（TD-SCDMA）互操作等难题，使我国拥有自主知识产权的 TDD 技术首次在移动通信系统中规模商用，在国内实现三分天下有其一。

4G 时代，在最初的 4G 技术路线上，基于 TDD 的技术路线处于最弱地位；国内对 4G 路线选择走 FDD 还是 TDD，也有激烈争论。经过充分研究和论证，我国坚定地选择 TDD 的技术路线，并确立了 TDD 和 FDD 融合发展的技术战略，使 TD-LTE 在全球多个 TDD 技术提案的竞争中胜出，成为全球两大主流 4G 标准之一。我们通过 NGMN（下一代移动通信网）、GSMA（全球移动通信系统协会）、GTI（TD-LTE 全球发展倡议）等国际平台，推动形成全球对 TD-LTE 共识及产业对 TD-LTE 支持。在 TD-LTE 走向商用的过程中，仍面临一系列问题，例如，大规模组网中大气波导等原因导致 TDD 基站间自干扰超视距传播，严重时造成大面积基站瘫痪，且干扰随机性强，干扰的发现、识别和根除均非常困难。中国移动牵头提出了针对 TDD 特有的基站间自干扰的溯源及抑制方法，实现首个 TDD 移动通信系统的大规模组网。

5G 时代，对于中高频段，大的载波带宽是该制式的特色配置，采用 TDD 更容易获得连续的大带宽频率资源。因此，TDD 成为 5G 时代 2GHz 以上新频率的优选划分方式，并成为 5G 的主导双工方式。中国移动在 TDD 技术领域持续创新：在

TDD 大规模组网方面，中国移动基于 TD-LTE 大气波导干扰管理方案，在 3GPP 牵头了远端干扰管理（RIM）的关键技术研究和标准制定，首次形成了解决 TDD 特有的基站间自干扰的国际标准；在 TDD 无线网架构方面，中国移动主导提出的集中化、协作化、云化、绿色化的 CRAN（基于集中化处理协作式无线电和实时云计算构架的绿色无线电接入网）架构，在 5G 时代获得了广泛的应用；在 TDD 最具特色的多天线技术方面，中国移动主导提出的 3D-MIMO 技术成为 5G 标准性技术，基于 TDD 上下行信道互易性实现的大规模 MIMO，使 5G 实现单用户 1Gbit/s 以上的性能，使频谱效率实现 4 倍提升。最终实现 TDD 技术首次成为一代移动通信系统的主流方向和核心基础。

本书围绕 TDD 超大规模组网的核心症结——“干扰”问题进行了系统阐述，首先提出了 TDD 超大规模组网干扰体系，包括系统内网络全局自干扰、基站终端间干扰及系统间干扰理论及技术。针对 TDD 特有系统内全局自干扰，系统性地构建 TDD 超大规模组网干扰模型，揭示基站自干扰由域内、域外两类干扰组成，详细阐述了干扰的成因、干扰规律和干扰对系统性能的影响。按照 3G、4G、5G 的顺序，循序渐进地阐述基站间自干扰的创新解决方案实践。针对基站终端间干扰，给出了同频组网可行性的评估方法，然后分别阐述了基站终端间同频干扰问题及解决方案在 3G、4G、5G 中的实践。针对系统间干扰，本书基于系统间干扰模型，归纳了此类干扰的关键指标，根据 TDD 系统与其他系统的频谱关系，利用确定性计算和仿真模拟两种分析方法，提出了对干扰进行定量分析的基本思路，提出了可行的干扰规避准则，并给出针对系统间干扰的常用排查方法。本书提出的相关干扰控制理论、模型、方法及相关实践经验，具有普适性，可以为国际 TDD 推广及组网提供经验参考。同时，本书面向未来，阐述了 TDD 超大规模组网后续可能面临的问题及相关的干扰控制的技术方向。

本书作者团队深耕 TDD 超大规模组网领域，有丰富的理论积累及实践经验，对 TDD 干扰问题有深入的理解。本书凝聚了 TDD 干扰理论及实践相关的重要成果，包括 TDD 超大规模组网干扰体系、TDD 特有系统内网络全局自干扰及控制理论、TDD 特有系统内网络全局自干扰问题及解决方案实践、TDD 系统内基站终端间干扰控制原理与实践、TDD 系统与其他系统间干扰原理及解决方案实践、干扰控制的技术演进方向等内容。在内容编写上，本书尽量做到内容翔实、深入浅出，具有很强的可读性和可用性。本书的内容对深入研究 TDD 超大规模组网中出现的干扰问题及解决方法具有重要参考意义。

全书由中国移动王晓云、丁海煜、邓伟、李新、王大鹏主持编写。参加本书编写工作的同志还有李晗、贾民丽、孟令同、景旭、杨拓、柯颋、张广晋、李博然、张龙、武燕燕、金婧、苏鑫、郭春霞、唐玉蓉、韩双峰、韩柳燕、张弘骉、陆荣舵、张晓然、陈子威等。感谢黄宇红、何继伟、曹蕾、吴松、徐晓东对本书专业细致的审稿工作，感谢周娇、郝悦为本书提供了大量翔实的资料和数据，感谢江天明、马键、王飞为本书相关章节的选题方向提出宝贵建议。最后，还要感谢人民邮电出版社的梁海滨、吴娜达、李彩珊、秦萃青，他们为本书的编写和出版做出了重要贡献。
希望本书内容能让有需要的广大读者朋友受益。

作者

2022 年 11 月

目 录

第 1 章　概述……001

1.1　移动通信发展历程……001

1.1.1　1G：有线向无线的飞跃……002

1.1.2　2G：模拟向数字的飞跃……003

1.1.3　3G：语音向数据的飞跃……005

1.1.4　4G：窄带向宽带的飞跃……006

1.1.5　5G：人的通信向万物互联的飞跃……008

1.1.6　6G：通信向信息服务的飞跃……011

1.2　TDD 在移动通信发展中的作用及意义……014

1.2.1　频率重要性及 TDD 技术原理……014

1.2.2　TDD 的技术优势……014

1.2.3　TDD 面临的挑战……020

1.3　TDD 干扰及大规模组网历程……021

第 2 章　TDD 超大规模组网干扰体系……024

2.1　TDD 特有系统内网络全局自干扰——基站间……027

2.2　系统内局域干扰——基站终端间……028

2.3　系统间干扰……030

第 3 章　TDD 特有系统内网络全局自干扰及控制理论……033

3.1　TDD 特有系统内网络全局自干扰模型……034
3.2　域内自干扰及控制理论……036
3.2.1　域内自干扰控制方法概述……036
3.2.2　域内自干扰传播模型研究……042
3.2.3　基于域内自干扰临界值的 GP 设计实例……046
3.3　域外自干扰及控制理论……048
3.3.1　域外干扰的特征……048
3.3.2　域外大气波导干扰产生的原因……053
3.3.3　域外大气波导干扰功率集总特征建模和强度分析……056
3.3.4　域外大气波导干扰溯源及规避方法……063
3.4　小结……067
参考文献……067

第 4 章　TDD 特有系统内网络全局自干扰问题及解决方案实践……068

4.1　概述……068
4.2　3G TD-SCDMA 网络全局自干扰问题及解决方案实践……070
4.2.1　TD-SCDMA 网络全局自干扰问题……070
4.2.2　TD-SCDMA 网络全局自干扰问题的解决方案……072
4.3　4G TD-LTE 网络全局自干扰问题及解决方案实践……074
4.3.1　TD-LTE 网络全局自干扰问题及影响……074
4.3.2　整体解决方案概述……077
4.3.3　干扰溯源解决方案……078
4.3.4　面向大气波导干扰的控制算法设计及时频空域解决方案……084
4.3.5　全局协同解决方案……093
4.3.6　TD-LTE 网络全局自干扰问题整体优化效果……094
4.4　5G 网络全局自干扰问题及解决方案实践……096
4.4.1　网络全局自干扰问题及影响……096
4.4.2　远端干扰管理 RIM 标准化解决方案……097
4.5　4G 网络和 5G 网络间全局自干扰问题及解决方案……108

4.6 异帧结构组网基站间自干扰问题及解决方案实践……112
4.6.1 异帧结构组网基站间干扰问题及影响……113
4.6.2 异帧结构组网场景的干扰解决方案……119
4.7 小结……127
参考文献……128

第 5 章 TDD 系统内基站终端间干扰控制原理与实践……129

5.1 同频组网可行性评估方法……130
5.2 TD-SCDMA N 频点解决方案及实践……132
5.2.1 TD-SCDMA 控制信道无法同频组网问题及 N 频点解决方案原理……132
5.2.2 N 频点组网性能测试评估……135
5.3 TD-LTE 控制信道同频组网解决方案与实践……136
5.3.1 TD-LTE 控制信道物理层关键技术……136
5.3.2 TD-LTE 控制信道组网性能分析及仿真研究……138
5.3.3 TD-LTE 同频组网性能测试评估……146
5.4 5G 基站终端间同频干扰问题及解决方案与实践……147
5.4.1 解决业务信道干扰的 5G 站间协同 CoMP 解决方案……148
5.4.2 5G 室内外同频组网干扰问题及解决方案……153
5.5 小结……161
参考文献……161

第 6 章 TDD 系统与其他系统间干扰原理及分析……162

6.1 系统间干扰模型……163
6.2 系统间干扰的分析方法……167
6.2.1 确定性计算方法……167
6.2.2 仿真模拟方法……168
6.3 常见频段的系统间干扰分析……173
6.3.1 F 频段的系统间干扰分析……173
6.3.2 E 频段的系统间干扰分析……175
6.3.3 D 频段的系统间干扰分析……177

6.4 系统间干扰的排查方法 ………… 190
6.4.1 常规排查方法 ………… 190
6.4.2 创新检测方法 ………… 190
6.5 系统间干扰的规避准则和隔离措施 ………… 193
6.6 小结 ………… 194
参考文献 ………… 195

第 7 章 TDD 系统与其他系统间干扰解决方案实践 ………… 196

7.1 F 频段 TD-LTE 与其他系统间的干扰解决方案实践 ………… 196
7.1.1 干扰排查方法 ………… 197
7.1.2 干扰规避方法 ………… 200
7.2 E 频段 TD-LTE 与其他系统间的干扰解决方案实践 ………… 201
7.2.1 干扰排查方法 ………… 201
7.2.2 干扰规避方法 ………… 202
7.3 D 频段 TD-LTE 及 NR 与其他系统间的干扰解决方案实践 ………… 203
7.3.1 干扰规避方法 ………… 203
7.3.2 干扰解决案例 ………… 203
7.4 3.5GHz 频段 NR 与其他系统间的干扰解决方案实践 ………… 208
7.4.1 干扰原理 ………… 208
7.4.2 仿真方法 ………… 209
7.5 小结 ………… 212
参考文献 ………… 212

第 8 章 干扰控制的技术演进方向 ………… 213

8.1 未来移动通信中可能出现的干扰问题 ………… 213
8.2 时频统一全双工技术 ………… 215
8.2.1 5G 新型双工演进技术 ………… 215
8.2.2 潜在部署场景和干扰情况分析 ………… 218
8.2.3 TDD 干扰抑制能力目标 ………… 224
8.2.4 现有 TDD 基站收发器的干扰抑制能力分析 ………… 226

8.2.5 TDD 宏微异时隙干扰抑制技术增强 …… 230
8.2.6 子带不重叠全双工干扰抑制技术增强 …… 249
8.3 干扰识别、排查和消除中的 AI 应用 …… 255
8.3.1 基于图像识别技术的 5G 干扰识别 …… 255
8.3.2 基于类语义的复合干扰识别 …… 268
8.3.3 基于 AI 的 MIMO 系统干扰消除 …… 277
8.4 小结 …… 280
参考文献 …… 280

第 9 章 TDD 大规模组网干扰理论及方法对全球 TDD 推广的借鉴意义 …… 282

第1章 概 述

1.1 移动通信发展历程

移动通信是各国战略制高点，是国家竞争优势的战略必争。移动通信是 80 亿人和数百亿物的万物互联的关键基础设施，是经济社会发展的新引擎，根据世界银行模型、中国信息通信研究院测算结果，全球移动宽带普及率每提升 10%，带动 GDP 增长 2.1%，我国超过 2.3%。移动通信是信息产业变革的引领力量，信息技术创新主战场，根据世界知识产权组织（WIPO）的数据，2020 年 PCT（《专利合作条约》）专利申请量排名前 10 的企业涉及数字通信领域的占 60%。

移动通信的历史最早可以追溯到百年前的车载无线系统。20 世纪 20 年代至 40 年代，专用移动通信系统问世。美国底特律警察使用的车载无线电系统是专用移动通信系统的代表，该系统的特点是为专用系统开发，工作频率较低。20 世纪 40 年代至 60 年代，出现了公用移动网，工作频率在一定程度上得到提高，通信方式为单工，以人工插拔的方式实现交换。1946 年，圣路易斯建立了世界上第一个公用汽车电话网。20 世纪 60 年代至 70 年代，无线信道实现自动接续。美国推出了改进型移动电话系统（IMTS），使用 150MHz 和 450MHz 频段，该系统采用大区制，仅支持中小容量。

20 世纪 70 年代至 80 年代，移动通信进入第一代移动通信技术（the 1st Generation Mobile Communication Technology，1G）时代。1978 年年底，美国贝尔实验室成功研制出先进移动电话系统（Advanced Mobile Phone System，AMPS），建成了蜂窝移动通信网，大大提高了系统容量。1983 年，AMPS 首次在芝加哥投入商用。

1.1.1　1G：有线向无线的飞跃

1G 存在多种设备和标准，包括美国的 AMPS、英国的全接入通信系统（Total Access Communication System，TACS）、北欧的北欧移动电话（Nordic Mobile Telephony，NMT）、日本的全接入通信系统（Japan Total Access Communication System，JTAGS）、德国的 C 网络（C-Netz）、法国的无线通信系统（Radiocom2000）和意大利的 RTMI 等，我国设备完全依靠进口。1G 时代我国分省引入 TACS、AMPS、NMT 等不同制式设备，无法实现漫游。产业链由国外把控，当时的移动终端“大哥大”昂贵、音质差、易被窃听或盗号。我国不掌握核心技术和国际标准话语权。1983 年美国 AMPS 首次商用。中国的第一代模拟移动通信系统于 1987 年 11 月 18 日在广东第六届全运会上开通并正式商用，采用 TACS 制式，提供全双工、自动拨号等功能，该系统于 2001 年关闭。

移动通信的变革在北美、欧洲和日本同时进行。不同地区采用的标准不同，但都采用模拟蜂窝技术，统称为 1G，各国家/地区通信系统详情见表 1-1。

表 1-1　各国家/地区通信系统详情

国家/地区		美国	英国	北欧		日本
系统名称		AMPS	TACS	NMT-450	NMT-900	NTT
频段/MHz	基站	870～880	935～960	463～467.5	935～960	915～940
	移动台	825～845	890～915	453～457.5	890～915	860～885
频道间隔/MHz		30	25	25	12.5	25
收发频率间隔/MHz		45	45	10	45	55
基站发射功率/W		100	100	50	100	25
移动台发射功率/W		3	7	15	6	5
小区半径/km		2～20	3～20	1～40	0.5～20	2～20
区群内小区数/N		7/12	7/12	7/12	9/12	9/12
语音	调制方式	FM	FM	FM	FM	FM
	频偏/kHz	±12	±9.5	±5	±5	±5
信令	调制方式	FSK	FSK	FFSK	FFSK	FSK
	频偏/kHz	±8.0	±6.4	±3.5	±3.5	±4.5
	速率/($\text{kbit}\cdot\text{s}^{-1}$)	10	8	1.2	1.2	0.3
纠错码	基站	BCH(40,28)	BCH(40,28)	卷积码	卷积码	BCH(43,31)
	移动台	BCH(48,36)	BCH(48,36)	卷积码	卷积码	BCH(15,11)

1G 时代尚未形成核心网概念，无线侧主要供应商为欧美的两大厂商：摩托罗拉和爱立信。手机与基站之间采用模拟信号进行传输，调制方式为频率调制（Frequency Modulation，FM）。用户接入方式采用频分多址（Frequency Division Multiple Access，FDMA），基站与基站间及整个网络之间通过数字信号传输，采用频移键控（Frequency Shift Keying，FSK）调制方式。

2001 年 12 月 31 日，我国关闭了模拟移动网络，第一代移动通信正式退出历史舞台。第一代移动通信的探路者给我们留下了许多宝贵的经验：第一次有了蜂窝和网络规划的概念；蜂窝技术的使用在一定程度上解决了频率复用的问题；频谱是移动通信赖以生存的基础且不可再生。以提高频谱利用率为目标的第二代移动通信的研究由此逐步展开。

1G 主要存在以下几个问题。

（1）保密性差。手机类似简单的无线电双工电台，通话锁定在一定频率，所以使用可调频电台就可以窃听通话。

（2）频谱利用率低。有限的频谱资源与无限的用户容量之间矛盾突出。

（3）终端便携性差。“大哥大”体积较大且价格高昂，耗电量大，信号差。

（4）业务单一。仅支持语音，不支持数据业务。

（5）无法实现漫游。1G 有多个标准，标准不统一。1G 没有核心网概念，无法对终端进行移动性管理。

1.1.2 2G：模拟向数字的飞跃

第二代移动通信技术（the 2nd Generation Mobile Communication Technology，2G）以两大标准为主，即欧洲主导的全球移动通信系统（Global System for Mobile Communications，GSM）和美国主导的码分多址（Code Division Multiple Access，CDMA）。我国依赖引进，以市场换技术，消化吸收后实现制造国产化。2G 时代中国移动和中国联通运营 GSM，中国电信运营 CDMA。2G 时代培育了本土系统制造商，包括巨龙通信、大唐电信、中兴通讯、华为技术，简称“巨大中华”，终端尚无国产芯片，在标准和技术方面没有核心技术和国际标准话语权。

GSM 采用频分与时分结合的多址技术，全面使用数字处理技术。CDMA 采用频分与码分结合的多址技术，全面使用数字处理和扩频通信技术，扩频通信在 20 世纪 50 年代应用于军事，80 年代应用于移动通信，具有发射功率低、抗干扰能力强、多址接入、保密性强等特点。

2G 网络在设计之初仍以支持语音通话为主，对数据业务的支持能力欠佳。GSM 网络引入通用分组无线业务（General Packet Radio Service，GPRS）的分组交换的网络设备，以支持分组域低速数据业务（每时隙速率 20.4kbit/s，发展到 GSM 增强数据演进（Enhanced Data rates for GSM Evolution，EDGE）后为每时隙速率 57.6kbit/s）；CDMA IS-95 系统仅支持电路域低速数据业务（9.6kbit/s/码道）。

GSM 网络占据全球 2G 市场的大部分份额，用户数为全球移动用户总数的 80%以上。其主要市场包括欧洲、中国、印度等，运营商和设备提供商众多。由于个别厂商的专利垄断，CDMA 设备提供商逐渐退出除北美外的其他市场，因此运营商和设备提供商相对较少。GSM 与 CDMA IS-95 对比见表 1-2。

表 1-2　GSM 与 CDMA IS-95 对比

	GSM	CDMA IS-95
专利	专利分散，利于扩大产业规模	专利垄断，限制了产业的发展壮大
标准	先标准后产品，复杂而完善，注重互联互通	先产品后标准，简单而高效，接口不开放，国际漫游难实现
推广	GSMA，成立于 1987 年	CDG，成立于 1993 年
漫游	支持全球漫游	初期不支持国际漫游
开放	核心网、无线网间接口开放，网络产业链壮大	初期，核心网、无线网接口封闭，需要绑定同一厂商
终端	SIM 卡和终端解耦，终端门槛低，产业规模大，款数多	初期，SIM 卡和终端绑定，终端门槛高，产业规模小，款数少

表 1-2 中，GSMA 为全球移动通信系统协会（Global System for Mobile Communications Assembly），CDG 为 CDMA 发展组（CDMA Development Group），集合了全球选择基于 CDMA 技术的演进路线的众多公司。

以下重点介绍占据 2G 大部分市场规模的 GSM 技术。

GSM 接入方式为频分多址（Frequency Division Multiple Access，FDMA）或时分多址（Time Division Multiple Access，TDMA）。上下行频段分离，上行频段为 935～960MHz，下行频段为 890～915MHz，载频间隔 0.2MHz，调制方式为高斯最小频移键控（Gaussian Minimum Frequency-Shift Keying，GMSK）。电路交换（Circuit Switching，CS）域承载语音业务，承载方式一般为时分复用（Time-Division Multiplexing，TDM）技术，由 MSC/VLR、HLR 等网元构成；TDM 逐渐萎缩，电路域核心网逐步演进为全 IP 方式的软交换。分组交换（Packet Switching，PS）域承载数据业务，逐渐出现 GPRS（2.5G）、EDGE（2.75G），以 IP 分组承载数据业务，

由 SGSN、GGSN 等网元构成，首次出现低速数据业务，标志着移动数据时代的开启。

2G 时代出现短彩消息/数据等新型业务。可支持漫游通话、CS 域短消息业务、PS 域彩信业务。初现数据上网功能，主要为浏览文字网页。

小结：2G 时代诞生了经典网络架构，这个时期形成的 CS、PS 等网络架构一直沿用至今；出现了新型业务模式，语音业务实现漫游通话；初步形成数据业务，为后续代际的发展打下基础。我国在 2G 时代已意识到标准化、知识产权等对移动网络发展的意义，也意识到移动通信特点是全程全网，涉及端到端网元和设备，技术需要支持国际漫游、接口开放、产业链稳健及适度竞争。

1.1.3 3G：语音向数据的飞跃

3G 以三大标准为主，欧洲主导宽带码分多址（Wideband Code Division Multiple Access，WCDMA），美国主导 cdma2000（Code Division Multiple Access 2000），我国开始自主创新并主导时分同步码分多址（Time Division-Synchronous Code Division Multiple Access，TD-SCDMA），后续美国又将 WiMAX 16e 于 2007 年加入 3G 标准。中国三大运营商分别使用一种标准，中国移动运营 TD-SCDMA，中国联通运营 WCDMA，中国电信运营 cdma2000。在 TD-SCDMA 上，我国培育了端到端的全产业链，终端开始有国产芯片，从此中国开始拥有核心知识产权和国际标准话语权。2001 年日本最早商用 3G，其制式为 WCDMA，中国在 2009 年实现 TD-SCDMA、WCDMA、cdma2000 商用。

国际电信联盟（ITU）在最初提出第三代移动通信系统的概念时考虑系统的商用预计在 2000 年左右，工作频率在 2000MHz 频段，最高数据传输速率是 2000kbit/s，故将其命名为国际移动通信系统 IMT-2000（International Mobile Telecommunication 2000）。ITU 为 IMT-2000 测试环境制定了具体的标准，并给出了系统指标性的参数。ITU 在 1998 年向所属成员征求符合 IMT-2000 要求的无线传输技术（RTT）提案，得到世界主要国家电信运营商的热烈回应。最终实际只有 3 种 CDMA 技术成为未来第三代移动通信系统的基础。其中 WCDMA 系统和 cdma2000 系统基于频分双工（Frequency Division Duplex，FDD）模式，FDD 模式是上、下行数据工作在对称的上行和下行频带；TD-SCDMA 基于时分双工（Time Division Duplex，TDD）模式，TDD 模式是上、下行数据工作在相同频率，但上行和下行时隙不同。

TD-SCDMA 是我国第一个自主知识产权的国际标准。1995 年，我国开始预研 SCDMA 技术；2000 年 5 月，在伊斯坦布尔会议上，中国提出的 TD-SCDMA 被国际电信联盟确立成为国际第三代移动通信标准之一，实现了我国百年电信史上零的突破！2001 年 3 月，TD-SCDMA 成为 3GPP R4 标准。

在 3G 中，CDMA 成为主流多址技术，CDMA 通过同一时间、同一频段、不同的扩频码区分业务信道，提升传输容量。3G 中有 TDD 系统和 FDD 系统两大双工方式，TDD 以不同时隙区分上行和下行，FDD 以不同频率区分上行和下行。TD-SCDMA 为 TDD 方式，WCDMA、cdma2000 为 FDD 方式。

与 2G 相比，3G 引入了新的信源和信道编码技术，采用自适应多速率（Adaptive Multi-Rate，AMR）语音编码，引入 Turbo 码，实现信道纠错；采用扩频通信，提高频谱利用率；提升抗干扰能力、频率选择性衰落能力，容量更大。

3G 核心网继承了 2G 网络架构。3G 核心网对 2G 核心网后向兼容；新增 NodeB、中央控制节点（RNC）等 3G 网元；支持软交换；逐步实现 A 口、Iu-CS、Nb 等 IP 化。

国际上，WCDMA 最为普及，在全球超 200 个国家部署；cdma2000 次之，在全球超 80 个国家部署；TD-SCDMA 在中国部署，由中国移动独家运营。各国际标准对比见表 1-3。

表 1-3　各国际标准对比

标准	WCDMA	cdma2000	TD-SCDMA
起源	欧洲	美国	中国
载波带宽	5MHz×2	1.25MHz×2	1.6MHz
峰值速率	1.44Mbit/s	3.1Mbit/s	1.68Mbit/s
双工方式	FDD	FDD	TDD
应用国家数	200 多个国家	北美、韩国、日本等 118 个国家和地区	仅中国
最早商用时间	2001 年	2002 年前后	2009 年

小结：3G 在继承 2G 网络架构的基础上，做了进一步优化，助力移动互联网开始起步。与 2G 相比，3G 可提供速率更快、时延更低、更多样化的业务；IP 化的核心网架构有利于网络演进；MSC/GGSN pool 结构提升了网络可靠性，降低了潮汐效应。终端由功能机向智能机转变，业务功能更加丰富，使手机成为“应用终端”。我国开始拥有核心知识产权和国际标准话语权，并在通信专利方面取得突破。TD-SCDMA 在标准化、产业化和商用化等方面为国家、为产业积累了大量经验和人才。

1.1.4　4G：窄带向宽带的飞跃

4G 最终融合形成两大标准，分别为欧亚的 LTE FDD 及我国主导的 TD-LTE。

中国移动运营 TD-LTE 制式，中国联通和中国电信同时运营 LTE FDD/TD-LTE 制式。TD-LTE 形成完整产业链，国内外企业均加入，产品水平基本与 FDD 同步。

2004 年全球微波接入互操作性（World Interoperability for Microwave Access，WiMAX）对通用移动通信业务（Universal Mobile Telecommunications Service，UMTS）技术产生挑战，尤其是高速下行链路分组接入（High Speed Downlink Packet Access，HSDPA）技术，3GPP 着手研究可支持 20MHz 的和 WiMAX 抗衡的系统。在 3GPP 立项之初，基于 TD-LTE 的演进路线在 LTE 各条路线处于最弱势地位。国内对 4G 路线选择走 FDD 还是 TDD，也有激烈争论。2007 年 12 月，国务院常务会议通过“新一代宽带无线移动通信网”重大专项实施总体方案，TD-LTE 成为“十一五”课题规划的重中之重；2008 年 2 月，在巴塞罗那 LTE 全球产业峰会上，中国移动携手沃达丰、Verizon 发布 TD-LTE 联合规划，树立 TD-LTE 的国际地位；我国通过 NGMN、GSMA 等平台，与产业建立高层对话及紧密合作机制，争取对 TD-LTE 支持，形成全球对 TD-LTE 的共识。在政府领导下，中国企业克服在标准化中话语权小的困难，使 TD-LTE 在全球多个 TDD 技术提案的竞争中胜出，成为全球两大主流 4G 标准之一。

与 3G 相比，4G 可提供更高的数据速率，数据速率是 3G 的 50 倍以上，单用户峰值速率可达 100Mbit/s。LTE 的高数据速率为移动互联网的快速发展和腾飞奠定了坚实的基础。3G 到 4G 的核心技术演化如图 1-1 所示。LTE 虽然名为“演进（Evolution）”，实为“革命（Revolution）”。LTE 在以下几个方面进行了革命。

（1）采用正交频分多址系统：频域分成多个子载波，与信道编码结合对抗多径衰落；子载波相互正交，提高频谱利用率；时、频二维调度，提高系统性能。下行采用正交频分复用（OFDM）系统，用户在一定时间内独享一段“干净”的带宽；上行采用 SC-FDMA（具有单载波特性的改进 OFDM 系统）。

（2）采用多输入多输出（Multiple-Input Multiple-Output，MIMO）技术：支持发射分集、空间复用、波束成形等多种多天线技术。实现多路数据流并行发送，获得空间复用增益，提高传输的有效性；实现多个子信道信号的有效合并，获得空间分集增益，提高传输的可靠性。

（3）扁平网络：取消中央控制节点（RNC），只保留一层 RAN 节点 eNodeB，架构扁平，降低业务时延；采用全 IP 组网，EPC 由 MME、S-GW，以及 P-GW 构成，eNodeB 和核心网采用基于 IP 路由的灵活多重连接（S1-flex 接口）。

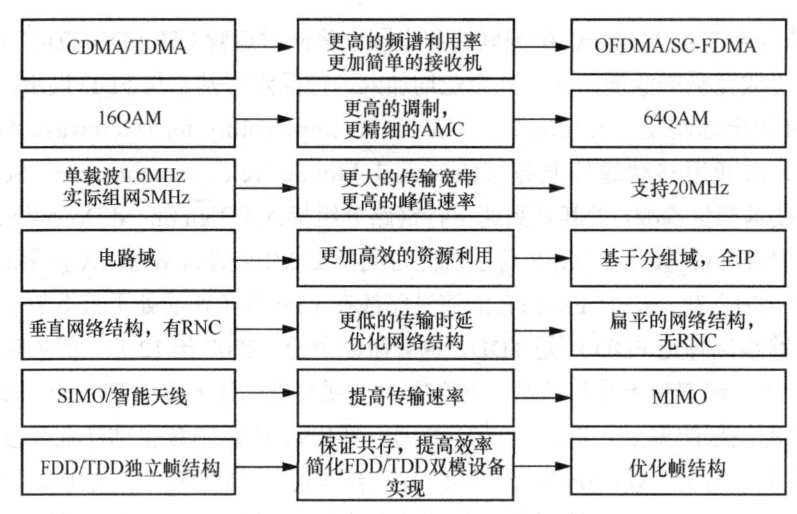

图 1-1 3G 到 4G 的核心技术演化

小结：在标准化方面，4G 相比 3G，运营商及早介入标准组织，按照自身需求制定标准，主导的 TD-LTE 成为全球两大标准之一；在产业化方面，TD-LTE 全面对标 LTE FDD，缩小了 TD-LTE 与 LTE FDD 的差距，为避免重现 3G 国际漫游问题，大力推动同时支持 TD-LTE、LTE FDD 以及 3G 的多模多频终端；在国际化方面，中国移动作为市场标杆，积极传递 TD-LTE 运营经验，吸引拥有 TDD 频谱的运营商选择部署 TD-LTE，实现了 TDD 从国际边缘到主流的跨越。

1.1.5 5G：人的通信向万物互联的飞跃

5G 作为新一代移动通信技术，可实现超高速率（峰值速率提升 10 倍以上）、超大连接（每平方千米百万连接）、超高可靠和超低时延（可靠性 99.999%，1ms 空口时延），是关键基础设施和经济增长引擎，也是新一轮产业变革的重要驱动力，成为全球技术和产业竞争的制高点。

5G 是新一轮产业变革的重要驱动力。4G 驱动移动互联网爆发，5G 驱动新一轮产业变革。身临其境的移动互联网业务等应用将引起千倍的流量增长，万物互联将连接百亿级的物联网设备。4G 改变生活，5G 改变社会。5G 不仅考虑人与人，也考虑人与物、物与物；4G 是“修路”，5G 是“造城”，需要打造跨行业融合生态。

5G 战略意义巨大，成为全球科技竞争的制高点。全球主要国家均将 5G 作为国家关键战略。美国于 2016 年 7 月，确定将 27.5～28.35GHz、37～38.6GHz、38.6～

40GHz 作为授权频谱分配给 5G，同时发布了基于毫米波的第一个 5G 标准，并计划于 2018 年年底商用；2018 年 8 月，发布 5G FAST 战略，旨在加快推动美国 5G 部署。欧盟于 2016 年 7 月发布《欧盟 5G 宣言》，2018 年启动 5G 规模试验。日本于 2017 年 10 月发布《面向 2020 年即未来的 5G 移动通信系统》，2019 年 4 月完成 5G 频谱分配。韩国于 2015 年发布 5G 国家战略，投入 1.6 万亿韩元，2018 年 6 月完成 5G 频谱分配。

我国高度重视 5G 技术，在 2016 年提出成为“全球 5G 引领者之一”的发展目标。《中华人民共和国经济和社会发展第十三个五年计划规划纲要》《国家信息化发展战略纲要》等国家文件中均要求积极推进 5G；2016 年 12 月，工业和信息化部发布《信息通信行业发展规划（2016—2020 年）》，提出支持 5G 标准研究和技术试验，推进 5G 频谱规划，启动 5G 商用，成为 5G 标准和技术的全球引领者之一；2018 年，中央经济工作会议明确要加快 5G 商用步伐，并将其列入 2019 年重点工作任务；2020 年 3 月，中共中央政治局常务委员会召开会议提出，加快 5G 网络、数据中心等新型基础设施建设进度；2021 年 7 月中旬，工业和信息化部等十部门联合印发《5G 应用“扬帆”行动计划（2021—2023 年）》，提出 5G 融合应用是促进经济社会数字化、网络化、智能化转型的重要引擎。

5G 应用场景更多样，面向高速率、大连接、低时延三大场景，性能指标更丰富，能力全面增强。5G 三大应用场景具体如下。

（1）增强型移动宽带（Enhanced Mobile Broadband，eMBB）场景。如果把带宽比喻为公路的宽度，那么在 5G 场景下，这条公路不仅可以跑轿车，还可以并排跑货车，相当于可提供较宽的线路。主要满足 3 个方面的用户需求：第一，无线移动信号的广域覆盖，不能出现盲区；第二，热点高容量，满足某一范围内大容量用户高速率数据传输；第三，无论是小区边缘，还是高速移动场景，观看 3D、超高清视频不会出现任何拥塞，为用户提供高速率使用体验。

（2）大连接物联网（Massive Machine Type Communication，mMTC）场景。主要面向智慧城市、环境监测、智能农业、森林防火等以传感和数据采集为目标的应用场景，具有小数据包、低功耗、海量连接等特点。这类终端分布范围广、数量众多，不仅要求网络具备超千亿连接的支持能力，满足每平方千米 100 万个设备的连接数密度指标要求，而且还要保证终端的超低功耗和超低成本。

（3）低时延高可靠通信（Ultra-Reliable and Low-Latency Communication，URLLC）场景。主要面向车联网、工业控制等垂直行业的特殊应用需求，这类应用对时延和可靠性具有极高的指标要求，需要为用户提供毫秒级的端到端时延和接近 100%的业务可靠性保证。

与 4G 相比，5G 峰值速率更高，可达 4G 的 20 倍；用户体验速率可达 4G 的百倍，达到 0.1～1Gbit/s；空口时延降低至 4G 的 1/5，最低可低至 1ms；连接数密度更大，可达百万个/km^2 。我国提出的“5G 之花”技术指标被 ITU 接受，“5G 之花”关键技术指标如图 1-2 所示。

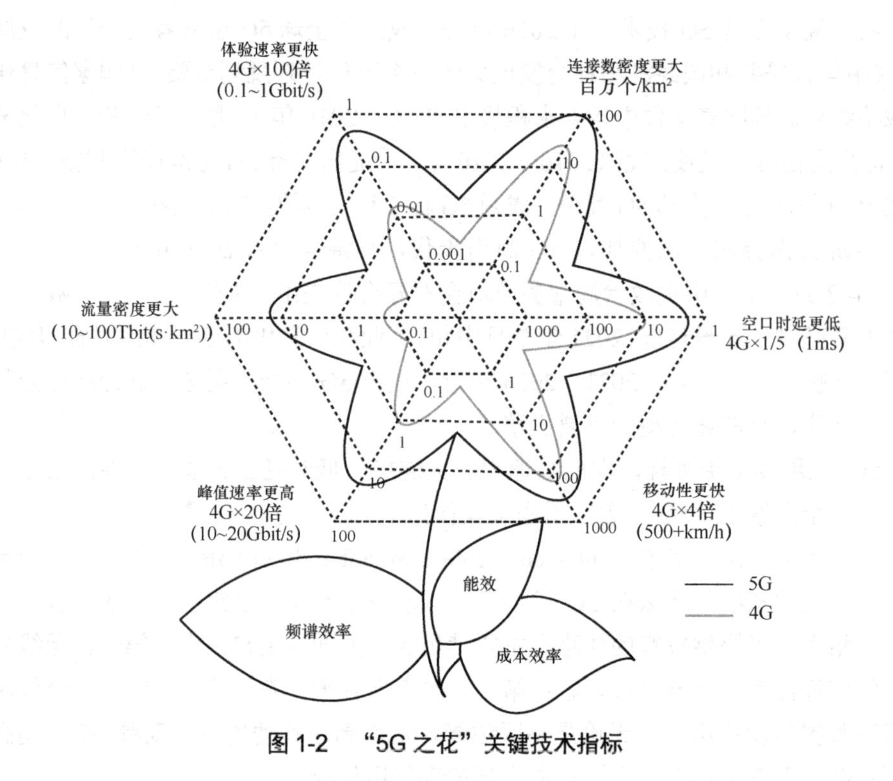

图 1-2 “5G 之花”关键技术指标

5G 无线空口，主要有三大技术变革方向。在新设计方面，引入动态灵活帧结构、新编码（Polar 码）、新波形、CU/DU 两级分离等技术，空口传输时延最低降至 1ms；在新频段方面，引入中频段性能增强、高中低频协同传输、上下行解耦传输等技术，实现在中频段单用户峰值速率约 1.7Gbit/s，高频段单用户峰值速率约 11Gbit/s；在新天线方面，引入大规模天线等 5G 标志性技术，发挥 TDD 优势，实现了传输效率较 4G 提升 3～5 倍。

5G 核心网通过架构变革满足了产业互联网发展的需要。5G 采用服务化的全新的网络架构，以用户为中心，满足极致化、个性化用户体验需求；赋能垂直行业，满足定制化、差异化行业需求。如传统机房重构为云数据中心；支持新型传输网络SPN（切片分组网络）；SDN（软件定义网络）实现连接可编程。5G支持三大关键能力：边缘计算、切片、智能化。边缘计算使移动网络边缘能为用户/第三方提供能力开放平台和IT集成环境，具有低时延、省传输带宽、高可靠安全隔离等优点。切片提供差异化、个性化的“专网”能力。5G网络让AI能力发挥更充分，AI技术让5G网络和服务更智能。AI与5G万物互联结合，可实现“智能泛在”。

1.1.6 6G：通信向信息服务的飞跃

基于“创新、协调、绿色、开放、共享”的新发展理念，6G在5G的基础上进一步演进和发展，更深层次地促进经济社会发展。

（1）在“创新”方面，6G为国家、企业和个人在科技创新、管理创新、商业创新和文化创新等诸多方面提供基础平台能力、信息服务能力、计算能力和AI能力。

（2）在“协调”方面，6G打通国家和行业间信息孤岛，保证“一带一路”全球经济一体化协调发展，以新业态方式协调垂直产业发展，完善国家治理体系。

（3）在“绿色”方面，6G基于全球立体覆盖能力提供强大的环境感知能力，形成全球合作环保方案，并推动传统产业转型升级，减少碳排放，实现绿色发展。

（4）在“开放”方面，6G自含生态开放基因，促进全球经济开放、市场开放、文化开放和制度开放。

（5）在“共享”方面，6G将构建共享的AI基础设施，实现大数据分析与人工智能的平民化，数据共享，保障数字红利和数字权益的公平性，进一步促进“共享经济”升级，助力“共享制造”和国际产业间“共享基础设施”，形成共享新生态，实现成功共享。

坚持新发展理念，6G将重构网络空间，一方面符合并充分落实了我国“创新驱动发展”“区域协调发展”“可持续发展”等战略，同时也为全球经济发展提供一体化空间，助力形成全球发展共同体、安全共同体和利益共同体，具有重大的战略意义。

为扭转在5G上的弱势，美国国防部早在2018年宣布资助成立“太赫兹与感知融合技术研究中心（ComSenTer）”，致力于6G研究；2019年3月美国联邦通信委员会（FCC）开放95GHz～3THz太赫兹波段频谱作为6G试验频谱。欧盟5G基础设施协会于2021年6月发布了白皮书《欧洲6G网络生态系统愿景》，致力于2030年

6G 商用落地；作为欧洲 5G 领先者，爱立信于 2022 年 2 月发布了白皮书《6G 网络—连接虚拟和现实世界的桥梁》，阐述了 2030 年的 6G 网络世界愿景。韩国于 2021 年 6 月发布消息，将在未来 5 年投入 2200 亿韩元，力争占据 6G 通信核心技术制高点，在低轨道通信卫星、高精密网络技术和太赫兹通信技术等六大重点领域布局；三星电子公司和 LG 公司在 2019 年设立了 6G 研究中心；三星电子公司于 2020 年 7 月发布了白皮书《下一代超连接体验》。日本于 2020 年启动了 6G 移动网络战略，2022 年与美国合作共同建立面向 6G 的无人通信技术国际标准。华为、中兴通讯、阿里巴巴和腾讯等中国企业正在竞相将其以 6G 为推动力的无人驾驶技术打造成国际标准。

我国充分认识到 6G 技术的战略地位，对其给予了高度的重视。2019 年 11 月，科学技术部会同国家发展和改革委员会、教育部、工业和信息化部、中国科学院、自然科学基金委员会在北京组织召开 6G 技术研发工作启动会，会议宣布成立了国家 6G 技术研发推进工作组、国家 6G 技术研发总体专家组。2021 年 11 月 16 日，工业和信息化部发布《"十四五"信息通信行业发展规划》，将开展 6G 基础理论及关键技术研发列为移动通信核心技术演进和产业推进工程，提出构建 6G 愿景、典型应用场景和关键能力指标体系，鼓励企业深入开展 6G 潜在技术研究，形成一批 6G 核心研究成果。三大运营商在 2019 年世界 5G 大会发布全球首份 6G 白皮书《无处不在的无线智能——6G 的关键驱动与研究挑战》之前已经启动了 6G 相关技术研究。中国移动于 2019 年 9 月发布了《2030+愿景与需求报告》。中兴通讯、华为等通信技术公司也提前在 6G 关键技术领域进行全面布局，相继发布 6G 白皮书。

6G 的总体愿景是"数字孪生，智慧泛在"。如果说 5G 时代可以实现信息的泛在可取，那么 6G 应在 5G 基础上全面支持整个世界的数字化——孪生虚拟世界，并结合人工智能等技术，实现智慧的泛在可取，全面赋能万事万物。围绕着总体愿景，6G 移动通信网络将在全息交互、通感互联、数字孪生人、智能交互、孪生工农业、超能交通等全新的应用场景发挥重大作用。

6G 愿景、性能与潜在使能技术如图 1-3 所示，与 5G 网络相比，为支持上述新应用和新业务，6G 无线通信网络有望提供更高的频谱/能量/成本效率、更高的传输速率——Tbit/s 级、更低的时延——亚毫秒级时延体验、100 倍以上的连接数密度、1000km/h 以上的移动速度、更高智能化水平、亚厘米级的定位精度、接近 100%的覆盖率，以及亚毫秒级的时间同步。

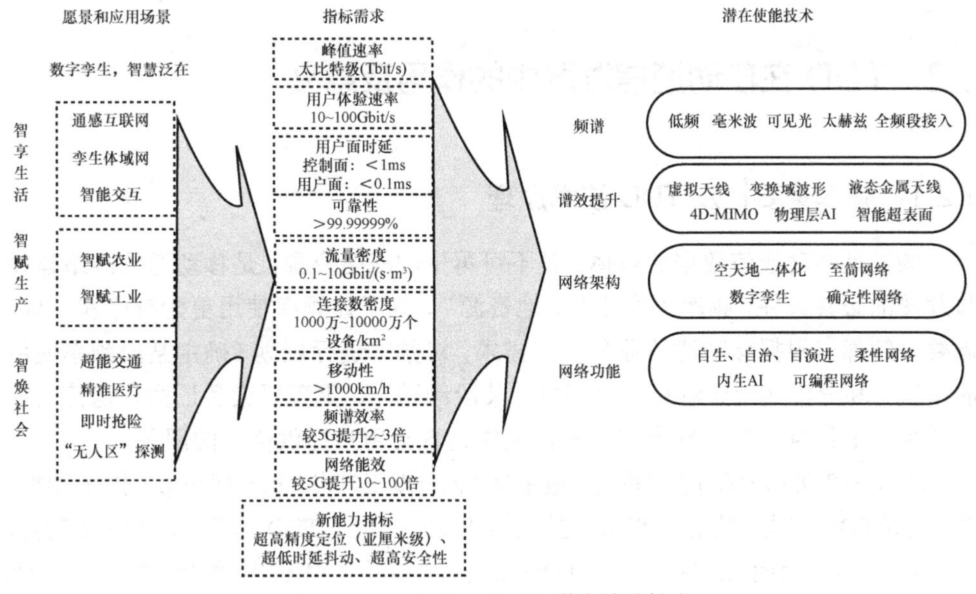

图 1-3 6G 愿景、性能与潜在使能技术

为达到更高的性能和服务指标，6G 空口技术和架构需要进行相应的变革。6G 技术呈现以下特征与发展趋势：全频谱通信、空天地一体化、DOICT（数据技术（DT）、工业技术（OT）、信息技术（IT）、通信技术（CT））融合、网络可重构、感知–通信–计算一体化等。在无线传输方面，超大规模 MIMO、智能超表面、AI 驱动物理链路、即插即用链路控制、自适应空口的 QoS 控制等技术将有望成为未来通信网络传输关键技术方向。在网络架构方面，轻量化信令、端到端服务化设计、智慧感知功能、基于数字孪生的网络自治体系（如图 1-4 所示）等将为 6G 网络架构设计提供有益思路。

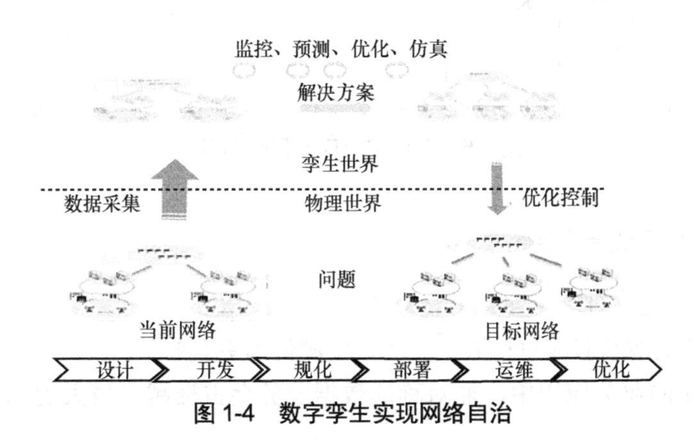

图 1-4 数字孪生实现网络自治

1.2 TDD 在移动通信发展中的作用及意义

1.2.1 频率重要性及 TDD 技术原理

频谱是移动通信数据的载体，是不可再生的战略资源，是移动通信网络建设与发展的必备条件。频率可类比“土地资源”，为了让频率使用更为有序和有效，需要主管部门根据移动通信业务发展需求，对频率进行规划（确定某段频率使用的系统）和分配（确定谁可以“开发”某段频谱），更需要设备厂商、运营商在不同频段上量身开发、部署和运营，最终为各类用户提供优质的服务。

FDD 和 TDD 是移动通信系统中最主要的两种双工方式。第一代和第二代移动通信系统均是 FDD 制式，从第三代移动通信系统开始，出现了 TDD 制式。这两种双工方式在频谱的使用上有明显的区别。采用 FDD 模式的无线通信系统的接收和传送在分离的两个对称频率信道上，用保护频率间隔分离上下行链路。而 TDD 是一种通信系统的双工方式，在无线通信系统中用时间区分，接收和传送在同一频率信道（载频）的不同时隙，用保护时间间隔分离上下行链路。FDD 和 TDD 原理示意图如图 1-5 所示。

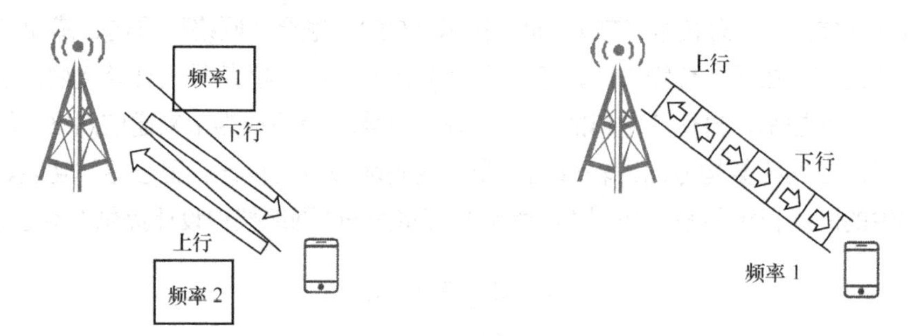

(a) FDD（频分双工），上下行用不同频率“车道”　　(b) TDD（时分双工），上下行用相同频率“车道”

图 1-5　FDD 和 TDD 原理示意图

1.2.2 TDD 的技术优势

与 FDD 相比，TDD 主要有以下优势。

（1）灵活高效承载非对称数据业务，资源使用更有效

在多样化的业务应用中，非对称的数据业务会占据越来越大的比例，大部分

业务的典型特征是上行链路和下行链路中的业务量不对称。早期移动通信业务以双向语音业务为主，每个用户的上下行通信速率相当，因此具有上下行对称频率带宽的 FDD 系统更加适配这种应用，但在 3G 及后续世代承载以数据通信为主的非对称业务时会造成对频谱资源的浪费。而 TDD 系统可以通过配置上下行切换点位置，灵活地调度系统上下行资源，使系统资源利用率最大化，如图 1-6 所示。因此 TDD 系统更加适合非对称数据业务和移动互联网业务。随着智能手机的飞速发展及其日益增长的应用，移动应用越来越以下载为中心。视频下载已经占整个网络的整体数据传输的很大一部分，导致网络下行和上行流量比例常达到 4:1～6:1 甚至更高。事实上，一些运营商正面临大约 10:1 的下行和上行流量比例。TDD 灵活可配置的上下行时隙比例，使其能够满足上行链路/下行链路业务传输的不对称性。

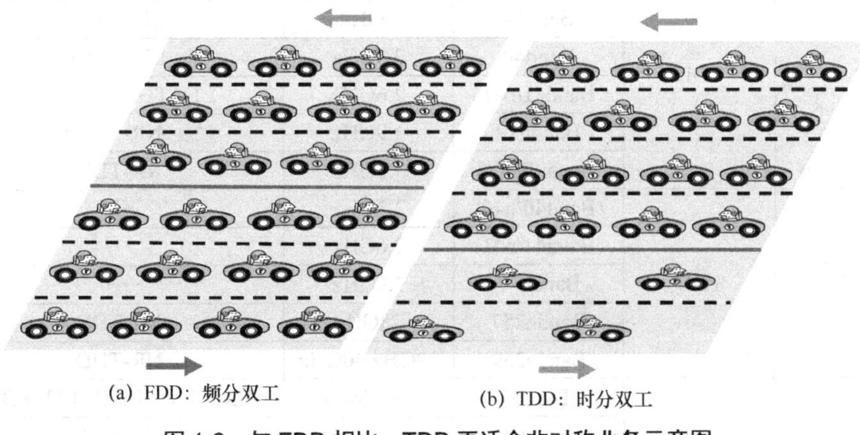

图 1-6 与 FDD 相比，TDD 更适合非对称业务示意图

（2）TDD 频谱规划和分配灵活、频率资源丰富，更容易获取大带宽频率资源

频谱是所有无线通信的基础，除了 2G、3G、4G、5G 公众移动通信系统所属的移动业务以外，常见的还有无线电定位业务、固定业务、卫星固定业务、卫星移动业务、广播业务、航空移动业务、射电天文业务等，此外，移动业务中除了公众移动通信系统外还包括专用移动通信系统，如对讲机所属的数字集群系统应用、电力、石油、水力等专有的移动通信系统等。上述应用占用了大量的适合通信的频谱，未来想获得新的空闲频谱或者重耕现有频谱变得越来越困难。

TDD 采用非对称频谱，不像 FDD 那样需要成对的频谱资源，对频率分配的要求更简单、灵活，能够灵活地利用一些零碎的频谱，更容易获得连续的大带宽频谱。

而 FDD 要求的成对频谱资源越来越稀缺，特别是大带宽的频谱更加难以获得。对于 5G、6G 等制式，对于中高频段，大的载波带宽是该制式的特色配置，采用 TDD 更容易获得连续的大带宽频率资源。因此，TDD 成为 5G 时代 2GHz 以上新频率的优选划分方式。目前全球主要经济体的 FDD 和 TDD 频谱规划和分配情况统计见表 1-4。

表 1-4　全球主要经济体的 FDD 和 TDD 频谱规划和分配情况统计

国家	双工模式	频段	频谱	制式
中国	FDD	Bandn28	700MHz	NR-FDD
		Band5	800MHz	CDMA/ LTE-FDD
		Band8	900MHz	GSM/ CDMA/ LTE-FDD
		Band3	1.8GHz	CDMA/ LTE-FDD
		Bandn1	2.1GHz	NR-FDD
	TDD	Band39	1.9GHz	LTE-TDD
		Band34	2GHz	LTE-TDD
		Band40	2.3GHz	LTE-TDD
		Band41/n41	2.6GHz	LTE-TDD/ NR-TDD
		Bandn79	4.9GHz	NR-TDD
		Bandn77/n78	3.5GHz	NR-TDD
美国	TDD	Band40/n40	2.3GHz	—
		Band41/n41	2.6GHz	—
		Bandn77	3.9GHz	—
		Bandn257	28GHz	NR-TDD
		Bandn259	39GHz 40GHz	NR-TDD
日本	FDD	Band1	2100MHz	UMTS-WCDMA /LTE-FDD
		Band3	1800MHz	LTE-FDD
		Band8	900MHz	UMTS-WCDMA /LTE-FDD
		Band9	1800MHz	UMTS-WCDMA /LTE-FDD
		Band11	1500MHz	LTE-FDD
		Band18	850MHz	CDMA/LTE-FDD
		Band19	850MHz	UMTS-WCDMA /LTE-FDD
		Band21	1500MHz	LTE-FDD
		Band28	700MHz	LTE-FDD
	TDD	Band39	1900MHz	PHS
		Band41	2.6GHz	LTE-TDD/WiMAX
		Band42	3.5GHz	LTE-TDD
		Bandn43	3.5GHz	NR-TDD

续表

国家	双工模式	频段	频谱	制式
日本	TDD	Bandn77	3.9GHz	NR-TDD
		Bandn79	4.9GHz	NR-TDD
		Bandn257	28GHz	NR-TDD
德国	FDD	Band1	2100MHz	LTE-FDD
		Band3	1800MHz	LTE-FDD
		Bandn7	2.6GHz	NR-FDD
		Band8	900MHz	LTE-FDD
		Band20	800MHz	LTE-FDD
		Band28	700MHz	LTE-FDD
	TDD	Band32	1400MHz	TDD-SDL
		Band38	2.6GHz	TDD-SDL
		Bandn42	3.5GHz	NR-TDD
		Bandn43	3.5GHz	NR-TDD
		Bandn78	3.5GHz	NR-TDD
印度	FDD	Band7	2.6GHz	—
	TDD	Band40	2.3GHz	—
英国	FDD	Band1	2100MHz	UMTS-WCDMA/LTE-FDD
		Band3	1800MHz	LTE-FDD
		Bandn7	2.6GHz	NR-FDD
		Band8	900MHz	LTE-FDD
		Band20	800MHz	LTE-FDD
		Band28	700MHz	LTE-FDD
	TDD	Bandn32	1400MHz	TDD-SDL
		Band33	1900MHz	LTE-TDD
		Bandn38	2.6GHz	NR-TDD
		Band40	2.3GHz	LTE-TDD
		Band42/n42	3.5GHz	LTE-TDD/NR-TDD
		Band43	3.5GHz	LTE-TDD
		Bandn67	700MHz	TDD-SDL
		Band78	3.5GHz	LTE-TDD
		Bandn257	28GHz	NR-TDD
阿联酋	FDD	Band1	2100MHz	UMTS-WCDMA/LTE-FDD
		Band3	1800MHz	GSM/LTE-FDD
		Band8	900MHz	GSM/UMTS-WCDMA
		Band20	800MHz	LTE-FDD
	TDD	Bandn41	2.6GHz	NR-TDD
		Bandn43	3.5GHz	NR-TDD
		Bandn78	3.5GHz	NR-TDD
		Bandn257	28GHz	NR-TDD

续表

国家	双工模式	频段	频谱	制式
法国	FDD	Band1	2100MHz	UMTS-WCDMA /LTE-FDD
		Band3	1800MHz	LTE-FDD
		Bandn7	2.6GHz	NR-FDD
		Band8	900MHz	LTE-FDD
		Band20	800MHz	LTE-FDD
		Band28	700MHz	LTE-FDD
	TDD	Band33	1900MHz	LTE-TDD
		Bandn42	3.5GHz	NR-TDD
		Band43	3.5GHz	LTE-TDD
		Bandn78	3.5GHz	NR-TDD
巴西	FDD	Band1	2100MHz	UMTS-WCDMA/LTE-FDD
		Band3	1800MHz	GSM/LTE-FDD
		Band5	850MHz	UMTS-WCDMA
		Band7	2.6GHz	LTE-FDD
		Band8	900MHz	GSM
		Band28	700MHz	LTE-FDD
	TDD	Band40	2.3GHz	LTE-TDD
		Bandn42	3.5GHz	NR-TDD
		Bandn43	3.5GHz	NR-TDD
		Bandn52	3.5GHz	NR-TDD
		Bandn258	26GHz	NR-TDD
韩国	FDD	Band1	2100MHz	UMTS-WCDMA/LTE-FDD
		Band3	1800MHz	CDMA/LTE-FDD
		Band5	850MHz	CDMA/LTE-FDD
		Band7	2.6GHz	LTE-FDD
		Band8	900MHz	LTE-FDD
	TDD	Bandn42	3.5GHz	NR-TDD
		Bandn43	3.5GHz	NR-TDD
		Bandn257	28GHz	NR-TDD
澳大利亚	FDD	Band1	2100MHz	UMTS-WCDMA/LTE-FDD
		Band3	1800MHz	LTE-FDD
		Band5	850MHz	UMTS-WCDMA/LTE-FDD
		Band7	2.6GHz	LTE-FDD
		Band8	900MHz	GSM/UMTS-WCDMA/LTE-FDD
		Band28	700MHz	LTE-FDD
	TDD	Band40	2.3GHz	LTE-TDD
		Bandn42	3.5GHz	NR-TDD
		Bandn43	3.5GHz	NR-TDD
		Bandn78	3.5GHz	NR-TDD
		Bandn257	28GHz	NR-TDD

（3）TDD 具有信道互易性，有利于智能天线、大规模天线等先进天线技术的使用，可以带来更高的频谱效率

智能天线采用空分多址（Space Division Multiple Access，SDMA）技术，利用信号在传输方向上的差别，将同频率或同时隙、同码道的信号区分开来，最大限度地利用有限的信道资源。与无方向性天线相比较，其上、下行链路的天线增益大大提高，降低了发射功率电平，提高了信噪比，有效地克服了信道传输衰落的影响。同时，天线波瓣直接指向用户，减小了与本小区内其他用户之间，以及与相邻小区用户之间的干扰，也减少了移动通信信道的多径效应。智能天线的应用达到了提高天线增益和减少系统干扰两大目的，从而显著地扩大了系统容量，提高了单位频率带宽上传输的数据量，提升了频谱效率。

智能天线在本质上是利用多个天线单元空间的正交性（即空分多址复用功能）来提高系统的容量和频谱利用率。智能天线的核心在于数字信号处理部分，它根据一定的准则，使天线阵产生定向波束指向用户，并自动地调整系数以实现所需的空间滤波。智能天线需要解决的两个关键问题是辨识信号的方向和数字赋形的实现。根据以上基本原理，采用智能天线和波束成形技术，能够在多个方面大大改善通信系统的性能，概括地讲主要有：提高了基站接收机的灵敏度和基站发射机的等效发射功率、降低了系统的干扰、增加了 CDMA 系统的容量、改进了小区的覆盖、降低了无线基站的成本。由于采用智能天线后，应用波束成形技术显著提高了基站的接收灵敏度和等效发射功率，因此，能够大大降低系统内部的干扰和相邻小区之间的干扰，从而使系统容量得到扩大，同时也可以使业务密度高的市区和郊区所要求的基站数目减少。

TDD 模式，上下行采用相同的频带，与上下行采用不同频带的 FDD 模式相比，使用智能天线能获得更好的性能。这是因为通常来讲，智能天线赋形功能的实现需要在对接收信号进行估计的基础上获得一组权重参数，并使用这组权重参数对发射的信号进行加权处理，从而形成发射赋形波束。TDD 模式中，上下行采用相同的频带，因此上下行信道具有高度互易性。换句话说，根据对接收信号的估计提取的参数能准确地适应发射信道的特性。而 FDD 模式中，为了避免上下行间干扰，通常在上下行频带间设置较大的隔离频带，因此上下行信道的互易性相对 TDD 要差很多，使用智能天线的增益也就远低于期望值。

智能天线技术在 3G 的 TD-SCDMA、4G 的 TD-LTE 中都得到了广泛应用。在基于 TDD 的 5G NR 中，TDD 的信道互易性使它更有利于部署大规模 MIMO。依赖

于 TDD 的上下行链路的信道互易性，基站可以基于测量的上行信道质量信息，估计下行信道质量，从而更好地进行波束成形。大规模 MIMO 正是利用这一点增强下行链路传输容量，同时最小化干扰，从而可以带来数倍的传输效率的提升。

1.2.3 TDD 面临的挑战

与 FDD 相比，TDD 主要面临以下挑战。

（1）系统内干扰更为复杂、基站间同频自干扰是影响 TDD 能否大规模组网的关键

TDD 除了具有 FDD 的上行信号对上行信号和下行信号对下行信号的干扰外，还具有 FDD 所没有的下行信号对上行信号的干扰、上行信号对下行信号的干扰。由于上下行使用相同的频率，远端基站的发射经过一定的传输时延后，有可能落到本地基站的上行接收时间窗内，从而造成 TDD 特有的基站间的上下行干扰，大规模组网下，若不做任何控制，基站间自由传播将造成站间时序失步，导致大面积基站瘫痪，且站间干扰如药物“副作用”，因场景而异，发现、识别和根除均非常困难。TDD 基站自干扰特性导致前期应用的 TDD 系统仅能作为局域组网技术（如“小灵通”“大灵通”）。只有攻克干扰问题，TDD 技术才能大规模组网，成为全球移动通信主流技术。

为了降低上述干扰，TDD 系统在系统设计中需要预留或加大上下行时隙保护间隔的设置，并采用一些工程手段。

（2）TDD 系统对系统同步要求更为严格

为了避免上下行信号间的干扰，相对于 FDD 系统，TDD 系统对上下行信号的时隙对齐的要求更为严格，因此对系统设备的时间同步实现要求更高。

（3）TDD 系统时延略大于 FDD

由于上下行信号发送通过时分方式进行区分，在信号传输过程中，相对于 FDD 系统，TDD 系统存在一定的时延。传输时延包括功率控制、自适应编码调制、多天线信道状态的反馈、测量反馈、切换/用户平面和控制平面传输时延等。这些时延给系统性能带来一定影响。时延大小取决于上下行切换点的周期长短。以 TD-LTE 为例，由于采用 1ms 的传输间隔，上下行信号切换周期最短为 5ms，因此造成的时延很小，对系统性能影响不大。

（4）TDD 系统高速移动支持能力弱于 FDD

FDD 系统上下行信号在时间上连续发射，而 TDD 系统上下行信号不连续发射，当用户的移动速度很高时，信道估计和多普勒频移估计难以跟上高速移动速度的变

化，导致TDD系统在高速移动场景的性能弱于FDD。

（5）TDD系统有利于智能天线、大规模天线等先进技术的使用，但也因此带来相应的复杂度的增加。

智能天线及大规模天线是TDD系统先进技术的特色。TDD系统的性能将随着天线阵元数目的增加而增加，但是增加天线阵元的数量，将增加系统的复杂性，基带数字信号处理的量将呈几何级数递增，并带来设备成本的增加。同时，通道数及天线阵元数的增加，将带来设备重量体积的增加，给工程施工部署提出了更高的要求；并将带来设备功耗的增加，给网络运维带来了更高的挑战。

1.3 TDD干扰及大规模组网历程

在3G系统之前，全球范围没有基于TDD的移动通信系统大规模组网的成功先例，干扰是影响TDD大规模组网能力和性能的核心“症结”。在成功解决TDD规模组网的干扰问题后，TDD才成为移动通信系统的主流技术。中国移动在3G、4G、5G时代均建设了全球最大规模的基于TDD的移动通信网络，经历了TDD系统遇到的各种复杂的干扰，发现了TDD干扰的特征和规律，构建了TDD规模组网的干扰理论，提出了TDD规模组网的干扰控制方法，解决了TDD大规模组网的干扰难题，助力TDD成为全球移动通信主流技术。

3G阶段，我国主导提出基于TDD的TD-SCDMA移动通信标准，成为第三代三大移动通信标准之一，实现了我国百年电信史上零的突破。但在2006年TD-SCDMA规模试验期间，发现了影响TD-SCDMA大规模组网的两大关键技术问题。一是远端基站对本地基站的干扰问题。在规模试验期间，发现远端基站有可能对本地基站产生较强的干扰，超出了理论预期。例如，来自保定的基站，有可能干扰相距150km以上的北京的基站。TD-SCDMA系统在最初设计时，设计了上下行时间保护间隔（GP），但该间隔时间长度偏短且固定，只有75μs，仅能保护22.5km内的远端基站不会干扰本地基站。后紧急补充制定了上行导频信道偏移（UP_Shifting）标准，使用户在时间保护间隔以后延后一定时间发送上行导频信道（Up-PCH），解决了远端基站干扰本地基站导致的用户接通率低的问题。二是控制信道无法同频组网问题。在2006年前，业界认为TD-SCDMA的公共信道类似业务信道，也可以同频组网。但在厦门、保定、青岛的规模试验中发现，TD-SCDMA

单频点同频组网的网络性能较差，接通率、掉话率等核心网络性能指标无法满足要求。后紧急补充制定了 N 频点技术标准，采用控制信道异频组网但业务信道可同频组网的方式，解决了 TD-SCDMA 控制信道无法同频组网的问题。上述大规模组网干扰等关键技术问题的解决，助力 3G TD-SCDMA 实现国内规模商用，实现了“国内三分天下有其一”。

4G 阶段，我国主导的 TD-LTE 成为两大 4G 国际主流标准之一，战胜 WiMAX 等竞争技术，统一了全球 TDD 演进路径。在产业方面，打造形成高端产业，跻身全球先进行列，并为移动互联网的发展和繁荣奠定了坚实的网络基础。在 3G 时代，TD-SCDMA 在 TDD 上的实践为 TD-LTE 技术及标准制定，乃至其在全球的成功商用积累了宝贵的经验。在降低远端基站对本地基站的同频干扰的设计上，TD-LTE 可以针对不同场景采用不同的上下行保护间隔，实现干扰开销与系统效率的平衡；另外，针对远端基站干扰定位难的问题，中国移动提出基于新的导频信号的干扰基站溯源方案，有效识别干扰源，化不确定干扰为确定干扰。为了避免 TD-SCDMA 在试验初期出现控制信道同频干扰等影响规模组网的问题，TD-LTE 在标准制定或产品设计之初即进行了针对性的设计。针对控制信道设计，在加扰方面，采用 31 位序列进行干扰随机化，邻区干扰白噪化更理想，解决了 TD-SCDMA 扩频码和扰码短导致的控制信道抗干扰能力不足的问题；在资源分配方面，采用导频移位（即 RS-Shifting）机制避免邻区导频干扰，用户信道条件差时，可通过分配较多资源以降低等效码率，提高解调性能。除了系统内干扰还有外系统干扰，我国 TD-LTE 频段相对分散且多紧邻其他系统，容易受到诸如 FDD LTE、GSM、DECT、MMDS、干扰器直放站等系统的阻塞、杂散、互调、谐波、同频等干扰，相比其他形式系统所受到的外系统干扰，TD-LTE 系统的外系统干扰问题更加复杂和严重。中国移动联合产业，系统性开展了 TD-LTE 系统间干扰的分析、排查方法和解决方案的研究，解决了 TD-LTE 所用频段复杂的系统间干扰问题，保障了 TD-LTE 网络的建设步伐和运营质量。上述大规模组网干扰关键技术问题的解决，助力 TDD 技术在 4G 中成为全球化主流应用技术。

5G 阶段，我国引领 5G 标准制定。我国研究提出的服务化网络架构、统一空口结构、极化码、大规模天线等多项核心技术被纳入国际标准，为全球移动通信发展贡献了中国智慧。干扰问题仍是 5G 标准和系统设计关注的热点问题。针对降低远端基站对本地基站的同频干扰的设计上，TD-LTE 有干扰溯源及动态冗余等解决方案，但存在自动化程度不足、干扰回退手段有限等问题；在 5G 中，针对上述问题进行了增强设计，中国移动在3GPP牵头制定远端基站及大气波导干扰的标准化解决方案远端干扰管理（Remote Interference Management，RIM）。在4G控制信道可同频组网的设计基础上，5G对控制信道的抗干扰性能做了进一步增强，在广播信道引入了波束扫描技术，在广播信道覆盖增强的同时，也提升了广播信道的抗干扰性能；5G NR载波带宽较大、整体频点数较少，室内外多采用同频组网方式，而室内站部署的楼宇可能距离室外站很近，距离上小于室外站间距，因此室内外间同频干扰较大，面临比室外站间更大的同频干扰问题，通过引入室内外波束协同优化、基于边界感知的多频协同切换等技术，可有效降低室内外同频干扰对网络性能的影响。在系统间干扰方面，如何在原有2.6GHz频谱基础上挖掘出新的100MHz频谱成为5G频谱分配的关键。2.6GHz新频谱挖掘的一个重要方向就是缩小与北斗系统之间的保护频带，在兼顾5G和北斗系统邻频共存情况下，最大化提升频谱利用率。针对2.6GHz新频谱与北斗间的干扰问题，作者团队创新性地提出了两段式干扰评估体系，深入研究共存指标，提出了有利于2.6GHz产业化的带外辐射指标，大幅减少了保护带和射频指标要求，在2.6GHz频段上成功挖掘出新的100MHz频谱。随着5G组网越来越复杂，通信系统内干扰种类越来越多，智能化设备等通信系统外设备干扰也增长迅速。单一类型、复合类型干扰的频繁出现会对用户感知造成比较大的影响。而目前现网干扰识别还主要依赖于人工经验，现网运维人力成本高、效率低，如何快速、精准识别网络干扰类型，提高运维人员工作效率，成为亟待解决的问题。本书对智能干扰识别方法进行了多方面研究，提出的各种解决方案可有效提高干扰识别准确率和效率，解决了多个大规模组网干扰关键技术问题，有效助力TDD技术在5G NR中成为全球化主导应用技术。

第2章 TDD超大规模组网干扰体系

移动通信系统中的各种干扰一般可以分为小区内的干扰、小区间的干扰、不同系统之间的干扰等。小区内的干扰主要有多径干扰、远近效应和多址干扰等。这些干扰的产生是由无线信道的时变性和电磁波传播过程中的时延与衰落等特点决定的。小区内干扰可以采用设计正交性好的多址技术、上下行链路同步、纠错编码、功率控制、空时处理等信号处理技术加以改善或解决。影响系统大规模组网能力的主要是小区间干扰和系统间干扰。

在 TD-LTE 成功组大网之前，产业界对 TDD 制式系统的大规模组网能力普遍持怀疑态度，一方面是由于 TDD 制式系统上行传输时间短，上行覆盖能力弱；另一方面，更重要的一个原因在于 TDD 比 FDD 制式系统具有更加复杂的干扰。作者团队在 TD-SCDMA、TD-LTE 两个 TDD 超大规模网络的组网实践中发现，TDD 超大规模组网面临的核心难题是如何克服复杂多样的干扰的影响。这些复杂多样的干扰包含两大类：一是 TDD 系统特有的系统内基站间干扰（即网络全局自干扰）；二是与 FDD 干扰类型相同但更加复杂的干扰，如系统内基站对终端的干扰（即基站终端间干扰）、系统间各类干扰。

（1）网络全局自干扰

网络全局自干扰影响超大规模组网是随着 TDD 商用网络规模扩大逐渐被发现的。根据移动通信多年组网应用经验，基站的发射功率不大，基站的高度和倾角严格规划设计，FDD 制式系统可以定义为局域性干扰系统，在典型的蜂窝组网结构下，服务小区的所受干扰主要来自周围两圈邻区，在站间距为 500m 的条件下，周围两圈邻区距离服务小区的最远距离在 1km 左右。产业界当时认为 TDD 制式系统也是局域性干扰系统。

随着 TDD 商用网络规模扩大逐渐发现了一些奇怪的现象，几百千米外的基站也对本地基站产生干扰，严重影响用户的接入性能，用户常看到信号满格却无法发起业务。根据当时对移动通信的干扰理论和认知，这些问题是无法被解释的，作者团队当时就意识到一定存在超越局域性干扰的因素存在。随后在多次实验中又发现了类似现象，说明这种奇怪的干扰是属于机理性而不是偶然性问题。在对干扰进行排查的过程中，作者团队惊喜地发现这种干扰有一定的地理特征和季节性特征，如农村多于城市、沿海多于内陆、多发生在夏秋季节，这个特性与大功率高仰角雷达系统的大气波导效应的特征非常吻合。

大气波导是对流层环境中形成陷获折射的一种异常大气结构，它具有超长水平尺度特征和显著的天气背景，主要是大气的逆温和逆湿引起的，即水汽密度随高度增加迅速下降和温度随高度增加而升高。有利于大气波导形成的主要天气过程包括海面蒸发、高压下沉、锋面过程、夜间辐射逆温和平流作用等。大气波导发生时，近地层中传播的电磁波受大气折射影响其传播轨迹弯向地面，当曲率超过地球表面曲率时部分电磁波会被陷获在一定厚度的大气薄层（即波导层）内，就像电磁波在平板介质波导中传播一样，这种电磁波的陷获折射传播现象称为大气波导传播。大气波导环境的存在改变了电磁波传播路径和范围，使无线系统出现了一些特殊的传播特征，如出现超视距传播和超长距离传输等。这应该是在移动通信系统的大规模组网中首次发现大气波导效应，而这一效应的发现促使形成 TDD 超大规模组网干扰理论。

大气波导效应的典型影响范围是几十至几百千米，这一距离远远超出了基站规划设计的考虑范围，所以 TDD 系统是全局性自干扰系统！TDD 下行信道和上行信道采用相同的频率，虽然在时间上错开避免上下行间的干扰，但远端基站的下行信号经过长时间的传播可能被近端基站上行接收到；尤其在 TDD 超大规模组网时，大量远端的弱信号累加成为一个强干扰信号，严重影响近端基站的正常工作，导致用户无法正常接入或通话。尤其在 TD-LTE 商用网基站数达 100 万以上时，大量基站下行信号的叠加可能导致几百千米外的基站也对本地基站产生干扰，这类干扰形成原因复杂多变、识别和规避困难，需要从网络全局上做好协同规划和干扰控制。

（2）系统内基站终端间干扰

系统内基站终端间干扰影响超大规模组网是在 3G 试验初期被发现的。在 2006 年 TD-SCDMA 规模试验中发现，TD-SCDMA 单频点同频组网时，网络性能较差，无法满足商用要求。与基于 FDD 的 WCDMA 和 cdma2000 相比，TD-SCDMA 扩频码字较短、扩频增益低，邻区基站对本小区的终端接收产生干扰，导致控制信道解调性能急剧下降，无法实现控制信道同频组网。另外，在蜂窝组网结构下，移动通信系统是边缘性能严重受限的系统，网络规划主要以边缘性能作为指标要求，在小区边缘出现邻区强干扰，造成边缘速率等业务性能急剧下降。TDD 系统可以支持智能天线、大规模天线等先进技术，如何更好地利用这些技术降低邻区干扰提升边缘性能，也是亟待解决的问题。

（3）系统间各类干扰

系统间各类干扰影响超大规模组网是在 TD-LTE 规模试验时发现的。相比 FDD 频段，TDD 频段还面临着更为复杂的系统间干扰问题。首先，中低频段的频谱资源分配早期多为 FDD 制式，而 TDD 制式的频谱分配相对较晚。因此，部分 TDD 频段位于 FDD 频段的上下行隔离带中，或者不同 FDD 频段之间。例如，TDD 频段 Band38（2570～2620MHz）恰好位于 FDD 频段 Band7（UL：2500～2570MHz / DL：2620～2690MHz）的隔离带中；而 TDD 频段 Band39（1880～1920MHz）位于 Band3（UL：1710～1785MHz / DL：1805～1880MHz）和 Band1（UL：1920～1980MHz / DL：2110～2170MHz）之间。在这种频谱关系下，TDD 频段往往容易与紧邻频 FDD 频段产生系统间干扰，例如，在 2011 年 TD-LTE 规模试验时发现，Band39 频段上的系统外干扰非常多，严重影响用户接入或业务体验。其次，因 TDD 频谱资源分配较晚，部分 TDD 频谱已经被其他非移动通信系统占用，如射电天文、无线电定位、导航卫星、气象雷达等，故需要通过协调其他系统清频、限制使用区域、规划软/硬件指标等方式，才能保证 TDD 频段的正常使用。因此，TDD 频段不仅在频谱分配前需要做大量协调工作，而且在运营过程中也需要注意各类限制条件，并持续监控网络情况，时刻准备解决突发的频谱冲突和干扰问题。最后，相比 FDD 频段，TDD 频段还存在特有的系统间交叉时隙干扰问题。当同片区域内多个运营商同时部署 FDD 网络时，多个运营商邻频部署时干扰很小，基本可控；而当同片区域内多个运营商同时部署 TDD 网络时，虽然不同运营商的网络工作在相邻频点，但一旦运营商间的 TDD 网络上下行时隙配置没有对齐，依然会出现较强的系统间干扰问题。

虽然以上 3 种干扰复杂多样，但作者团队通过大量的理论研究、技术分析及试验，总结出 TDD 超大规模组网干扰理论体系，并成功应用到中国移动的 TD-LTE 网络中，从而实现了 TDD 全球范围的大规模组网，证明了理论体系的正确性和完备性。

该理论体系包含以下 3 个方面的理论技术体系：系统内网络全局自干扰、基站终端间干扰及 TDD 系统与其他系统间干扰，如图 2-1 所示。三大干扰理论体系中各自包含了一整套干扰研究及分析的方法，包括干扰特征提取、数学分析建模、仿真评估、提出解决方案、测试验证等。

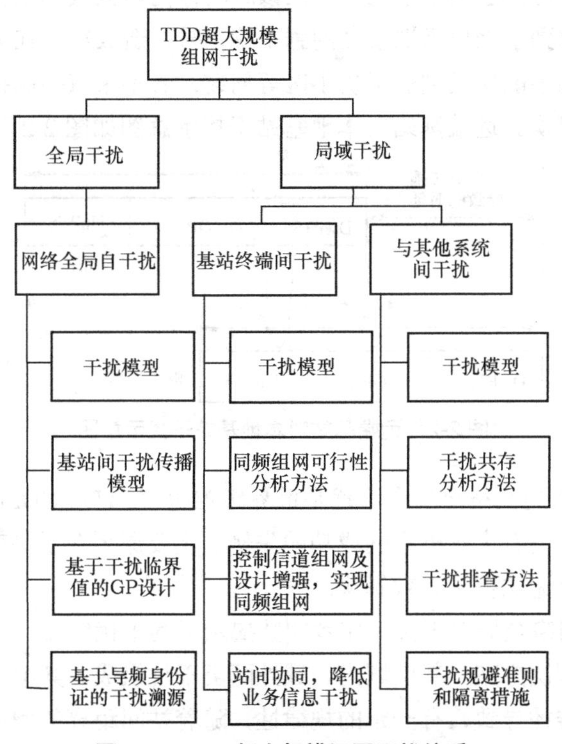

图 2-1 TDD 超大规模组网干扰体系

TDD 超大规模组网干扰理论体系及控制方法，来源于中国移动在 3G、4G、5G 等 TDD 大规模组网的实践，并基于实践不断完善。

下面分别概述以上各类 TDD 大规模组网干扰的主要理论及方法。

2.1 TDD 特有系统内网络全局自干扰——基站间

网络全局自干扰是指基站发射信号对其他基站的接收信号产生同频干扰，是 TDD 系统特有的同频干扰类型。与通常的邻小区干扰不同，该干扰可能来自较远范围的基站，因此称为全局干扰。FDD 系统因基站上行、下行采用不同频率，不存在该类型的干扰。远端的基站信号经过传播，到达被干扰基站时，因为远端基站位置高、传播环境好，衰减较小，同时传播过程中的时延导致远端干扰站的下行信号落到本地基站的接收时间窗内，本地基站在该时间窗内本应收到来自本基站的终端的发射信号，但却收到了来自远端基站的强干扰信号，造成终端在被干扰小区边缘不能接入、邻区终端不能切换到被干扰小区等问题，若不采取控制措施，强干扰下可能导致受扰基站瘫痪。远端基站对本地基站干扰示意图如图 2-2 所示。

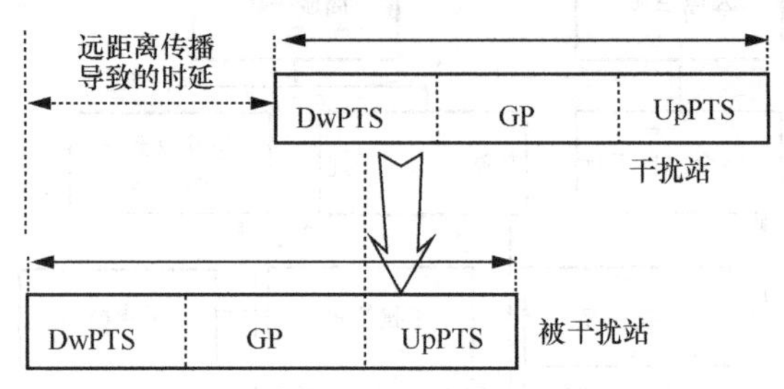

图 2-2　远端基站对本地基站干扰示意图

TDD 系统特有的网络全局自干扰是世界级难题，在 TD-SCDMA 系统之前，TDD 技术在全球范围内没有大规模组网成功的先例，主要原因在于 TDD 系统特有的网络全局自干扰问题无法得到有效解决。

针对 TDD 网络全局自干扰，作者团队揭示了其干扰组成、特征、传播规律，并提出了系统性解决方案。其由域内、域外两类干扰组成。其中域内互抑干扰为站间地面非超视距传播导致，有一定的规律性，随着站间距离的增加，干扰对系统的影响呈现弱→强→弱的规律；域外互抑干扰为大气波导超视距传播导致，随机性高，干扰对系统影响与基站间距离的关系不敏感，呈现持续强的规律。针对 TDD 系统网络全局自干扰问题，在大规模组网时需要网络全局协同规划和优化。针对域内互抑干扰，作者团队提出了通过调整 TDD 时隙帧结构、设计典型场景的基站间时间保护间隔的解决方案；针对域外互抑干扰，提出了创新设计基站标志性导频方案，进行干扰溯源。本书将在第 3 章介绍 TDD 特有系统内网络全局自干扰理论及控制方法，并在第 4 章介绍全局自干扰问题及解决方案在 3G、4G、5G 中的实践。

2.2　系统内局域干扰——基站终端间

基站终端间干扰是指邻近小区基站的发射信号对本小区的终端接收信号，或邻近小区的终端发射信号对本小区的基站接收信号产生的同频干扰。对于终端接收来说，除了收到本小区的有用信号外，还收到了邻近多个同频小区的干扰信号。远端同频小区距离终端较远，终端接收的远端同频小区信号远小于有用信号和邻近小区的同频干扰信号。可以忽略不计。对于基站接收来说，除了收到本小区用户的信号外，还收到了邻近多个同频小区的其他用户的干扰信号。远端同频小区的用户距离本小区较远，基站接收的远端用户的干扰信号远小于有用信号和邻近小区中其他用户的干扰信号，可以忽略不计。

频率复用系数为 1 的蜂窝系统如图 2-3 所示，即所有小区均使用相同的频率。假定服务小区为 0 号中心小区，在图 2-3 中，该小区共受到外围 4 层邻区的同频干扰。

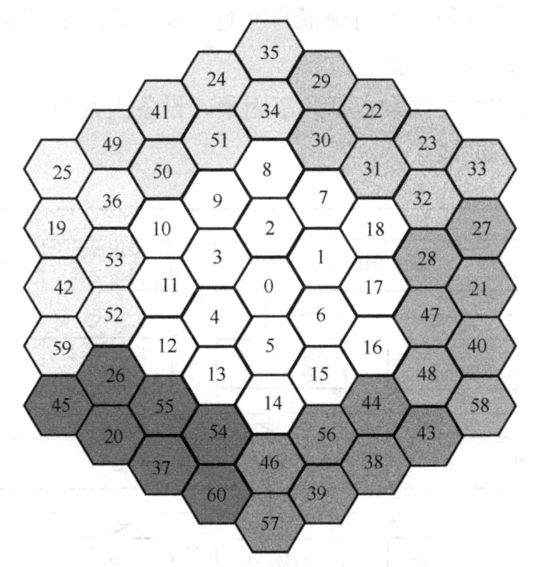

图 2-3　频率复用系数为 1 的蜂窝系统

基站终端间干扰是所有移动通信系统均会遇到的问题，该干扰主要来自相邻小区或者邻近的终端。上述干扰可以通过扰码、干扰消除、智能天线等系统设计或算法减少或消除。对于 TDD 系统来说，上下行具有信道互易性，因此可以采用特有的智能天线及其增强技术，提升其抗干扰能力。

针对上述干扰问题，本书先从理论上给出了同频组网可行性的评估方法，然后仿真和测试评估了 3G、4G 等系统同频组网性能。针对 3G 控制信道无法同频组网的问题，阐述了 3G N 频点解决方案及 4G 控制信道增强设计方案。针对业务信道小区边缘性能受限的问题，阐述了站间协同 CoMP、室内外波束协同、基于边界感知的多频协同等方案，解决业务信道干扰问题。本书将在第 5 章介绍 TDD 系统内基站终端间干扰控制原理与实践。

2.3 系统间干扰

系统间干扰是指本系统的接收机在指定信道接收时也会收到来自其他系统的功率。系统间的同频干扰仅在不同系统频率使用有交叠时存在，在管理部门进行统一的频率规划时，对不同系统的频率使用有详尽、合理的要求，从频率规划上已避免了在相同区域不同系统使用相同频率的可能，本书不再详细阐述系统间的同频干扰，重点分析系统间的异频干扰。

产生系统间干扰的主要因素包括频率因素、设备因素和工程因素。图2-4 给出了引起各种类型干扰的原因。

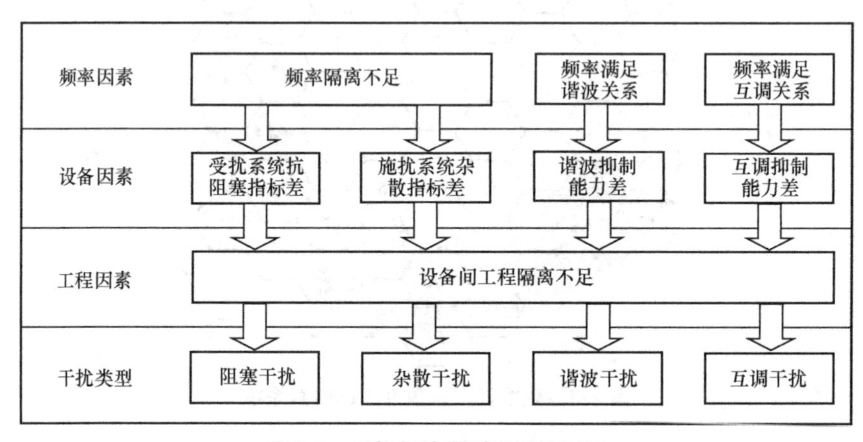

图 2-4 引起各种类型干扰的原因

根据干扰属性的不同，系统间干扰可以分为杂散干扰、阻塞干扰、谐波干扰和互调干扰 4 种干扰类型。

（1）杂散干扰

由于发射机中的功放、混频器和滤波器等非线性器件在工作频带以外很宽的范围内产生辐射信号分量，包括热噪声、谐波、寄生辐射、频率转换产物和互调产物等，如果这些信号分量落入受扰系统接收频段内，导致受扰接收机的底噪抬升，造成灵敏度损失，称之为杂散干扰，如图 2-5 所示。

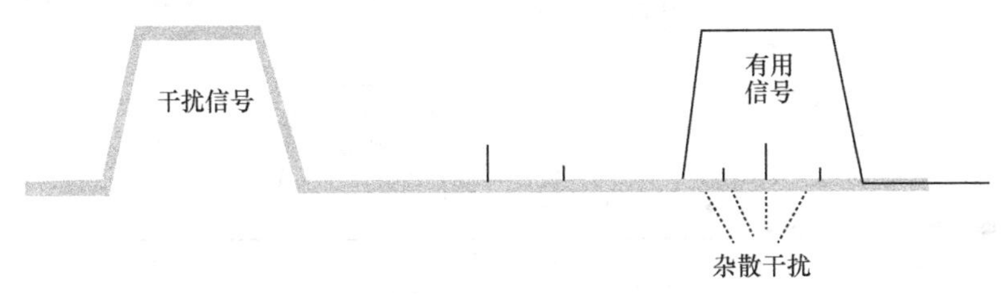

图 2-5　杂散干扰示意图

（2）阻塞干扰

强度较大的干扰信号在接收机的相邻频段注入，使受扰接收机链路的非线性器件产生失真，甚至饱和，造成受扰接收机灵敏度损失，严重时将无法正常接收有用信号，称之为阻塞干扰，如图 2-6 所示。

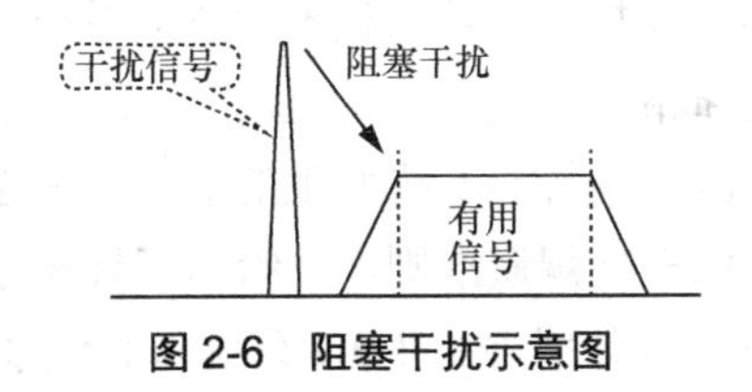

图 2-6　阻塞干扰示意图

（3）谐波干扰

发射机有源器件和无源器件的非线性导致在其发射频率的整数倍频率上产生较强的谐波产物。当这些谐波产物正好落于受扰系统接收机频段内时，将导致受扰接收机灵敏度损失，称之为谐波干扰，如图 2-7 所示。

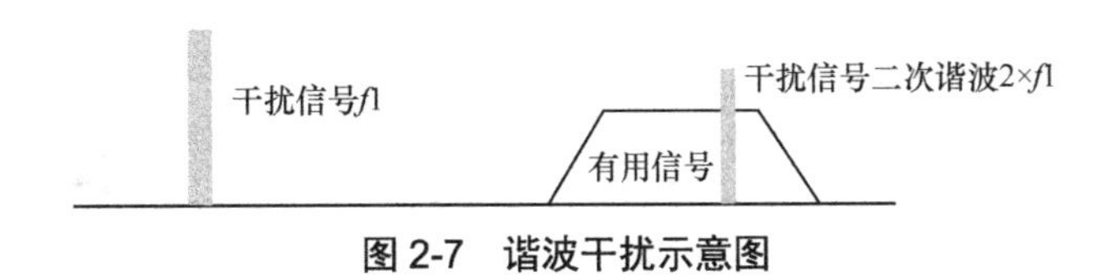

图 2-7　谐波干扰示意图

（4）互调干扰

当两个或多个不同频率的发射信号通过非线性电路时，将在多个频率的线性组合频率上形成互调产物。当这些互调产物与受扰接收机的有用信号频率相同或相近时，将导致受扰接收机灵敏度损失，称之为互调干扰，如图 2-8 所示。

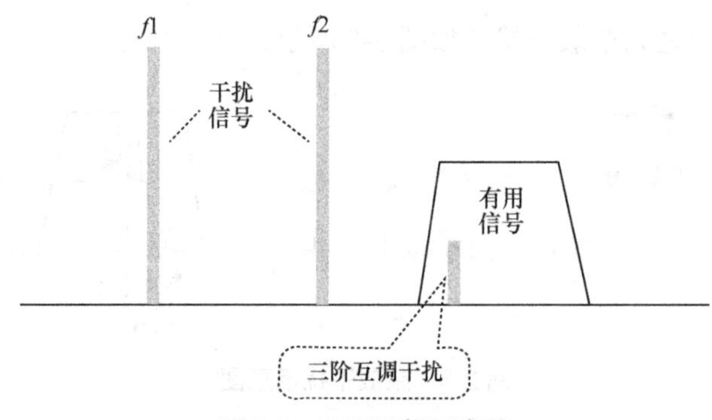

图 2-8 互调干扰示意图

与 FDD 相比，TDD 频段相对零散，面临较 FDD 频段更多类型、更复杂的系统间干扰问题；且 TDD 系统间存在 FDD 系统没有的交叉时隙干扰问题。

针对上述干扰问题，作者团队首先提出了系统间干扰模型，并基于该抽象模型分析、归纳了该类干扰的关键指标。然后根据 TDD 系统与其他系统的频谱关系，利用确定性计算和仿真模拟两种分析方法，提出了对干扰进行定量分析的基本思路，做到提前预见干扰，减少系统间干扰发生的概率。在系统间干扰已发生的条件下，作者团队提出了可行的干扰规避准则，并给出了针对系统间干扰的常用排查方法。本书将在第 6 章、第 7 章分别讲述 TDD 系统与其他系统间干扰原理、TDD 系统与其他系统间干扰解决方案实践。

第 3 章

TDD 特有系统内网络全局自干扰及控制理论

基站间自干扰是 TDD 系统特有的系统内全局自干扰。TDD 无线通信系统中，在某种特定的气候、地形、环境条件下，施扰基站下行时隙经过长距离传输，有可能会落到受扰基站的上行时隙上，从而对受扰基站的上行接收产生干扰。这就是 TDD 系统特有的基站间自干扰。在大规模部署的网络中，此类干扰较为普遍，且可能会对受扰基站的上行用户随机接入时隙和上行业务时隙造成干扰，从而影响用户上行随机接入、切换过程，以及上行业务时隙，干扰严重时，将造成系统阻塞，使系统无法为用户提供服务。

TDD 大规模组网面临的基站间自干扰有以下几个特点：范围广，属于全网全局性问题；复杂度高，干扰受站高、地形、传播等各类因素影响，无规律可循；随机性大，干扰发生的时间或空间随机，干扰源识别和定位难。TDD 移动通信系统应用之前，业界在 TDD 系统内基站自干扰的成因、传播模型、干扰影响、GP（保护间隔）的灵活设计等方面，均缺乏系统的理论研究。

本章基于 TD-SCDMA、TD-LTE 等 TDD 系统的规模组网经验，系统地提出了 TDD 系统内网络全局自干扰（也称基站自干扰）的模型及控制理论。首先在第 3.1 节提出了 TDD 特有系统内网络全局自干扰的整体模型，基于干扰传播距离和传播特点将网络全局自干扰分为域内干扰和域外干扰，其中域内干扰传播距离通常在 GP 可保护的范围内，常具有一定规律性；域外干扰传播距离则超出了 GP 可保护的范围，通常为大气波导超视距传播导致，且随机性较高。域内干扰最早在 3G TD-SCDMA 规模组网中就被发现了，系统设计中已设计了 GP 规避干扰，但 GP 设计值较小且无法调整，实际干扰范围远超 GP 理论设计可保护的范围。为此，第 3.2 节针对具有规律性的域内干扰，研究提出了基站间干扰的传播模型及基站上下行 GP 的精准控制方法，可基于干扰情况，灵活设计典型场景的基站间 GP，以尽可能减小系统开销，降低基站间干扰。在 4G TD-LTE 规模组网中，首次在移动通信系统中发现域外干扰，几百千米外超视距的基站可能会对本地基站产生干扰，干扰产生的原因复杂、定位难，给 TDD 规模组网、规划及优化带来了巨大挑战。为此，第 3.3 节针对随机性较强、难以定位的域外干扰，系统地阐述了其特征、产生的原因，对干扰强度进行了建模分析，并提出了干扰溯源及规避方法。

3.1 TDD 特有系统内网络全局自干扰模型

TDD 系统由于分时发送，存在天然、特有的基站对基站干扰，称为网络全局自干扰，是基站自干扰系统，干扰严重时可能造成基站通信阻断。TDD 网络全局自干扰示意图如图 3-1 所示。

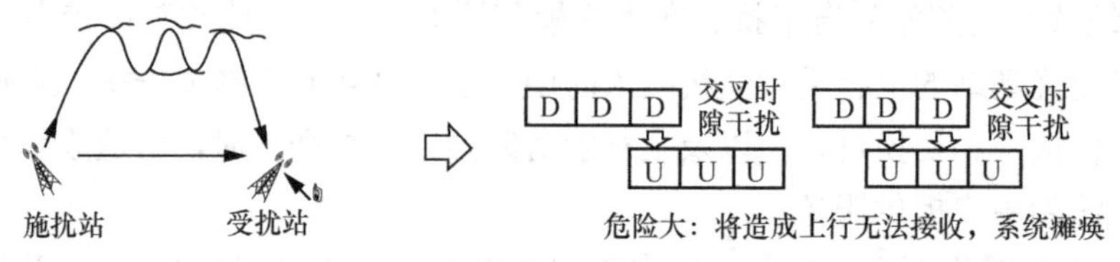

图 3-1 TDD 网络全局自干扰示意图

在 TDD 大规模组网初期，多个省份发现基站受到高强度的上行干扰，随之带来大量投诉，通过大范围长时间的干扰巡检、定位、排查，发现干扰多发于 4—10 月，夜晚干扰程度高于白天，城市郊区和农村高于城市核心区域，沿海高于内陆，大部分施扰基站也常受到受扰基站的干扰，且干扰强度有时随机多变，有时又有一定规律可循，干扰距离最远可达几百千米。

为系统地解决 TDD 大规模组网面临的挑战，本节基于 TD-SCDMA、TD-LTE 等 TDD 移动通信系统大规模组网的实践，对 TDD 系统的基站间自干扰的强度、对系统性能的影响、基站间相互位置等海量数据进行了分析和挖掘，构建了形成 TDD

系统内网络全局自干扰模型，TDD 系统内网络全局自干扰模型如图 3-2 所示，该模型系统性地揭示了 TDD 系统内网络全局自干扰的问题、机理及解决方法。

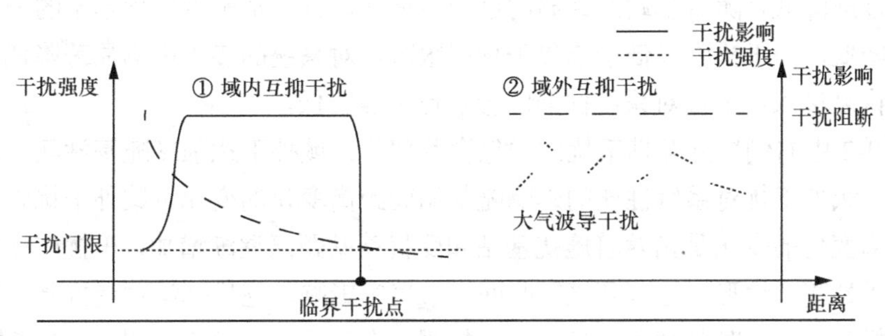

图 3-2　TDD 系统内网络全局自干扰模型

为简化 TDD 组网建模，假设有两个基站组网，一个为施扰基站，另一个为受扰基站。根据传播距离和传播特点，将 TDD 系统内网络全局自干扰分为两类：域内互抑干扰和域外互抑干扰。基站间距离在 GP 可保护的范围内产生的具有一定规律性的干扰，被称为域内干扰；基站间距离超出了 GP 可保护的范围，且为大气波导超视距传播导致的随机性较高的干扰，被称为域外干扰。

对于域内干扰，施扰基站到受扰基站的干扰信号强度随基站间距离的增加逐渐降低，当施扰基站对受扰基站的干扰低于某一干扰门限时，干扰对系统性能几乎无影响，将该干扰门限对应的距离定义为临界干扰距离，可基于此临界干扰距离设计基站间上下行时间 GP 克服干扰。对于域外干扰（也称大气波导干扰），该干扰发生时，基站间的距离已远超临界干扰距离，仅通过 GP 的设置，无法有效解决该干扰，需要通过干扰溯源的手段，找到干扰源基站，通过调整施扰源基站的天线工参或发射功率等参数，降低对受扰基站的干扰。

图 3-2 中，横轴为施扰基站与受扰基站之间的距离，纵轴分别为干扰强度和干扰对系统性能的影响。为了减少变量，假设无基站间上下行时间 GP。

图 3-2 中左侧域内互抑干扰主要包含两部分：域内干扰强度随基站间距离变化的变化、域内干扰对系统性能的影响随基站间距离变化的变化。随着施扰基站和受扰基站距离逐渐增加，域内施扰基站对受扰基站的干扰强度逐渐降低。域内干扰对系统性能的影响随距离的变化，主要包含 3 个部分。第 1 部分是干扰对系统性能影响逐渐上升，随着基站间距离的增加，施扰基站下行子帧对被扰基站上行子帧干扰的时间越来越长，使受扰基站的接入性能越来越差，直到终端无法接入，系统无法正常工作，即干扰阻断；第 2 部分是干扰阻断，随着基站间距离的增加，虽然干扰

强度有所降低，但施扰基站的干扰使受扰基站一直处于干扰阻断状态，此时干扰影响的时隙不仅包含上行接入时隙，还包括上行业务时隙；第 3 部分是干扰对系统性能影响逐渐降低，随着基站间距离的进一步增加，施扰基站对受扰基站的干扰强度进一步降低，当干扰强度低于临界干扰门限时，对系统的接入影响显著降低，此时终端可恢复接入，干扰对系统性能的影响也快速降低。

图 3-2 中右侧域外互抑干扰同样包含两部分：域外干扰强度随基站间距离变化的变化、域外干扰对系统性能的影响随基站间距离变化的变化。域外干扰强度随基站间距离变化的变化是指随着施扰基站和受扰基站距离逐渐增加，干扰应该逐渐减小，但受站高、地形、地理环境、时间、节气等影响，施扰基站对受扰基站的干扰强度随机变化，有时基站间距离远但干扰强，有时距离近但干扰弱。域外互抑干扰对系统性能的影响随基站间距离变化是指，因为大气波导传播损耗小，干扰强度随机，在无 GP 的情况下，无论基站间距离远近，只要施扰基站对受扰基站的干扰超过干扰阻断门限，就将造成干扰阻断，终端上行无法接入，系统无法正常工作。

3.2 域内自干扰及控制理论

3.2.1 域内自干扰控制方法概述

针对 TDD 系统内基站间域内自干扰问题，主要的解决方法是调整 TDD 时隙帧结构，设计典型场景的基站间上下行时间保护间隔，牺牲一定的时间资源以换取干扰水平的降低，实现系统开销与效率的平衡，破解传播造成的站间失步问题。另外，与 FDD 系统不同的是，TDD 系统需要基站保持严格的时间同步，以减少不同基站间的上下行交叉时隙干扰。本节首先分析 TDD 系统中的时间同步，然后再阐述基站上下行时间 GP 的精准控制方法，解决典型场景下的基站间上下行自干扰问题。

3.2.1.1 基于 TDD 的移动通信系统中的时间同步

在基于 TDD 的移动通信系统（以下简称 TDD 系统）中，从用户设备（UE）发送到基站（BS）的上行（UL）信号和以相反方向发送的下行（DL）信号在相同频率上沿时间轴交替复用。当来自邻近小区的下行信号与基站的上行时隙重叠时，将会发生 TDD 系统中的基站间自干扰。

单个基站的失步会造成相邻基站间出现干扰，严重时导致网络瘫痪，因此在 TDD 系统中，基站接收的准确同步至关重要。

由多个移动运营商运营的 TDD 系统的频率分配通常包括分配给不同运营商的频段之间的保护频段，以避免由杂散噪声引起的干扰，带有和不带有保护频段的 TDD 系统的频率分配示意图如图 3-3 所示。如果 TDD 系统在没有保护频段的情况下运行，则不仅需要运营商内部时间同步，还需要按通用定时标准进行运营商间时间同步。可以选择特定的通用公认时间标准源，如可以采用世界协调时（Universal Time Coordinated，UTC），所有标准频率和时间信号发射都应符合 UTC。

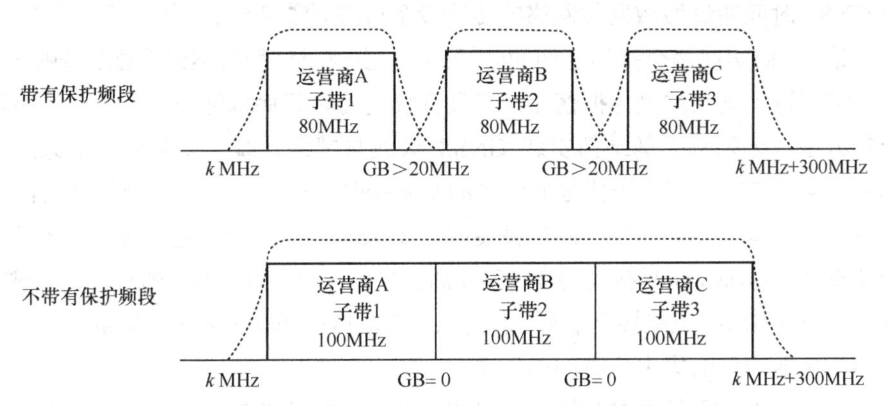

图 3-3 带有和不带有保护频段的 TDD 系统的频率分配示意图

考虑 3GPP 对连续时间尺度的要求，这种情况下的实际实现可以利用不受闰秒影响的分布式 UTC 信息的内容，例如，如果参考由 GPS 信号携带，则为 GPS 时间。另外，除了具有可追溯至共同认可的时间标准源的同步参考外，还需要采用相同的 TDD 信号帧模式，不同基站之间需要做到帧头同步和上下行转换同步。

TDD 系统时间同步至关重要。基站全球卫星导航系统（GNSS）卫星接收授时是常用的保证 TDD 系统时间同步的方法，但每个基站加装 GNSS 授时，存在成本高、故障率高等问题。为此，本节提出了独立的城域时间同步网授时、天地一体的集中化时间同步方法。下面就详细对比 3 种时间同步的方法。

（1）基站 GNSS 卫星接收授时

TDD 系统的基站直接通过 GNSS 卫星接收授时与卫星系统进行时间同步，可间接地实现两个基站之间的时间同步。全球常用的 GNSS 包括中国北斗卫星导航系统、美国 GPS、俄罗斯 GLONASS 和欧盟 GALILEO。每个基站都需要安装 GNSS 天线与馈线系统以接收 GNSS 信号，且要求天线位于室外，天线上方 120°净空无遮挡。此种方法中基站直接与卫星系统时间同步，因此各基站的卫星接收精度直接影响了基站空口间的相位偏差。一旦某一基站的卫星接收受到干扰，基站时间发生异常偏移，很容易导致基站间上下行信号干扰，发生通信故障。而且，如果 GNSS 信号中断或卫星接收机发生故障，基站时钟将进入自我保持状态，一般仅可维持基站一天的正常通信。

（2）独立的城域时间同步网授时

通过部署在各城域回传网络中的时间服务器统一接收 GNSS 时间，再将恢复出来的 GNSS 时间通过城域回传网络的传输设备（IEEE1588 协议）从地面传递至 TDD 系统基站，从而实现两个基站之间的时间同步。上述时间服务器通常配置铷原子钟，相比于常配置于基站的晶体振荡器，其具有较高的时间保持能力。此种方法相较于上一种方法，无须每个基站都安装 GNSS 天线与馈线系统，尤其适用于无法安装 GNSS 天线或 GNSS 接收干扰强的区域的基站授时。而且，在同一城域网络内，采用此方法两个基站之间的时间同步精度取决于 1588 时间同步精度，而 1588 时间同步精度通常比 GNSS 卫星接收同步精度要高。另外，由于时间服务器有较高的时间保持能力，一旦 GNSS 卫星接收中断，仍可保持该城域内基站 3 天的正常通信。

（3）天地一体的集中化时间同步

此方法提供了天基授时与地基授时相结合，相互备份与监测的时间同步网络架构，如图 3-4 所示。与上一种方法相比，增加了可溯源至铯原子钟的频率同步网，为城域回传网络中的时间服务器提供频率参考；基站同时监测卫星授时与地基授时时间，并向管理系统传递上报同步时间差；部分已配备 GNSS 接收天线的基站可同时接收 GNSS 时间与地面传递时间，互为备份。

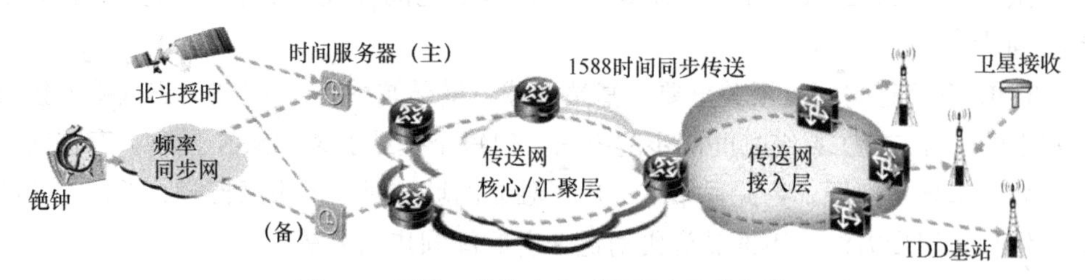

图 3-4　天地一体集中化时间同步网络架构

此方法与上一种方法相比的优势在于：当 GNSS 卫星系统异常时，全网时间服务器可溯源跟踪至铯原子钟基准，保障了 GNSS 卫星系统异常后基站之间的时间同步精度；基站传递上报 GNSS 卫星与地面同步时间差，为大规模时间监测与同步网络故障分析提供了参考数据；部分基站同时获取卫星信号和地面同步信号，基站卫星接收异常时自动转为跟踪地面网同步信号，提升了授时的可靠性。

另外，此方法通过地面 1588 时间同步给基站授时，时间同步信号由光纤通信传送，具有较高的抗干扰性、稳定性与同步精度。TDD 系统中基站空口的时间同步需求关键在于基站间的相对时间同步精度。1588 时间同步通过采用物理层时戳产生、时戳分辨率提升与单纤双向光传输等技术可极大提升时间同步精度，达到纳秒级相对同步精度，可为两个基站间提供纳秒级误差的授时，比基站卫星授时具有更高的可靠性与相对同步精度。以图 3-5 所示的现网实测结果为例，时间信号通过 6 个传输设备（共 80km）1588 传递后的误差为 1.65～5.80ns，测试时长为 12h。

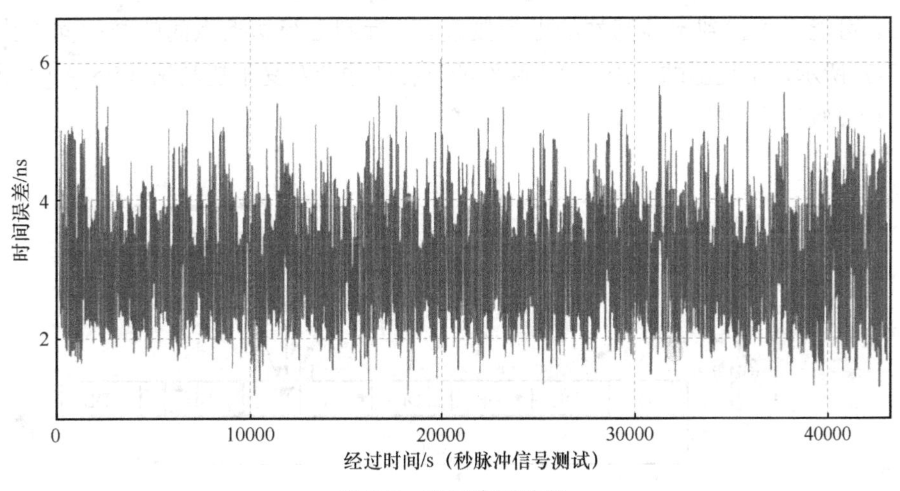

图 3-5 现网实测结果

3.2.1.2 上下行时间 GP 的精确控制方法

TDD 系统信号帧格式中的时间 GP 设计在 DL 到 UL 的切换点之间，TDD 系统的信号帧格式如图 3-6 所示。时间保护间隔不用于信号传输，但有助于降低 DL 到 UL 切换期间的干扰。T_{DL_UL} 用于保证基站收发台（Base Transceiver Station，BTS）和 UE 收发器有足够的时间在发送和接收之间切换。为 UL 到 DL 切换分配的 GP 由 TA_{offset} 保证，TA_{offset} 被添加到与 RF 空中时延相关的时序提前（Timing Advance）（参见 3GPP TS 38.211 和 3GPP TS 38.133），以控制 UL 无线帧的传输时序。TDD 系统的关键部分在切换点附近，即在下行到上行和上行到下行切换附近，此处必须分配足够的 GP 以减轻系统间的干扰。其中 TA_{offset} 为上行到下行切换分配的 GP，通常通过终端的提前发送规避解决，本书不再赘述。本书重点分析下行到上行切换分配的保护间隔 T_{DL_UL}，即 GP 的确定方法。

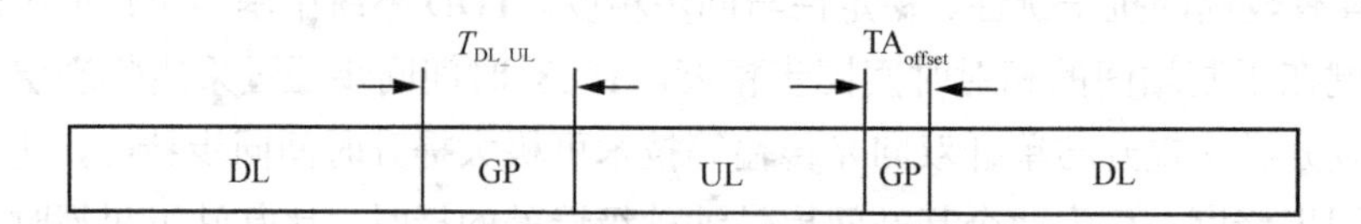

图 3-6　TDD 系统的信号帧格式

GP 设计的主要影响因素是基站间的干扰。远端基站的发射经过一定时间的传输后，可能会干扰到本地基站的上行接收。下行到上行切换点间的基站间干扰如图 3-7 所示，干扰基站（BS-B）“晚”的下行传输会对受干扰基站（BS-A）“早”的上行接收造成干扰。

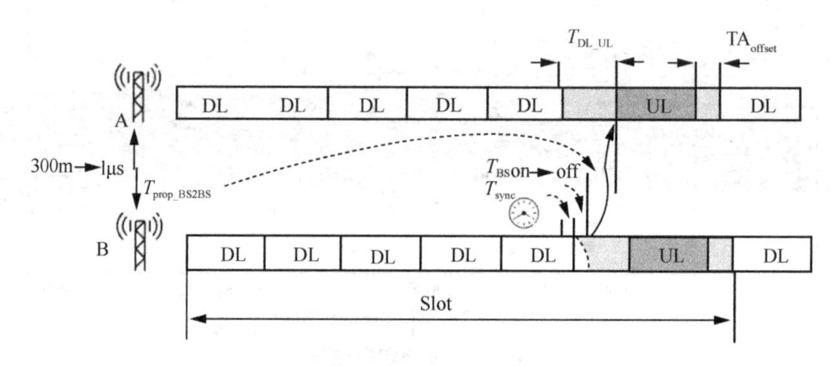

图 3-7　下行到上行切换点间的基站间干扰

如图 3-7 所示，下行到上行切换的保护间隔 T_{DL_UL} 必须足够长。T_{Sync} 指基站间的时间同步误差，在这种情况下，基站 B 比基站 A 晚 T_{Sync}。T_{Sync} 定义为天线参考点（Antenna Reference Point，ARP）处的时间误差。$T_{rampdown}$ 指关闭发射机的过渡时间。T_{prop_BS2BS} 指干扰基站和受干扰基站之间的传播时间。

基站发射机的功率下降时间表示为 $T_{rampdown}$，则在以下条件下发生的下行到上行切换点的基站间干扰如图 3-8 所示，具体表示为：

$$T_{Sync} > T_{GP} - T_{prop\_BS2BS} - T_{rampdown} \tag{3-1}$$

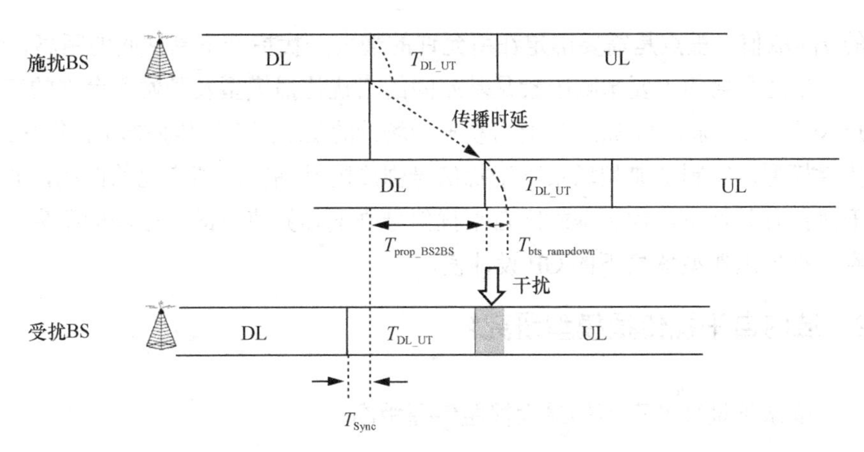

图 3-8　下行到上行切换点的基站间干扰

为避免基站间的上下行自干扰，下行到上行的基站间切换时间的保护间隔需要满足式（3-2）。

$$T_{GP} \geqslant T_{Sync} + T_{rampdown} + T_{prop\_BS2BS} \tag{3-2}$$

T_{prop_BS2BS} 随着施扰 BS 和受扰 BS 间距离的增加而增加，但是由于存在路径损耗，干扰水平也随着距离增加而降低，即干扰也会出现衰减。因此在一定距离后，干扰水平将不显著。

在式（3-2）中，借鉴 3G TD-SCDMA 经验，T_{Sync} 取 3μs；参考设备可实现的能力，$T_{rampdown}$ 取 1μs。若要设计 T_{GP} 的取值，只需要确定发生干扰的基站间的传播时间 T_{prop_BS2BS} 即可。假定已掌握了基站间的距离，则可以基于基站间距离大致推算出基站间的传播时间。假定基站间的距离为 d km，光速为 3×10^8 m/s，则需要满足式（3-3）。

$$T_{GP} \geqslant T_{Sync} + T_{rampdown} + 10d/3 \quad (\mu s) \tag{3-3}$$

从抑制基站间干扰的角度看，T_{GP} 的取值越大越好，但 T_{GP} 取值过大，该时间段无法传输数据，会造成系统传输效率的下降。为此，GP 设计时，可以以基站所允许的最大干扰抬升作为判断准则，考虑根据不同的干扰场景设计不同的取值。在相同的所允许的最大干扰抬升下，当基站间的干扰较强时，较远距离的基站依然可能对本地基站产生较大的干扰，T_{GP} 取值变大，系统开销增加；当基站间的干扰较弱时，较近距离的基站才可能对本地基站产生较大的干扰，T_{GP} 取值变小，系统开销减少。

在式（3-3）中，T_{Sync} 和 $T_{rampdown}$ 均为已确定的数值，因此，为了设计不同干扰

场景的 T_{GP} 取值，重点是需要确定在所允许的最大干扰抬升下基站间的距离，即 d。其中，基站间距离的主要影响因素是基站间的干扰传播模型及基站所允许的干扰电平抬升水平。接下来，第 3.2.2 节将分析典型场景的基站间干扰传播模型；第 3.2.3 节基于传播模型，绘制了典型场景下干扰信号强度随基站间距离变化的曲线，并在允许的干扰抬升条件下，找到基站间自干扰信号强度临界值下的基站间的距离，基于此距离，推导出典型场景下的 GP 设计值。

3.2.2 域内自干扰传播模型研究

3.2.2.1 受限于地球曲率下的最大视距传播距离

当基站天线位置较高时，不同的基站间可形成信号的视距传播。当视距传播时，传播距离将受到地球曲率的影响。视距传播如图 3-9 所示，考虑大气层对电波的折射作用，地球半径取等效半径 $r = 8500\text{km}$，同时考虑不同地点的海拔高度 H（单位：km）不同，可以计算出天线高度和传播距离的关系。设收发天线的高度相等，均等于 h（单位：km），最大视距传播距离为 d_{LS}（单位：km）。

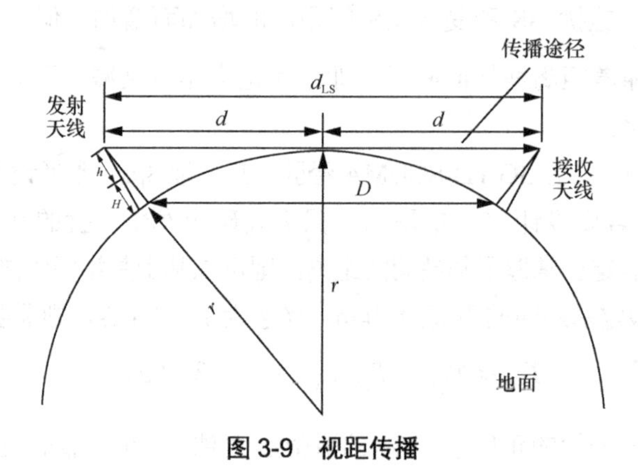

图 3-9 视距传播

由图 3-9 可得：

$$d^2 + r^2 = \left(h + H + r\right)^2 \tag{3-4}$$

由式（3-4）可以得出：

$$d = \sqrt{\left(h + H\right)^2 + 2r\left(h + H\right)} \approx \sqrt{2r\left(h + H\right)} \tag{3-5}$$

$$d_{\mathrm{LS}} = 2d = 2\sqrt{2r\left(h+H\right)} \tag{3-6}$$

收发天线高度（站高）选择 30m、50m、100m 等不同值，考虑几个典型城市的海拔高度差异，受限于地球曲率的基站间最大视距传播距离分别见表 3-1、表 3-2、表 3-3，城市海拔高度数据参考《建筑结构荷载规范 GB 50009—2001》。

表 3-1　受限于地球曲率的基站间最大视距传播距离（基站站高为 0.03km）

城市	海拔/km	站高/km	基站间最大视距传播距离/km
广州	0.0066	0.03	49.89
北京	0.054	0.03	75.58
郑州	0.1104	0.03	97.71
贵阳	1.0743	0.03	274.03
西宁	2.2612	0.03	394.72

表 3-2　受限于地球曲率的基站间最大视距传播距离（基站站高为 0.05km）

城市	海拔/km	站高/km	基站间最大视距传播距离/km
广州	0.0066	0.05	62.04
北京	0.054	0.05	84.10
郑州	0.1104	0.05	104.44
贵阳	1.0743	0.05	276.50
西宁	2.2612	0.05	396.44

表 3-3　受限于地球曲率的基站间最大视距传播距离（基站站高为 0.1km）

城市	海拔/km	站高/km	基站间最大视距传播距离/km
广州	0.0066	0.1	85.14
北京	0.054	0.1	102.33
郑州	0.1104	0.1	119.61
贵阳	1.0743	0.1	282.58
西宁	2.2612	0.1	400.70

3.2.2.2　低损传播下的干扰传播模型研究

在农村场景或城市中的高站高、小倾角场景下，基站间传播路径空旷或阻挡物较少，基站间可形成信号的视距传播。对现网大量实测数据的研究分析表明，当基站间传播路径上阻挡物少时，基站间信号传播损耗的特性类似于在自由空间的传播。其空间损耗可以用式（3-7）表示。

$$L_{低损} = 20\lg f + 20\lg d + 32.45 \tag{3-7}$$

其中，f为频率，单位为 MHz；d为施扰基站与受扰基站之间的距离，单位为 km；$L_{低损}$为以f为载波频率发射信号时，在距离基站d处的信号的传播损耗，单位为 dB。

假定施扰基站的每 RB 发射功率为 P_tdBm，发射端和接收端的天线增益之和为 G_{Ant}dBi，受扰基站的每 RB 上接收到的来自施扰基站的干扰信号强度为 P_rdBm，则：

$$P_r = P_t + G_{Ant} - L_{低损} \ (\text{dBm}) \tag{3-8}$$

$$P_r = P_t + G_{Ant} - 20\lg f - 32.45 - 20\lg d \ (\text{dBm}) \tag{3-9}$$

下面以 TD-LTE 为例，典型场景 P_t为 26dBm（单 RB 发射功率），接收端和发射端天线增益之和 G_{Ant}取 12dBi（实际场景施扰基站与受扰基站之间很难出现天线正对的情况，因此该值比天线最大增益之和小约 18dB），基站间干扰的低损传播模型如图 3-10 所示，绘制了在上述强基站间干扰下的受扰基站接收到的干扰信号强度 P_r、传播损耗与受扰基站和施扰基站之间距离 d 的曲线。

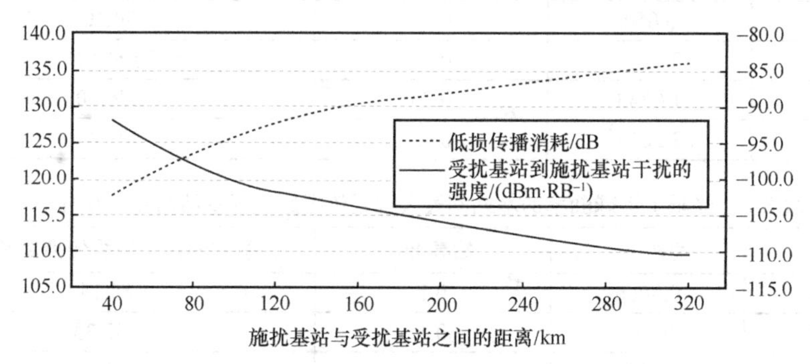

图 3-10 基站间干扰的低损传播模型

3.2.2.3 高损传播下的干扰传播模型研究

在密集城区等场景下，基站间的信号传播有可能被之间的高大建筑物阻挡，其传播损耗要高于低损传播场景。不同的城市在地面建筑物的高度、密度等方面存在较大差异，在信号的传播模型上也存在差异，本节基于对现网典型城市大量的测试、分析、校正，确定了 30 余种传播模型。在这些模型中，本节选取传播损耗最小（即干扰最恶劣）的模型作为高损传播模型，用于后续高损干扰传播场景下的 GP 设计。

因基站位置较高，基站间信号传播的阻挡物相对较少，基站间的高损传播模型可考虑在 COST231 HATA 用于农村的传播模型基础上做校正。

COST231 HATA 的农村传播模型如下。

$$L_{\text{ro}} = L_{\text{urban}} - 4.78(\lg f)^2 + 18.33\lg f - 40.94 \quad (\text{dB}) \tag{3-10}$$

其中，

$$\begin{aligned} L_{\text{urban}} &= 46.3 + 33.9\lg f - 13.82\lg h_{\text{BS}} - A(h_{\text{mobile}}) + \\ &(44.9 - 6.55\lg h_{\text{BS}}) \times \lg d + C_{\text{M}}(\text{dB}) \end{aligned} \tag{3-11}$$

C_{M} 为城市修正因子，当为树木密度适中的中等城市和农村的中心时，C_{M}=0；当为大城市中心时，C_{M}=3dB。

$A(h_{\text{mobile}})$为移动台高度修正因子。

$$A(h_{\text{mobile}}) = \begin{cases} (1.1\lg f - 0.7)h_{\text{mobile}} - (1.56\lg f - 0.8), \text{中小城市} \\ 8.29(\lg 1.54 h_{\text{mobile}})^2 - 1.1, \ 150 < f < 200\text{MHz}, \text{大城市} \\ 3.2(\lg 11.75 h_{\text{mobile}})^2 - 4.97, \ f > 400\text{MHz}, \text{大城市} \end{cases} \tag{3-12}$$

COST231 HATA 的模型是以 THEODORE 的测试结果为依据，通过对较高频段的 THEODORE 的传播曲线进行分析得到的表达式。在以下条件下适用。

（1）f 为 1500～2000MHz。

（2）基站天线高度 h_{BS} 为 30～200m。

（3）移动台天线高度 h_{mobile} 为 1～10m。

（4）通信距离为 1～35km。

COST231 HATA 传播模型为基站和终端间的传播模型，且移动台的高度一般不超过 10m、通信距离不超过 35km。上述限制条件显然不适用于远端基站之间的信号传播。为此，基于大量测试结果，本节提出了基站间的高损传播模型。

首先，由于基站站高均相对较高，基站间传播的阻挡物相对较少，本节选择在 COST231 HATA 农村模型基础上进行修正，C_{M} 城市修正因子取值为 0，$A(h_{\text{mobile}})$ 修正为基站高度修正因子 $A(h_{\text{BS}})$，取值为$(1.1\lg f - 0.7)h_{\text{BS}} - (1.56\lg f - 0.8)$。考虑基站间传播修正因子为 E_{BS}，则基站间的高损传播损耗表达式如下。

$$L_{高损}=44.49\lg f-4.78(\lg f)^2-3.2(\lg 11.75h_{BS})^2-\\13.82\lg h_{BS}+(44.9-6.65\lg(h_{BS}))\lg d+57.58+E_{BS}\quad(\text{dB})\tag{3-13}$$

大量测试数据的比对发现当 E_{BS} 取值为 0 时，按式（3-13）计算出来的 $L_{高损}$ 比实测的损耗值高约 12dB。因此对式（3-13）修正为：

$$L_{高损}=44.49\lg f-4.78(\lg f)^2-3.2(\lg 11.75h_{BS})^2-\\13.82\lg h_{BS}+(44.9-6.65\lg(h_{BS}))\lg d+45.58\quad(\text{dB})\tag{3-14}$$

假定施扰基站的每 RB 发射功率为 P_tdBm，发射端和接收端的天线增益之和为 G_{Ant}dBi，受扰基站的每 RB 上接收到的来自施扰基站的干扰信号强度为 P_rdBm，则：

$$P_r=P_t+G_{Ant}-L_{高损}\tag{3-15}$$

$$P_r=P_t+G_{Ant}+4.78(\lg f)^2-44.49\lg f+3.2(\lg 11.75h_{BS})^2+\\13.82\lg h_{BS}-(44.9-6.65\lg h_{BS})\lg d-45.58\quad(\text{dBm})\tag{3-16}$$

下面以 TD-LTE 为例，典型场景 P_t 为 26dBm，接收端和发射端天线增益之和 G_{Ant} 取 12dBi（实际场景施扰基站与受扰基站之间很难出现天线正对的情况，因此该值比天线最大增益之和小约 18dB），基站间干扰的高损传播模型如图 3-11 所示，绘制了在上述弱基站间干扰下的受扰基站接收到的干扰信号强度 P_r、传播损耗与受扰基站、施扰基站之间距离 d 的曲线。

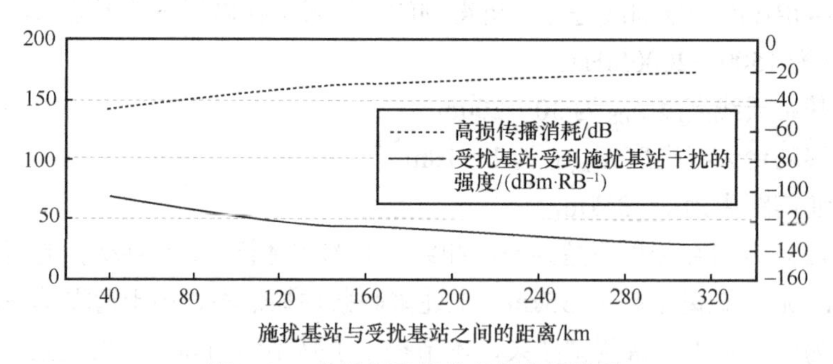

图 3-11　基站间干扰的高损传播模型

3.2.3　基于域内自干扰临界值的 GP 设计实例

第 3.2.1.2 节提出了上下行时间 GP 的精确控制方法。本节将以 4G TD-LTE 为例，详细阐明该方法。该方法主要是基于域内自干扰临界值，调整 TDD 时隙帧结构，降低基站间干扰并平衡系统开销。

基于第 3.2.2.2 节强基站间干扰下的低损传播模型和第 3.2.2.3 节弱基站间干扰下的高损传播模型，绘制的不同场景下的远端干扰强度随基站间距变化的曲线如图 3-12 所示。以 TD-LTE 系统为例，每 RB 带宽为 180kHz，假定基站所允许的最大干扰抬升为相对底噪抬升 15dB，基站的噪声系数取为 3dB，考虑受扰基站可能受到来自多个施扰基站的干扰，预留干扰余量 3dB，则对应的每 RB 上所允许的来自单个施扰源的最大干扰信号强度为（−174+10lg180000+15+3−3）dB=−106dBm，该干扰信号强度在低损传播模型下对应的基站间距离约为 190km，在高损传播模型下对应的基站间距离约为 60km。将 190km 和 60km 代入式（3-3），可得出以下结论。

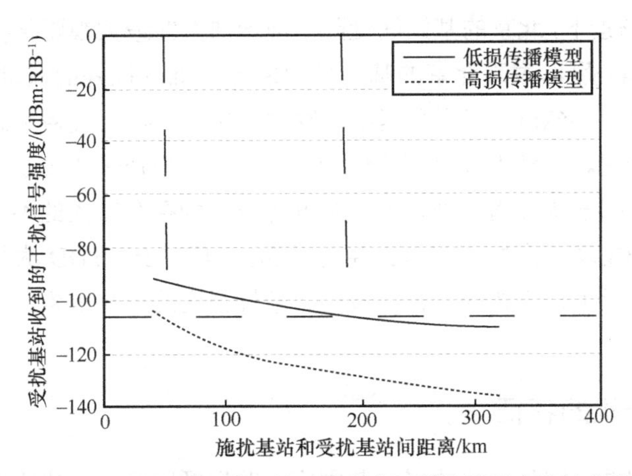

图 3-12　不同场景下的远端干扰强度随基站间距变化的曲线

（1）在强基站间干扰下，T_{GP} 应大于 637μs，并推导出特殊时隙的下行、GP、上行的时间比例为 3∶9∶2（GP 实际时长为 643μs）。因干扰较强，配置的 GP 时长较长，由此带来的容量损失也较大。假定下行、上行时隙配比为 3∶1（常规下行时隙 3 个，常规上行时隙 1 个），如果特殊时隙全部用于下行传输，则总共可以传输下行业务的符号数为 4（3 个常规下行时隙+1 个特殊下行时隙）×14（每时隙 14 个符号）=56 个；当特殊时隙采用 3∶9∶2 的配置时，总共可以传输下行业务的符号数为 3（3 个常规下行时隙）×14（每时隙 14 个符号）+3（特殊时隙的 3 个下行符号）=45 个，下行传输损失的符号数为 56−45=11 个，则下行容量损失为 20%左右。

（2）在弱基站间干扰下，T_{GP} 应大于 204μs，基于该条件，可以得出特殊时隙的下行、GP、上行的时间比例为 9∶3∶2（GP 实际时长为 214μs）。因干扰较弱，该配置的 GP 时长相对较短，由此带来的容量损失也较小，该配置带来的下行容量损失在 9%左右。

3.3 域外自干扰及控制理论

基于第 3.2 节计算的基站间干扰信号最大传播距离不会超过两个基站间的视距距离，但现网试验中发现，部分场景的基站间的距离已经超过了上述最大传播距离，但受扰基站依然收到施扰基站的较强的干扰信号。例如，根据 3.2.1 节中表 3-1，在典型站高 30m 场景下，北京的基站间受限于地球曲率的最大视距传播距离为 66km；但在 3G 规模试验期间，发现北京的基站受到来自 150km 以外的保定的基站的干扰，该距离已经超过了 66km，即两个基站间发生了超最大视距传播距离的干扰，该干扰被称为域外干扰。域外干扰对网络性能影响很大，但在干扰发生时机、干扰发生地理位置、基站间干扰传播模型、干扰强度等方面均存在很大的不确定性，因此该干扰难以被准确发现、定位和根除。经历了 3G、4G、5G TDD 大规模组网的实践后，我们逐步揭示了该干扰的特征、成因、干扰强度的影响因素，并提出了干扰溯源及控制方法。

3.3.1 域外干扰的特征

从我国现网看，域外干扰的影响范围广、发生频度高，干扰比较严重。基于全国大量干扰基站和情况的数据采集和分析，发现域外干扰也呈现一定的地理、时间、时域、距离、互易性等特征。

（1）地理特征：农村、郊区高于城市，沿海高于内陆

当域外干扰发生时，多省多地市大范围同时受扰，严重时可达数万基站。我国干扰主要发生在平原地区和沿海区域，其中较为严重的区域有华北平原、长江中下游平原、渤海湾、北部湾，东北平原、江汉平原等区域也偶有发生。特定区域内多省多地市大范围同时受扰是大气波导干扰的典型特征。

如图 3-13 所示，某省农村、郊区区域受扰程度远高于城市，这主要是因为城市基站站间距较密，天线通常配置为较大的下倾角，且站高有限，建筑物等对信号的遮挡更为严重，降低了干扰信号强度。

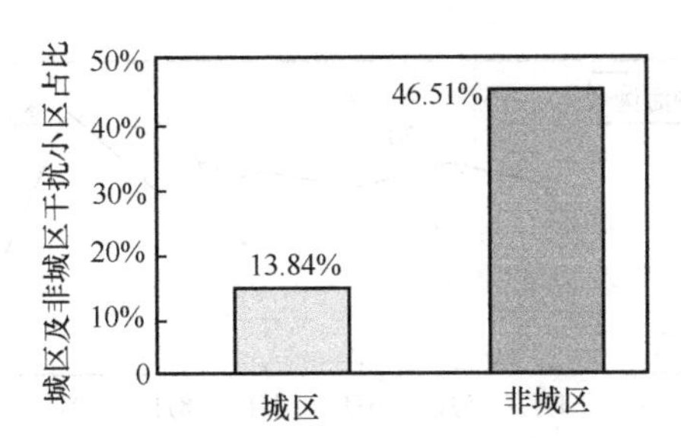

图 3-13　某省的域外干扰统计

内陆平原地区和沿海地区在干扰发生频次、干扰持续时间方面也存在显著差异，总体而言，沿海地区干扰时间更长。如图 3-14 所示，对全年同一天干扰进行监测发现，沿海城市大气波导干扰出现早、消退慢、干扰持续时间长，全天均可存在，业务影响相对严重。陆地城市干扰持续时间短，但干扰源范围广、变化大，如图 3-15 所示，大气波导干扰出现快、消失快。

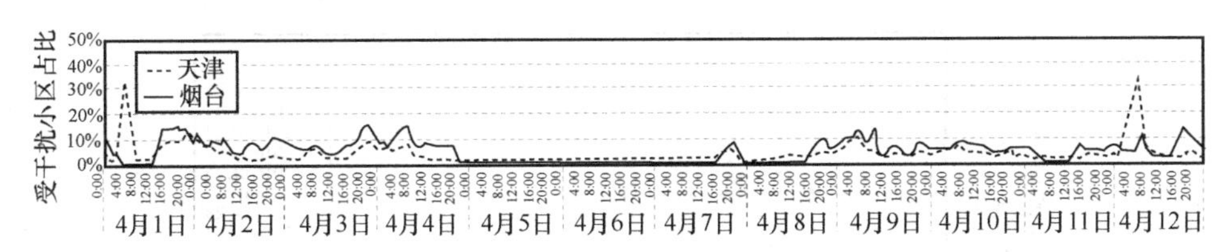

图 3-14　沿海城市受扰情况

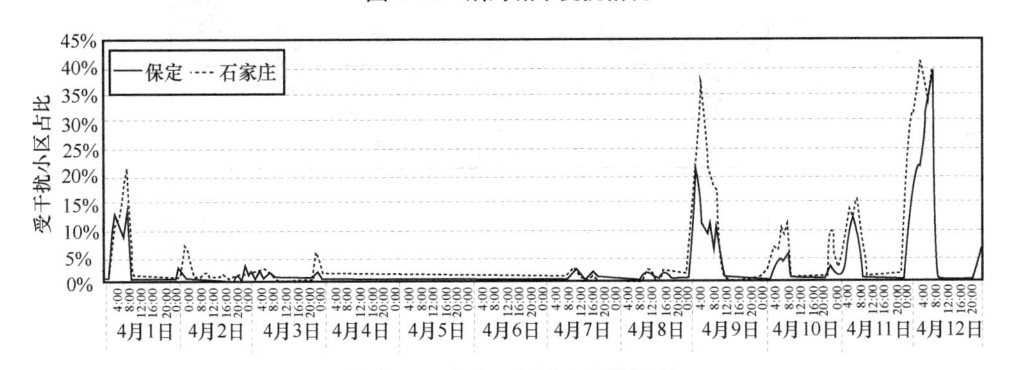

图 3-15　内陆平原城市受扰情况

（2）时间特征：多发于 4—9 月夏秋季节，夜晚干扰程度高于白天

从宏观时间维度上，图 3-16 给出了中国渤海湾每月大气波导干扰发生的天数，可以看出，大气波导多发于 4—9 月，内陆平原地区的干扰也类似，这主要因为大气波导的形成与温度、湿度、水气压等相关。

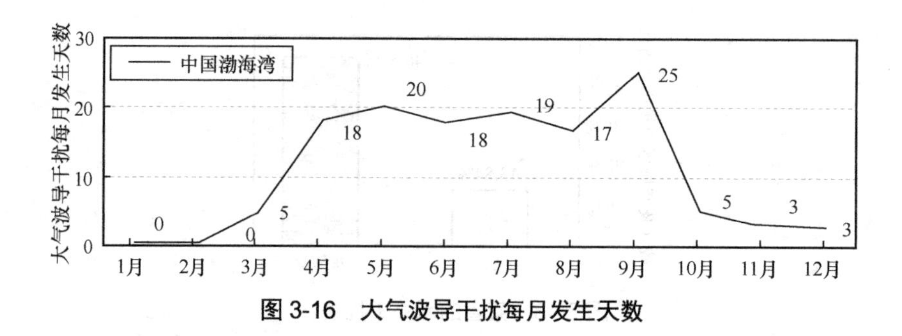

图 3-16 大气波导干扰每月发生天数

从一天 24h 的时间维度看，内陆平原地区干扰主要集中在夜间，但每个城市干扰时间段可能会有差异，2016 年 6 月、7 月河南省高干扰小区和底噪分时图如图 3-17 所示，晚 8 点到早 8 点间容易受扰，且通常早上 7 点左右干扰最强，之后快速消退；此外不同日期的干扰时间段略有不同；受扰小区数和干扰强度高度呈正相关。沿海地区白天和晚上均存在干扰，白天程度相对强。

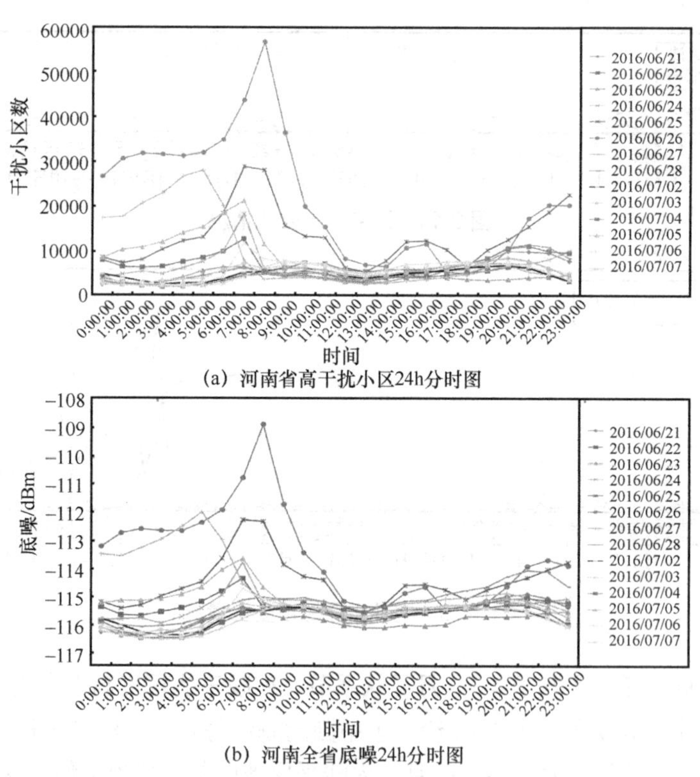

图 3-17 2016 年 6 月、7 月河南省高干扰小区和底噪分时图

此外，干扰呈现较强的时变性，不同时刻的干扰强度波动较大。以 2017 年天津某基站检测到的 79km 外保定某基站的干扰为例，如图 3-18 所示，在天线倾角、发射功率等基站参数不变的情况下，检测到的干扰信号强度大幅变化，最低约 −119dBm/RB，最高可达−98dBm/RB，干扰强度波动达 20dB。

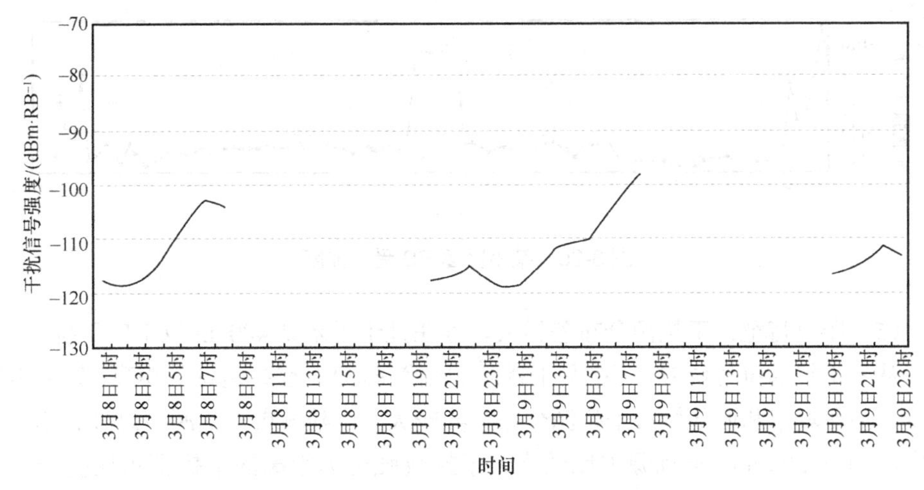

图 3-18　大气波导干扰强度随时间变化曲线

（3）时域特征：干扰强度随距离增大而下降，时域呈功率斜坡状

在毫秒级的微观时域上，从受扰基站角度观测每个时域符号上受干扰的情况，其呈现功率斜坡特征，即越靠近 GP 的符号，所受干扰程度越严重，4G 和 5G 基站都具有这一特征，可作为识别大气波导干扰的有效手段。以近期河北邢台某个 5G 基站的符号级受扰数据为例，如图 3-19 所示，功率斜坡特征明显。

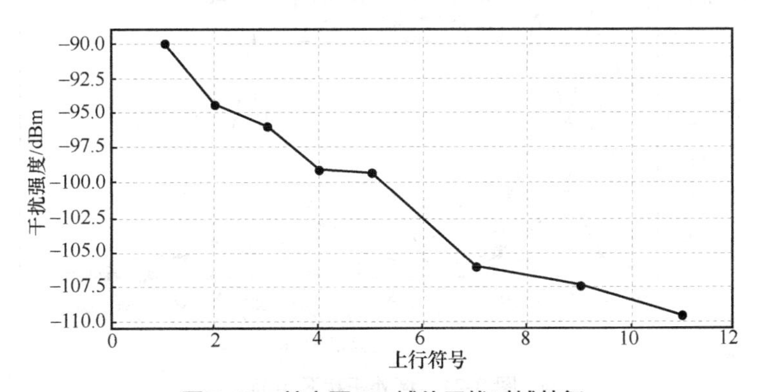

图 3-19　某小区 5G 域外干扰时域特征

（4）频域特征：干扰为全带宽干扰，且部分位置显著凸起

域外干扰通常是全带宽干扰，其中部分频域位置受扰程度会显著高于其他位置。如图 3-20 所示，为 4G 现网某个典型受扰基站频域受扰数据，中间 1MHz 受扰程度比其他位置高约 6dB，此外系统工作带宽的两端受扰也较强。

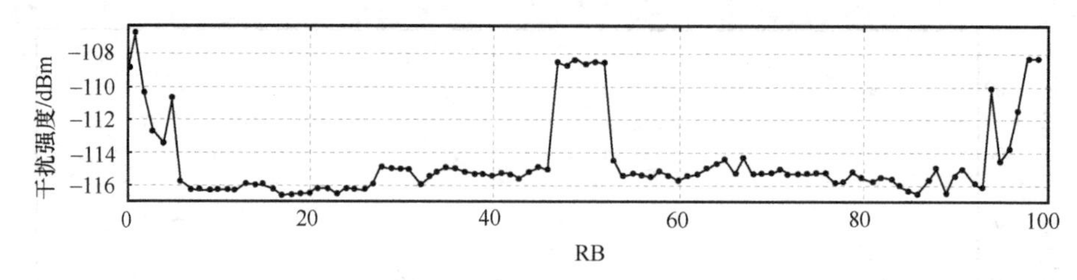

图 3-20　某小区逐 RB 受扰强度

（5）距离特征：干扰源分布差异大，存在几十千米到 400km 以上的干扰

从受干扰的符号位置，可推测干扰源（施扰基站）与受扰基站的距离。如图 3-21 所示，沿海城市和内陆城市干扰源分布差异较大。内陆城市干扰源距离分布相对较集中，70～150km 的干扰源占比较高，干扰较强时远距离的干扰源占比提升。沿海城市可能同时受海面波导干扰和内陆波导干扰影响，干扰源距离分布存在两个峰值，280～340km 的主要为隔海相望沿海地市的干扰源，小于 236km 的主要为内陆地市的干扰源。此外，域外大气波导干扰传播距离远，存在大于 400km 的干扰。

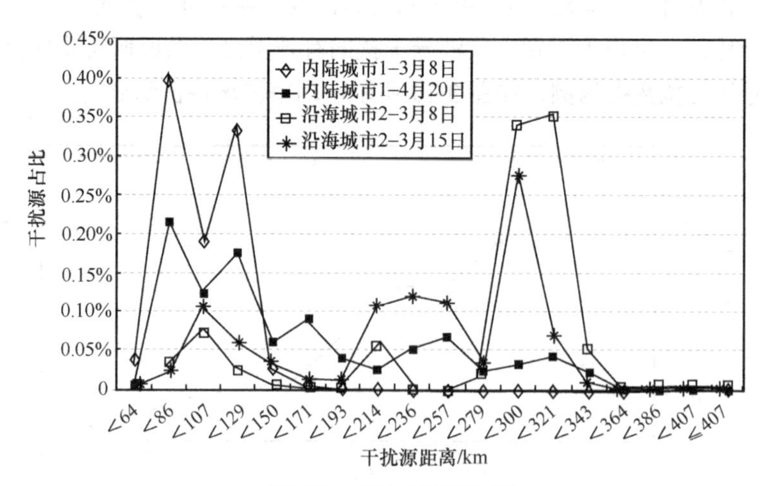

图 3-21　域外干扰源距离

（6）互易性特征：大部分施扰基站也常接收到受扰基站的干扰，但也存在单边干扰情况

当域外大气波导干扰发生时，通过数据采集分析发现，大部分站点干扰存在互易性，即施扰基站和受扰基站之间相互干扰，但也存在部分站点受单边干扰影响。在 5G 大气波导干扰定位设计中，引入了两个参考信号，分别为 RIM-RS1 和 RIM-RS2，其中 RIM-RS1 是受扰基站在检测到干扰满足一定条件后发送给施扰基站的参考信号，施扰基站通过检测到的 RIM-RS1 的位置和携带的信息，可以准确定位干扰情况和制定相应的后续干扰抑制措施；此外，施扰基站会向受扰基站发送 RIM-RS2，用于辅助受扰基站判断大气波导现象是否消失。因此施扰基站对 RIM-RS1 的检测和受扰基站对 RIM-RS2 参考信号的检测情况，可以初步呈现大气波导的互易性特征情况。表 3-4 给出了 RIM-RS 的互检情况，其中，73%站点互相检测出干扰，施扰基站和受扰基站干扰存在互易性特征，但施扰基站中也有 27%未检测出 RIM-RS1，即受扰基站可以检测到施扰基站，但施扰基站检测不到受扰基站，说明存在单边干扰场景。

表 3-4　RIM-RS 的互检情况

总基站数	受扰基站数	施扰基站数	受扰基站发出 RIM-RS，但未检测出 RIM-RS 的施扰基站数量
9659	8318	1543	417

（7）其他特征：存在干扰多站的强干扰源

通过分析多个地市的特征序列检测结果，我们发现主要施扰基站对网络性能影响最严重：按干扰到的基站数算，排名前 50 的施扰基站，每个基站都可干扰到上千个基站，最多可达 1600 个；按特征序列被检测到的次数算，前 20%的施扰基站产生了全网 80%的干扰，因此需要重点整治。

发现了上述域外大气波导干扰的特征和规律后，可以采用对应的技术手段抑制或解决干扰问题，例如，干扰距离较远，需要技术能够定位超远距离干扰源的技术；可以利用互易性特征设计干扰信号；针对强干扰源，由于受其干扰的基站众多，需要重点整治。

3.3.2　域外大气波导干扰产生的原因

基于第 3.3.1 节发现的域外干扰的特征，判断域外干扰主要由大气波导产生。大气波导是如何产生的呢？本节重点分析大气波导干扰产生的原因。

当大气波导产生时，由于对流层中存在大气的逆温（温度随高度增加而升高）

和逆湿（水汽密度随高度增加迅速下降），在该层中电波形成超折射传播，大部分电波辐射被限制在这一层内，类似于在波导中传播，且无线信号在大气波导中传播损耗很小，可实现超远距离传播，如图 3-22 所示。

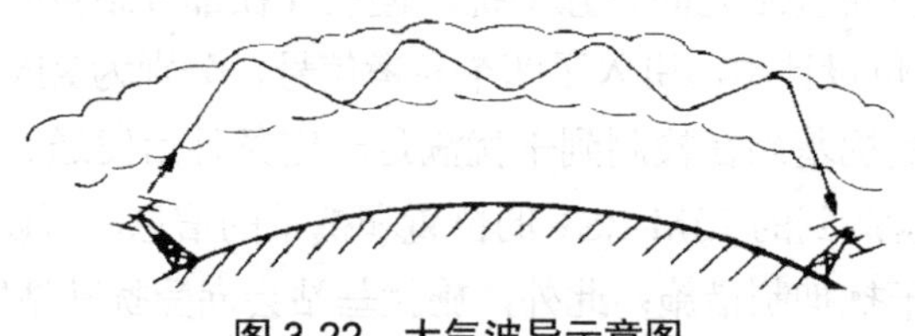

图 3-22　大气波导示意图

大气波导干扰为 TDD 系统特有干扰，信号传播时延超过 TDD 系统所设计的时间 GP 长度，造成下行干扰上行。大气波导干扰的产生存在多种原因，包括基站的站高、功率等因素，超高站、发射功率大均易产生远端大气波导干扰。现网发现站高大于 30m、天线总下倾角小于 9°的基站容易成为施扰基站，山区高海拔且周围无遮挡的基站容易成为施扰基站。

大气波导可以认为是一种特殊的远端干扰：为特定气象、地理条件下发生，对流层中存在逆温或逆湿的层次，无线电波在不均匀的大气层次中形成超折射传播，可实现超距离传播，影响范围在百千米级以上。如图 3-23 所示，区域内空气密度在垂直方向分层，层与层之间存在明显的变化（冷热空气导致的密度差、水汽蒸发、雾、霾等），电波折射率垂直面发生连续变化，形成超视距传输。

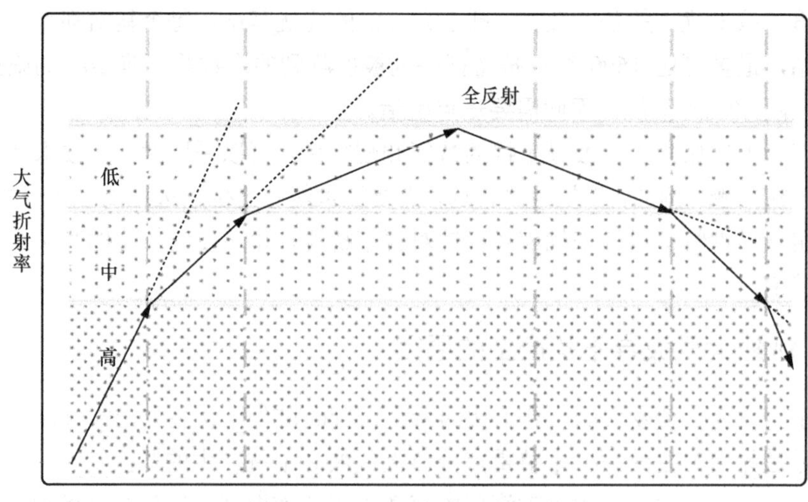

图 3-23　垂直面的大气折射率变化

大气波导的形成主要分为 3 种类型：蒸发波导、表面波导和抬升波导。

（1）蒸发波导：蒸发波导是海洋大气环境中常出现的一种特殊表面波导，它是由于海面水汽蒸发使近海面小范围内大气湿度随高度锐减而形成的。

（2）表面波导：表面波导是下边界与地表相连的大气波导。表面波导一般出现在大气较稳定的晴好天气条件下，此时低层大气存在一个较稳定的逆温层，且湿度随高度递减。

（3）抬升波导（也称悬空波导）：抬升波导是下边界悬空的大气波导。抬升波导下边界高度一般距地面数十米或数百米，在此高度上一般存在一个逆温层。

如图 3-24 所示，表面波导/蒸发波导在传播路径上，使电波射线向下弯曲的曲率大于地球曲率，需要借助地球表面进行全反射，因此在地形平坦（水面、平原等）区域传播较远。

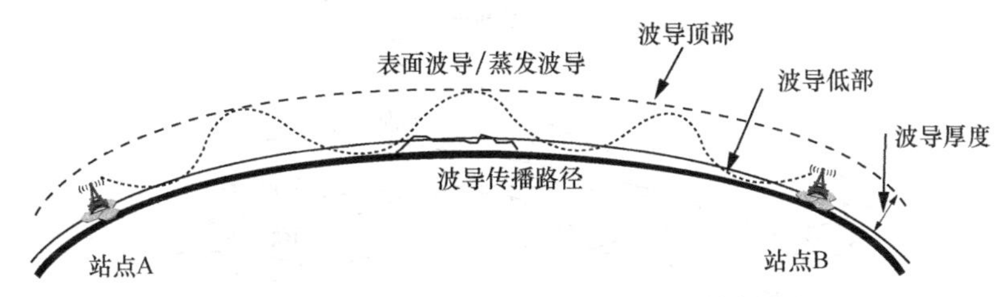

图 3-24 借助地球表面发射形成超视距传播变化

参考徐立勤的电磁传播理论（见参考文献[3]），影响大气环境中电磁波传播特性的主要因素为大气折射率。对于频率在 100GHz 以内的电磁波，大气折射指数 n 或大气折射率 N 与大气温度 T、大气压力 P 和水汽压 e 之间的函数关系为：

$$
\begin{aligned}
n &= 1+\frac{A}{T}\left(P+\frac{Be}{T}\right)\times 10^{-6} \\
N &= (n-1)\times 10^{6} = \frac{A}{T}\left(P+\frac{Be}{T}\right)
\end{aligned}
\tag{3-17}
$$

其中，A 和 B 为常数。

当远距离传输时，必须考虑地球的曲率对传播的影响。为了将地球表面处理成平面，通常使用大气修正折射指数 m 和大气修正折射率 M。假设地球大气为均匀球面分层，则根据球面分层介质中的斯纳尔（Snell）定律得到修正折射指数 m 和修正折射率 M 分别为：

$$m = n + \frac{h}{R_0} \tag{3-18}$$

$$M = (m-1)\times 10^6 = N + \frac{h}{R_0}\times 10^6 + N + 0.157h \tag{3-19}$$

其中，R_0 为地球半径，h 为观测点海拔高度。修正折射率 M 最小值对应的高度为大气波导的高度，即根据不同大气层或探空数据即可预测大气波导的高度范围。

将式（3-18）和式（3-19）对高度求导可得到大气折射指数垂直梯度：

$$\frac{\partial M}{\partial h} = \frac{\partial N}{\partial h} + 0.157 \tag{3-20}$$

不同的大气折射类型如图 3-25 所示。

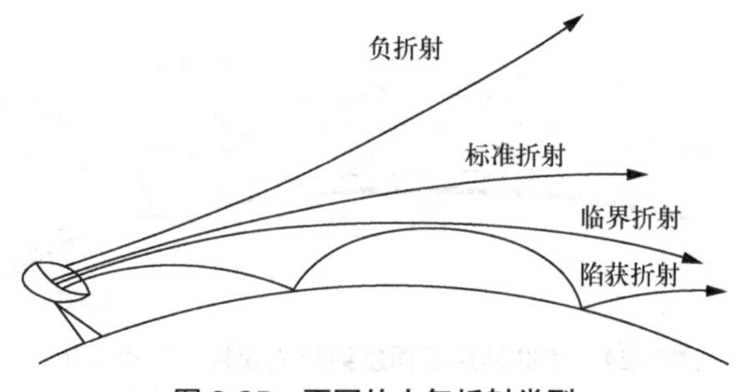

图 3-25 不同的大气折射类型

当电波传播路径的曲率超过地球表面的曲率时，则存在关系式：

$$\frac{\partial M}{\partial h} \leqslant 0, \frac{\partial N}{\partial h} \leqslant -0.157 \tag{3-21}$$

此时，大气呈现陷获折射条件，在大气中传播的在一定频率范围内的电磁波将部分地被陷获在大气波导层内传播。

3.3.3 域外大气波导干扰功率集总特征建模和强度分析

大气波导干扰为多点多对点干扰，受扰基站收到的干扰信号为大气波导通带内数百千米范围内施扰基站信号的叠加，具有显著的功率集总特征。

受扰基站第 k 个子载波、第 l 个上行符号收到的干扰信号强度可建模表征为：

$$P_{\mathrm{r}}^{(k,l)} = \sum_{i\in B^{(l)}} \frac{P_{\mathrm{t}}^{(i,k)} \times G_{\mathrm{t}}^{(i)} \times G_{\mathrm{r}}}{\mathrm{PL}(d_i)} \tag{3-22}$$

其中，$P_t^{(i,k)}$为第 i 个施扰基站在第 k 个子载波上发送的信号功率，单位为 W；$PL(d_i)$为信号传输路损，是线性值；$G_t(i)$为第 i 个施扰基站的干扰信号发送天线增益，是线性值；G_r 为受扰基站的干扰信号接收天线增益，是线性值；d_i 为信号传输距离，单位为 km；$B(l)$为对第 l 个符号造成干扰的施扰基站集合，施扰基站位置、频率、天线入射角等应满足如下大气波导传播条件。

- $\mathrm{AoD}_i \leqslant \phi_{\max}(h_{\mathrm{duct}}^{\max} - h_{\mathrm{duct}}^{\min})$，即发射角（AoD）不超过最大捕获角，该角度与大气波导厚度有关，$h_{\mathrm{duct}}^{\max}$ 和 $h_{\mathrm{duct}}^{\min}$ 分别为大气波导上下边缘的高度。
- $f_i \geqslant \delta_{\min}(M_{\max} - M_{\min})$，即工作频率不小于最小捕获频率，该频率与波导强度有关，而波导强度与最大和最小折射率的差值有关。

$h_{\mathrm{BS}}^{(i)} \in [h_{\mathrm{duct}}^{\min}, h_{\mathrm{duct}}^{\max}]$，即高度位于大气波导范围内，且满足形成大气波导的条件 $\dfrac{\partial M}{\partial h_{\mathrm{BS}}^{(i)}} \leqslant 0$。

此外施扰基站到受扰基站的信号传播距离 d_i 需要满足 $d_i \geqslant (1+G)\times c\times T_{\mathrm{sym}}$，其中，$T_{\mathrm{sym}}$ 为 TDD 系统符号长度，单位为 s，与系统的子载波间隔有关；c 为光速；G 为 GP 长度，单位为符号个数。

3.3.3.1 大气波导干扰功率集总特征分析

分析式（3-22）可知，时域上，受扰基站的符号 l 所受干扰为通带内 $d_i \geqslant (1+G)\times c\times T_{\mathrm{sym}}$ 的全部基站的干扰叠加，假设施扰基站下行各符号发送业务的概率相同，则 l 越大，产生干扰的基站数越少，受扰基站各符号所受干扰强度递减。各符号所受干扰的强度下降幅度与波导通带内基站分布及大气波导干扰信号衰减快慢程度相关，信号衰减越快，符号间的受扰程度差异越大。以 4G 公共参考信号(CRS)造成的干扰为例，内陆大气波导干扰主要发生在低话务的农村地区夜间时段，此时基站下行链路主要在固定符号发送 CRS，如果是单站对单站的干扰，则符号级受扰强度将呈现明显的凸起特征，即对应 CRS 的符号受扰强度明显增强；但从第 3.3.1 节微观时域特征观测结果看，大气波导干扰发生时现网基站总体上各符号受扰程度平滑递减，基本没有时域符号凸起特征，这也印证了大气波导干扰为不同距离的多个基站的干扰叠加，即不同距离的多个基站的 CRS 干扰时域叠加使受扰基站各个符号都受到干扰。

从频域上看，大气波导干扰是系统内干扰，第 k 个子载波的受扰程度取决于施扰基站是否在该频域位置发送信号，如果各施扰基站频域位置分配是随机的，则功率集总后工作带宽上各子载波均受扰且受扰程度相当。但如果各施扰基站固定集中或优先在某几个频域位置发送信号，则将造成较强的干扰信号叠加，相应位置上的干扰强度将大幅提升。对于 TD-LTE 系统，基站全带宽发送 CRS，主同步信号固定占用约 1MHz 系统带宽中间的频域资源，且其时域发送位置离 GP 较近，容易造成强干扰，多站功率叠加后在频域受扰图中呈现全带宽受扰且中间 6 个 RB 凸起的特征，如图 3-20 所示，称之为功率频域凸起，这与第 3.3.1 节总结的频域特征匹配，即式（3-22）可有效表征大气波导干扰的频域功率集总特征。对于 5G 系统，下行业务发生在初始接入带宽分段（BWP）的概率更高，尤其是低话务时段，则对应频域位置受扰程度更严重。

从干扰源精确定位结果看，施扰基站数量众多且分布广泛，覆盖多个省份和地市。以 2017 年 4 月 20 日天津某基站检测到的施扰基站分布为例，施扰基站总数量达 920 个，在全部 4038 个监测站中的占比达 22.8%；考虑监测站是从所有现网基站中结合受扰强度等因素抽选出来的，按照检测比例折算，实际施扰基站数量应该远大于 920 个，即该基站受到的干扰为至少数千个远端基站的干扰叠加，集总特征明显。

3.3.3.2 发送天线增益分析

移动通信基站通常采用定向天线，不同方向的天线增益不同，相差可达数十分贝，计算大气波导干扰强度时需要合理选取天线增益参数。为保证地面的连续覆盖，基站天线在水平方向通常采用宽波束，即各方向的天线增益差异不大，如果将整个基站的多个扇区看作一个整体，则可近似忽略水平方向的天线增益差异。同时为保证覆盖距离，基站天线在垂直方向通常采用窄波束，如 4G 8 通道天线的典型主瓣波束宽度为 4°～7°，不同垂直角度的天线增益差异较大，需要重点分析。

理论推导可知，只有电磁波的发射仰角不超过最大穿透角 θ_{max} 时才会产生大气波导传输，该角度与大气波导厚度有关，刘成国等结合历史气象数据等推导了我国各地区的大气波导穿透角度（见参考文献[7]），数据表明，我国绝大部分地区的大气波导穿透角度小于 0.8°。考虑电磁波先进行地面反射再进行波导传输的场景，则发射角应大于−0.8°。

同时，对视距传播模型进行分析，可得到信号产生超远距离传播对应的最小发射角 θ_{min}，如式（3-23）所示，小于该发射角的信号将受地球曲率影响，被地表遮挡而难以超远距离传输。

$$\theta_{min} = \sin^{-1}\left(\frac{R_0}{R_0 + H + h}\right) - 90° \tag{3-23}$$

其中，R_0 为地球等效半径，取值 8500km，H 为波导区域内基站所在位置的相对海拔高度，h 为基站自身的高度。

大气波导入射角度分析如图 3-26 所示。

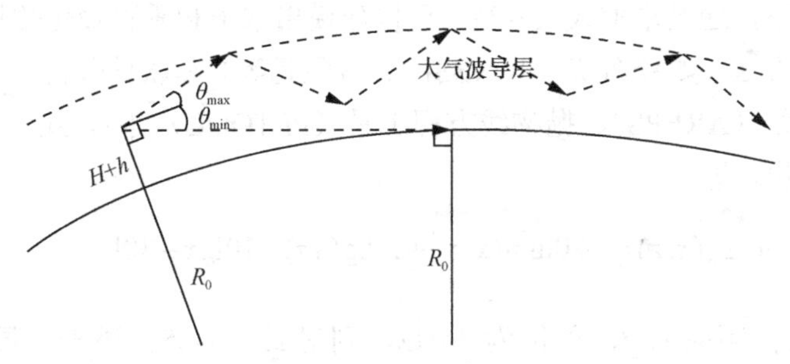

图 3-26　大气波导入射角度分析

不同站高对应的 θ_{min} 见表 3-5。

表 3-5　不同站高对应的最小发射角

海拔 H/m	站高 h/m	θ_{min}
0	30	−0.15°
100	30	−0.32°
1000	30	−0.89°
6500	30	−2.25°

基于第 3.3.1 节的特征分析可知，我国大气波导干扰主要发生在平原和沿海地区，则典型的基站总高度小于 1000m，θ_{min} 典型值取−0.89°。综合考虑 θ_{min} 和 θ_{max}，在计算大气波导干扰时主要考虑施扰基站信号在−0.8°～0.8°的信号分量，即发射天线增益可取天线垂直维方向图−0.8°～0.8°的均值。

3.3.3.3　路损参数分析

大气波导干扰是海量施扰基站干扰的叠加，第 3.3.3.1 节分析了其总体上的功率集总特征，本节将对其中单个施扰基站产生的干扰信号强度进行建模和分析。大气波导干扰信号的传播模型可以用抛物线方程对亥姆霍兹（Helmholtz）方程进行近似得到。抛物线波动方程为：

$$\frac{\partial u}{\partial x}(x,z)=-ik\left\{1-\sqrt{\frac{1}{k^2}\frac{\partial^2}{\partial z^2}+\tilde{m}^2(x,z)}\right\}u(x,z) \tag{3-24}$$

其中，x 为信号传播距离，单位为 km；z 为高度，$k=2\pi/\lambda$ 为波数；$\tilde{m}(x,z)=\tilde{n}(x,z)\mathrm{e}^{z/R_0}$ 为笛卡儿坐标系下修正的折射率指数，$u(x,z)$为简化场分量函数。通过地球平坦化转换，海拔高度和垂直坐标之间的关系为 $z=R_0\lg(1+h/R_0)$。在合适的边界条件下，通过求解式（3-24）可以建模出水平和垂直极化传播模型，求解方法包括数值方法（如分布傅里叶（SSF）、有限元等）和软件分析工具（如高级折射效应预测系统（AREPS）、抛物线方程工具（PETOOL）等）。式（3-24）通常以路损的形式给出，即：

$$L_p(x,z)=-20\lg\left|u(x,z)\right|+20\lg(4\pi)+10\lg x-30\lg\lambda \tag{3-25}$$

记系统工作频率为 f，单位为 MHz，则对式（3-25）进一步展开计算，可得到：

$$L(x,z)=37.3-20\lg|u(x,z)|+10\lg x+30\lg f \tag{3-26}$$

其中，$u(x,z)$为与温度、湿度等气象条件相关的时变函数，难以给出固定表达式。为便于直观理解并进行干扰强度的近似估算，本节基于大气波导干扰溯源功能检测数据，区分海面波导干扰和内陆波导干扰，拟合得到典型条件下 $u(x,z)$的精确表达式。数据取自中国移动 4G 现网，为天津市 2017 年 4 月初 10 个基站的 17 万条检测数据。

具体过程如下。

- 用施扰基站发射功率减去参考信号接收功率，加上发射天线增益和接收天线增益得到传播路损。其中发射天线增益根据施扰基站天线倾角取−0.8°～0.8°准水平区间的均值，接收天线增益固定取均值 8dB。
- 对相同检测符号检出的多个施扰基站的路损做平均，得到对应信号传输距离的平均路损检测值。
- 使用现网频率参数，如 f=1900MHz，将平均路损检测值代入路损表达式反算，可得到不同信号传输距离对应的 $u(x,z)$取值。
- 对 $u(x,z)$和传输距离 x 进行数据拟合，得到近似表达式。

针对内陆波导干扰场景，选取 4 月 20 日大气波导干扰较强的凌晨 1:00—7:00 的数据进行统计，天津受扰较严重 3 个小区的 18780 条检测数据中共筛选出 942 个施扰基站，其中保定 150 个（平均地理距离为 159km）、北京 4 个（平均地理距离为 95km）、邯郸 258 个（平均地理距离为 334km）、石家庄 205 个（平均地理距离为 234km)、邢台 325 个（平均地理距离为 273km)。不同传输距离不同时间的内陆波导实测平均路损如图 3-27 所示。

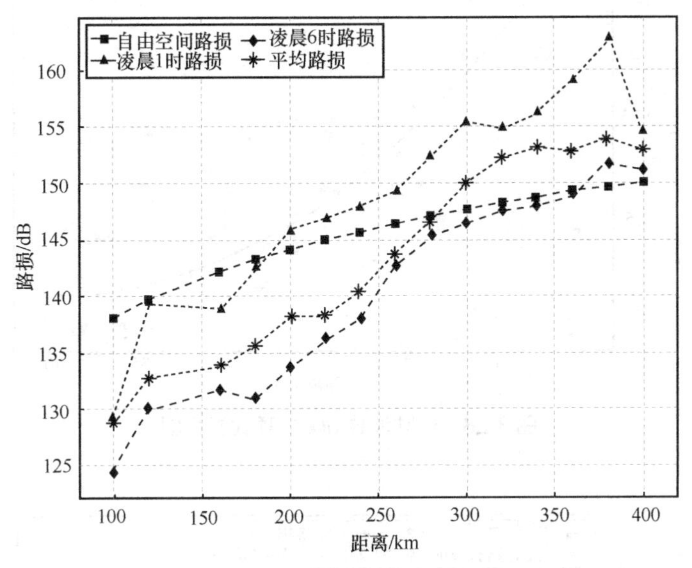

图 3-27 内陆波导实测平均路损

从图 3-27 中可看出大气波导较强时，100～280km 距离内信号传输路损小于自由空间损耗，最多可降低 10dB；但大气波导干扰信号随传输距离增大衰减速度更快，每 20km 平均衰减 1.75dB，在 300～400km 传输路损大于自由空间损耗。使用平均路损数据进行二项式拟合，如图 3-28 所示，可得到内陆波导干扰夜间高干扰时段的 $u(x)$取值。

$$u(x) = 0.0002x^2 - 0.1564x+34.758 \tag{3-27}$$

则对应的路损表达式可量化为：

$$L(x) = 37.3 - 20\lg(0.0002x^2 - 0.1564x+34.758) + 10\lg x + 30\lg f \tag{3-28}$$

针对海面波导干扰场景，对 4 月 4 日大气波导干扰较强的凌晨 1:00—7:00 的数据进行了统计，天津受扰较严重 3 个小区的 2780 条检测数据中共筛选出 80 个施扰基站，其中大连 3 个（平均地理距离为 370km)、烟台 77 个（平均地理距离为 330km)，天津、烟台、大连隔渤海湾相对，因此均为超远距离的施扰基站。海面波导实测平均路损如图 3-29 所示。

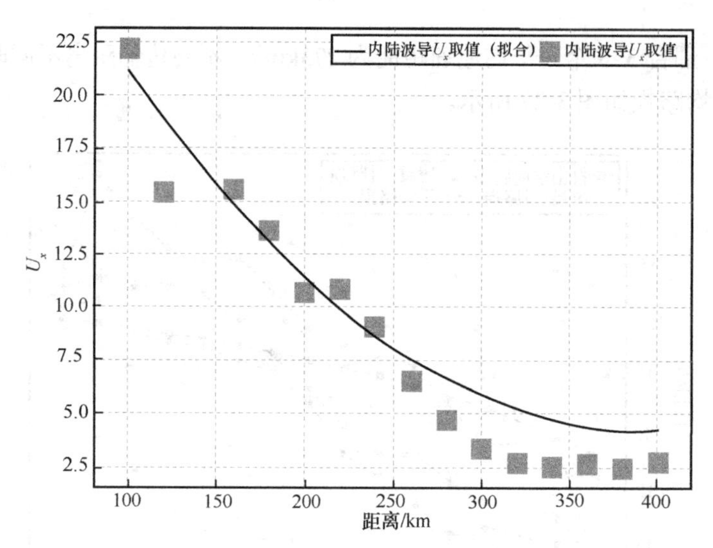

图 3-28　内陆波导 $u(x)$二项式拟合图

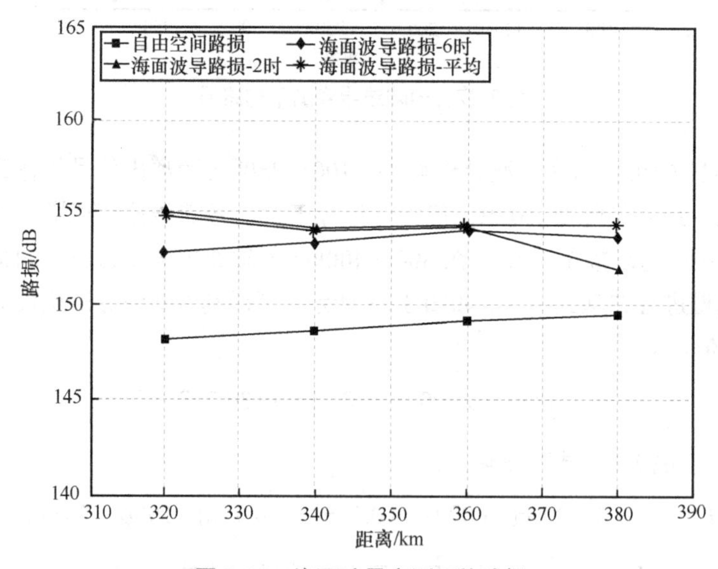

图 3-29　海面波导实测平均路损

从图 3-29 中可看出，大气波导较强时，300km 以上的海面大气波导干扰传播路损大于自由空间损耗，平均大约为 5.4dB，且随距离变化不明显，差值略大于内陆波导干扰，整体变化趋势规律与内陆波导类似，简单拟合可得海面波导夜间时段针对 300km 以上的干扰源，$20\lg|u(x,z,t)|$近似为常数 6.75，则对应的路损表达式可

量化为：

$$L(x)=30.55+10\lg x+30\lg f \tag{3-29}$$

式（3-28）和式（3-29）分别给出了大气波导干扰较强时刻内陆波导干扰和海面波导干扰的典型量化路损表达式。总体而言，大气波导干扰传输 100km 时路损小于自由空间损耗，约为 10dB；随距离增大差值变小，在 300km 时与自由空间损耗基本相当；随距离进一步增大，大气波导干扰传播路损大于自由空间损耗，为 2～5dB，后续可利用相关表达式定量估测大气波导干扰强度，支撑相关仿真、方案设计和预防优化。

3.3.4　域外大气波导干扰溯源及规避方法

当受扰基站检测到其上行干扰水平超过某一阈值，且呈现出远端干扰所特有的斜坡特性时（即上行符号上的时域功率线性降低），则判断大气波导现象发生，并随即开始周期性地发送远端干扰管理参考信号。基于信道互异性，施扰基站将检测到该参考信号，并自动触发干扰抑制机制。通过配置全网统一的参考信号时域发送位置，施扰基站根据检测到的参考信号所在的上行符号位置，即可反向推断出自身哪些下行符号传输将对远端基站产生干扰，进而在上述产生干扰的下行符号上采取各种干扰抑制措施。

3.3.4.1　时域传输位置设计

施扰基站可以通过检测该参考信号，反向识别出对受扰基站的哪些上行符号造成了干扰。为了实现上述功能，受扰基站和施扰基站需要对下行传输边界具有共同的理解，且参考信号的时域传输位置需要与该边界具有固定的偏移关系。通过网络配置，施扰基站已知受扰基站发送 RIM-RS 的时域符号位置；当检测到 RIM-RS 后，即可确定与受扰基站之间的传播距离，从而识别出对受扰基站的哪些上行符号可能造成干扰，并决定相应的干扰回退机制及参数，如回退下行符号数目等。由于远端基站干扰发生时，涉及的基站数量和范围都可能非常大，为了确保尽可能大的范围内的基站都可以接收到参考信号，全网基站的参考信号发送位置应该统一，并尽可能地靠近全网统一理解的下行传输边界处。RIM-RS 时域传输位置示意图如图 3-30 所示。

3.3.4.2　信号时域结构设计

远端基站干扰发生的范围大、涉及基站数量多，因此虽然参考信号的发送位置全网统一，但是由于传播距离不可控，施扰基站接收到 RIM-RS 的实际位置可能在任意上行符号上，并且无法保证与基站的上行符号接收边界对齐。为了对抗不同的传播时延，本节提出了具有时域循环移位特性的 RIM-RS 时域结构。RIM-RS 信号时域结构及接收示意图如图 3-31 所示，参考信号占据两个 OFDM 符号长度，且具有时域循环移位结构，则接收端在正常的上行符号中，总能接收到一个 RIM-RS 时域分量，且该时域分量在该上行符号中具有完整且相位连续的时域序列，于是接收端在一个接收窗内总能接收到 RIM-RS 序列进而进行干扰检测。

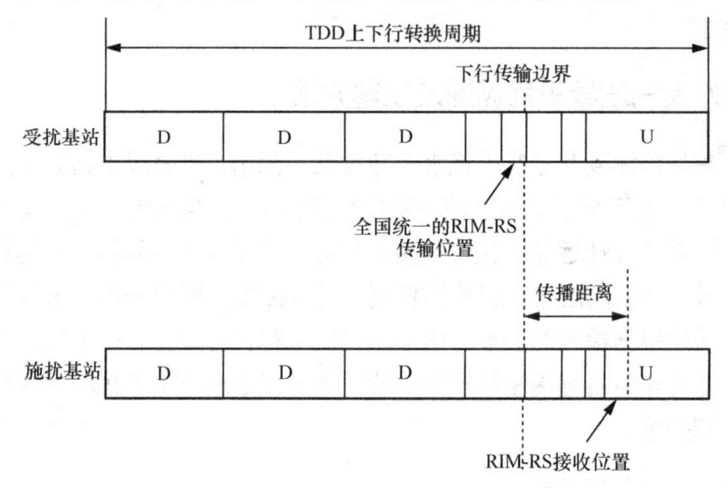

图 3-30　RIM-RS 时域传输位置示意图

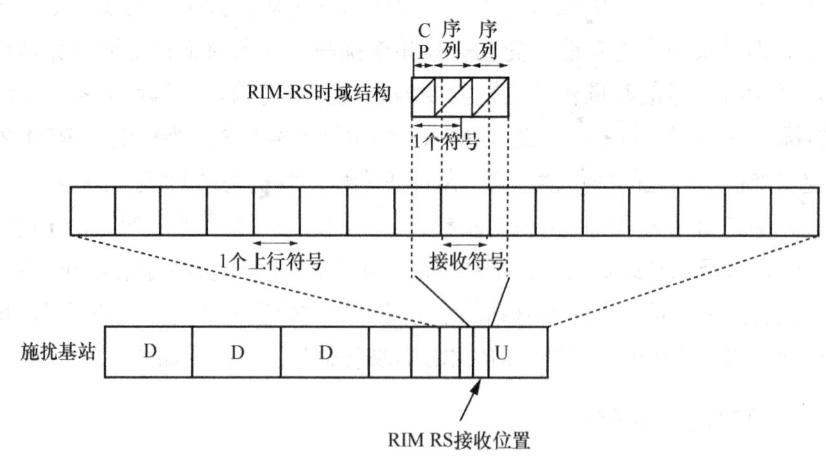

图 3-31　RIM-RS 信号时域结构及接收示意图

常规的信道状态信息参考信号（CSI-RS），虽然在时域上也具有循环移位结构，但其时域发送位置与 gNodeB 设置的基站集合编号（Set ID）无关，无法与基站 ID 映射，因而无法用于基站定位。利用仿真对二者的检测性能进行对比，图 3-32 给出了保证 1%的虚警概率的前提下，RIM-RS 与 CSI-RS 检测性能的对比，当信噪比达到−14.8dB 时，RIM-RS 即可达到 90%的检测概率，相比于 CSI-RS 具有 9dB 的性能增益。

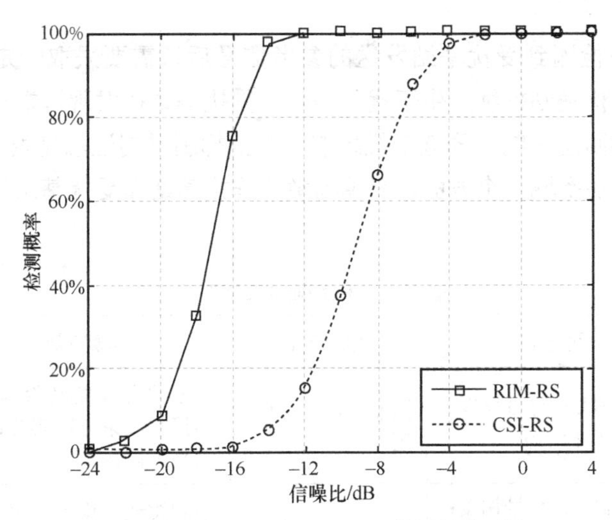

图 3-32　RIM-RS 与 CSI-RS 检测性能对比

3.3.4.3　序列扰码设计

远端基站干扰发生时的影响范围广，因此从安全角度考虑，RIM-RS 的序列初始化种子应根据网管的配置随时间变化，以对抗转发式干扰。RIM-RS 序列可以采用与 NR CSI-RS 序列相同的 31 位 Gold 序列移位寄存器生成，但其初始化种子根据式（3-30）确定。

$$c_{\text{init}} = \left[2^{10} \cdot f\left(n_t\right) + n_{\text{SCID}}\right] \bmod 2^{31} \tag{3-30}$$

其中，n_{SCID} 是基站根据所配置的 Set ID，从网管配置的扰码 ID 列表中选择出的扰码 ID；n_t 为 RIM-RS 传输周期的计数值，起始时间为格林尼治标准时间 1900 年 1 月 1 日；$f\left(n_t\right) = \sum_{i=0}^{20} c(i) \cdot 2^i$，其中 $c(i)$为 3GPP 协议 TS 38.211 定义的伪随机序列，所对

应的初始化种子由 $\bar{c}_{\text{init}} = (Z \cdot n_t + \delta) \bmod 2^{31}$ 确定，而 Z 和 δ 都是网管周期性配置的参数，取值范围为 $\{0,1,\cdots,2^{31}-1\}$。可以看出除了扰码 ID（n_{SCID}）被网管配置外，初始化种子中还有一部分内容是随时间变化的（$f(n_t)$），且式（3-30）中关键参数（Z 和 δ）也可被网管周期性地更新及配置，这样，可最大限度地保证 RIM-RS 的随机性，避免被伪基站恶意攻击。

3.3.4.4　干扰抑制机制

施扰基站在检测到受扰基站发送的参考信号后，需要采取一定的干扰抑制机制，以避免对受扰基站持续产生干扰。另外，受扰基站在发现远端干扰时，也可以采取一定的主动回避机制，降低干扰影响。干扰抑制机制汇总见表 3-6，从时域、频域、空间域和功率域 4 个方面，简单列举了施扰基站和受扰基站侧可能采用的干扰抑制机制。

表 3-6　干扰抑制机制汇总

	时域方法	频域方法	空间域方法	功率域方法
受扰基站侧	限制 UL 符号调度；调整帧结构	限制 UL 子带调度	迫零波束/干扰消除；限制接收波束方向集合；调整下倾角	增加终端的发射功率
施扰基站侧	限制 DL 符号调度；调整帧结构	—	限制发送波束方向集合；调整下倾角	降低基站的发射功率
双方协调	受扰基站和施扰基站一起改用大周期、长 GP 的帧结构配置	受扰基站和施扰基站配置正交的上下行资源	降低天线安装高度	—

上述干扰抑制机制在有效抑制远端基站干扰的同时，也会对施扰基站和受扰基站的上下行吞吐量和小区覆盖性能造成损失。

运营商可以根据主设备能力、干扰程度等因素，灵活选择多种干扰抑制机制。例如，当远端基站干扰较弱时，受扰基站可考虑采用迫零波束和干扰消除技术“硬抗”，而无须发送 RIM-RS。当施扰基站检测到 RIM-RS 时，可优先采用渐进式的干扰抑制机制，如逐步降低下行发射功率或压缩下倾角，以尽量降低对其下行传输和小区覆盖性能的影响。当渐进式干扰抑制机制无效时，施扰基站再重新配置灵活帧结构的时隙格式，减少下行符号个数，以规避干扰。

3.4 小结

TDD特有的基站自干扰（数百万基站间均可能相互干扰）是世界难题，受地理、气象等不可控因素影响，发生时间和空间上具有较强的随机性，该干扰的危害性大，严重时可造成网络大面积瘫痪。本章系统性地构建了TDD规模组网干扰模型，揭示了基站自干扰由域内、域外两类干扰组成，详细阐述了干扰的成因、干扰规律和干扰对系统性能的影响；提出了TDD规模组网干扰控制方法，通过设计冗余适配的场景化帧结构，实现开销与效率的平衡；并提出了基于导频“身份证”的设计方案，将随机的不确定干扰问题转为确定性问题。

参考文献

[1] 姚展予，赵柏林，李万彪，等. 大气波导特征分析及其对电磁波传播的影响[J]. 气象学报，2000, 58(5): 605-616.

[2] THEODORE S R. Wirless communications principle and prcutice[M]. Piscataway: IEEE Press, 1999.

[3] 徐立勤. 电波传播理论[EB]. 2000.

[4] DINC E, AKAN O B. Beyond-line-of-sight communications with ducting layer[J]. IEEE Communications Magazine, 2014, 52(10): 37-43.

[5] LEVY M. Parabolic equation methods for electromagnetic wave propagation[M]. IET Digital Library, 2000.

[6] LIU F F, PAN J X, ZHOU X W, et al. Atmospheric ducting effect in wireless communications: challenges and opportunities[J]. Journal of Communications and Information Networks, 2021, 6(2): 101-109.

[7] 刘成国，潘中伟. 中国低空大气波导的极限频率和穿透角[J]. 通信学报, 1998, 19(10): 90-95.

第4章 TDD特有系统内网络全局自干扰问题及解决方案实践

4.1 概述

系统内网络全局自干扰是 TDD 系统的顽疾，远端基站的下行信号经数十或数百千米的超远距离传输后仍具有较高强度，落入近端基站上行接收窗内，造成严重的上行干扰，导致用户上网慢，甚至无法上网或打电话，严重影响用户的正常通信，引发用户大量投诉。TD-SCDMA、TD-LTE、5G NR 现网均受到不同程度的基站间干扰影响，对该问题的认识及解决方案的摸索是一个循序渐进、逐步认识、逐步完善的过程。

3G 采用 TD-SCDMA 技术的 TDD 系统是第一次大规模组网，初期组网时，基站间自干扰问题还没有被足够认识到。TD-SCDMA 系统的 GP 仅有 22.5km 左右，且 GP 的长度是固定的，无法根据干扰情况的变化进行调整。随着规模组网的开始，远端干扰的问题逐步暴露，主要焦点是本地基站的上行导频时隙（UpPTS）受到远端基站的下行导频时隙（DwPTS）的干扰。当时对该干扰的理解还不够深入，认为该干扰主要是有一定传播规律可循的域内干扰。治理干扰的手段相对有限，在技术上主要提出了 Up-Shifting 的解决方案，通过调整用户发送上行导频信道（UpPCH）的时间位置，规避干扰；在工程上主要通过调整频点、站高、天线倾角等常规手段降低干扰。从全国来看，由于干扰治理手段有限，受扰基站数占总基站数的 40%左右。

4G 系统中，TD-LTE 组网部署规模远超 3G，用户数也急剧增加。TD-LTE 规模商用期间，某省突然产生大范围干扰抬升，用户体验下降明显，用户投诉量急剧上升。随着干扰排查的深入，发现基站间自干扰不仅有来自域内的干扰，还有来自域外的干扰，该域外干扰受大气波导等影响形成超视距传播，且干扰的发生时间、强度、距离、来源等均存在较大的不确定性。为此，中国移动首次提出了基于特征序列的大气波导干扰源定位方案，可实现基站级干扰源精确定位，支持全网定位，并推动产业成熟，成功定位大气波导干扰源，结合自主研发的跨省协同优化平台，成功建立了覆盖全国 17 个主要受扰省份的大气波导干扰监测体系，量化明确了省内和省间的相互干扰关系，并为大气波导干扰传播规律量化研究提供了有效手段。

在控干扰方面，基于大气波导干扰源的定位和传播规律，中国移动提出了相对 3G 更丰富、更有效的干扰抑制和缓解手段，提出了受扰基站与施扰基站协同“点线面”结合的系统优化方案。受扰基站优化方面，主要从宏观尺度统计分析大气波导干扰特征，从参数、算法、天线 3 个方面着手提升受扰基站的抗干扰能力，优化效果显著，尤其是其中的上行功控新算法设计，显著提升受扰基站的接入成功率和上行频谱效率，更换远程电调天线方案大幅降低网络运维成本和改善用户体验。施扰基站优化方面，时域、频域、空域优化分步实施，首先在干扰片区内统一进行自动回退特殊子帧配置等时隙配置调整，其次对环渤海湾地区和 Top 施扰基站实施错频组网等局部网络频率调整，最后对顽固施扰基站精确开展单点天线调整，以最小的网络改造代价有效控制施扰基站干扰，优化方案具有较高的系统性和可行性。

TD-LTE 系统的远端干扰方案已在全国 17 个主要受扰省份的超百万小区规模应用，优化效果显著，通过干扰定位溯源和主要时域特殊时隙配比自动回退等手段，大气波导干扰频次和干扰强度显著降低，重点省份高干扰天数较优化前下降 80%以上，网络性能显著提升。从全国范围看，实现干扰基站占干扰总基站数比例降低到 10.56%左右。进一步通过时域、空域、频域、算法、天线、工程等干扰控制手段的综合使用，以及精细化的干扰控制，实现干扰基站占干扰总基站数比例降低到 0.03%左右。而且通过释放被压抑的流量和节省运维成本，创造了数以亿计的经济效益，并大大提升了 TDD 产业的竞争力。

5G 系统中，TDD 技术已经成为 5G 时代主导，更多 5G 运营商将采用 TDD 技术，跨境跨运营商远端干扰问题将随着规模组网而更加严重。因此，中国移动携手产业将 4G 远端干扰的解决方案推向全球，在 3GPP 成功推动远端基站干扰管理

（RIM）项目立项和成功结项，纳入 3GPP 国际标准。在 5G 中，针对大气波导，提出了基于空口和基于回传的多套“全自动化的远端干扰管理流程框架设计”，为运营商提供多种选择，且在4G流程基础上做了多种改进，如RS-2的闭环设计、Near/Far功能等。此外在远端干扰管理参考信号（RIM-RS）设计上也有进一步增强，例如，相比于 TD-LTE 的固定序列，5G 引入了一种 RIM-RS 序列生成方案，该序列的初始化种子可根据网管配置，RIM-RS 序列生成可随时间变化，可排除参考信号被竞争对手恶意伪造的风险，提升网络安全性。在控干扰方面，基于 5G 新能力，提出了时域、空域、频域、功率域等增强的远端干扰抑制机制。与 TD-LTE 方案相比，5G 远端干扰管理标准化方案将更智能化、更高效、更安全、更普适。

本章将针对 TDD 特有系统内全局自干扰，按照 3G、4G、5G 的顺序，循序渐进地阐述基站间自干扰的问题及相应的创新技术，以及工程优化等方案。

4.2 3G TD-SCDMA 网络全局自干扰问题及解决方案实践

4.2.1 TD-SCDMA 网络全局自干扰问题

在 TD-SCDMA 规模试验网初期，常出现终端侧 TD-SCDMA 信号很强，但是依然无法打通电话的情况。经过分析，有很大一部分原因是基站的上行导频时隙 UpPTS 受到远端的下行导频时隙的干扰，上行导频时隙刚好是上下行常规时隙转换的一个时间点，因为第 0 号下行时隙（TS0）和 DwPTS 都属于下行方向，而第 1 号上行时隙（TS1）和 UpPTS 都属于上行方向，也就是说 TD 系统由于远端基站的下行时隙经过长距离的传输干扰了本地基站的上行时隙，这就是 UpPTS 受到干扰的原因。受到干扰以后，本小区的底噪电平将会直接提升。

各小区 UpPTS 接收电平分布比例统计如图 4-1 所示，在无干扰的情况下，TD-SCDMA 单载波带宽 1.6MHz，则单载波的底噪电平=−174+10lg（1.6×10^6）+5dB（噪声系数）=−107dBm 左右。但是实际上对 5000 个小区进行统计发现，有 47%的小区的接收电平达到−95dBm 以上，干扰抬升在 12dB 以上，意味着用户的接入电平要抬高 12dB 以上。假定在无干扰的时候，用户在−90dBm 的情况下就可以接入网络，而由于 UpPTS 受到来自远端基站的强干扰，用户需要在信号高于−78dBm 时才能接入，给用户造成有信号但是无法打通电话的问题。

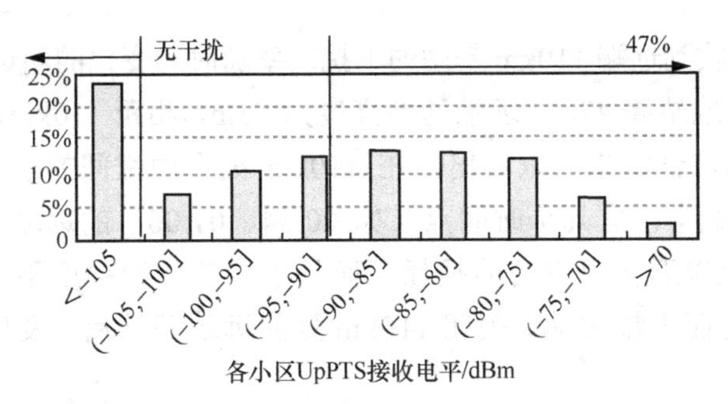

图 4-1　各小区 UpPTS 接收电平分布比例统计

在 TD-SCDMA 中，DwPTS 主要用于小区信号搜索，而 UpPTS 主要用于随机接入。用户在发起业务时，必须要经历上行随机接入的过程。在发生远端干扰本地基站的场景时，TD-SCDMA 远端基站干扰原理如图 4-2 所示，远端基站 A 的下行导频时隙会对本端基站 B 的上行导频时隙产生干扰，基站本来预期接收的是本小区用户发送的上行信号，但是实际上接收到了较大的远端基站发送的下行信号。为了解决这个问题，TD-SCDMA 系统预留了一定的时间保护间隔（GP），GP 长度固定为 96 个 CHIP。GP 的主要目的是解决基站间的上下行交叉时隙干扰，长度为 96 个 CHIP 的 GP，时间长度为 75μs，从理论上本地基站不会受到 22.5km（75×10^{-6}s×3×10^5km/s=22.5km）范围内的远端基站的干扰。但是在实际网络中发现，在 22.5km 范围外的同频小区有可能对本地小区造成干扰。当远端基站的站高较高或倾角较小时，22.5km 范围以外的基站的发射信号有可能落到本地基站的接收时间窗内。

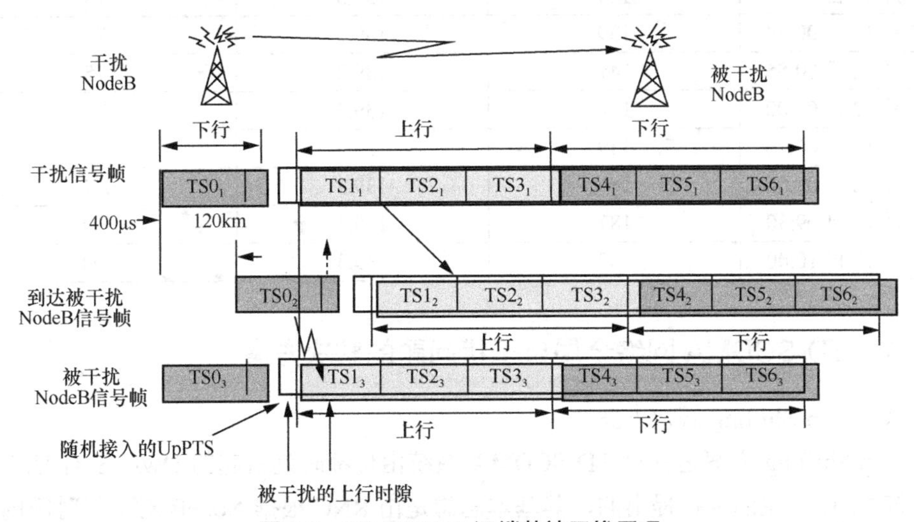

图 4-2　TD-SCDMA 远端基站干扰原理

本地基站接收到远端 110km 基站的干扰功率随时间变化的测试结果见表 4-1。测试条件为：本地站高 47m，远端基站高度为 53m，相距 110km，频段是 2GHz，下倾角是 0。从测试结果可以看出，在 110km 处自由空间的理论传播损耗约为 139dB；实际测试中，有几个时间点（如 00:34、01:06）的远端基站信号到本地基站的传播损耗接近自由空间的损耗。而且干扰信号的强度不是固定不变的，而是随时间变化而大幅波动。关闭 110km 处的远端基站后，发现本地基站的干扰消失。

表 4-1　本地基站接收到远端 110km 基站的干扰功率随时间变化的测试结果

时间	实测路损/dB	自由空间路损（110km）/dB	接收远端基站干扰功率/dBm
7 月 11 日 20:34	171	139.3	−105
7 月 11 日 20:48	156	139.3	−90
7 月 11 日 21:43	146	139.3	−80
7 月 11 日 21:44	144	139.3	−78
7 月 11 日 22:00	150	139.3	−84
7 月 11 日 22:50	152	139.3	−86
7 月 11 日 23:03	161	139.3	−95
7 月 11 日 23:08	164	139.3	−98
7 月 11 日 23:13	166	139.3	−100
7 月 11 日 23:20	176	139.3	−110
7 月 12 日 00:24	144	139.3	−78
7 月 12 日 00:34	139	139.3	−73
7 月 12 日 00:55	141	139.3	−75
7 月 12 日 01:00	144	139.3	−78
7 月 12 日 01:06	139	139.3	−73
7 月 12 日 09:06	186	139.3	−120
7 月 12 日 09:30	187	139.3	−121
7 月 12 日 10:00	187	139.3	−121

4.2.2　TD-SCDMA 网络全局自干扰问题的解决方案

（1）Up-Shifting 解决方案

Up-Shifting 方案是针对 TD-SCDMA 系统由传播时延引起的 DwPTS 对 UpPTS 特殊时隙中产生的干扰提出的，其基本思想是由 RNC 根据 NodeB 对上行时隙的干扰测量，灵活调整 UE 发送 UpPCH 的位置（如调整到其他上行业务时隙 TS1 等，而不是局限于在 UpPTS 时隙发送 UpPCH），这样，只有更远距离的基站才有可能对本地基站造成干扰，从而达到规避干扰的目的，UpPCH Shifting 方案示意图如图 4-3 所示。

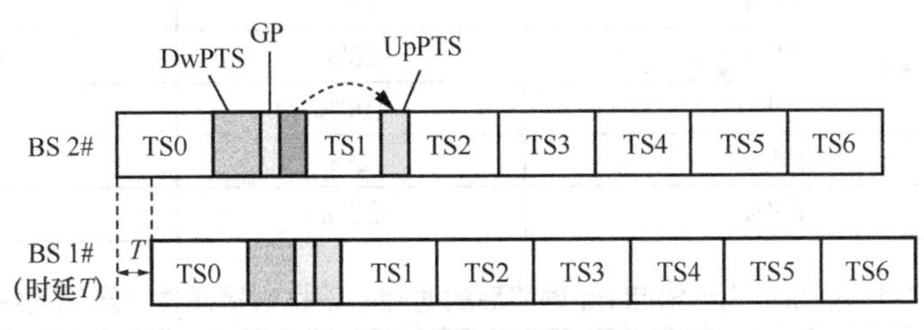

图 4-3　UpPCH Shifting 方案示意图

应用 Up-Shifting 方案后，在该载波的偏移时隙以前的所有上行时隙都不能接入用户，这样会对系统的容量带来一定的损失，采用 Up-Shifting 方案后的系统容量损失见表 4-2。如果在上下行 2:4（上行 2 个时隙、下行 4 个时隙）的时隙配比情况下，对于 3 载波小区而言，总共 6 个上行时隙，如果往后偏移一个时隙即在 TS1 上发送 UpPCH，UpPCH 与业务不能在同一个载波上共时隙，则主载波上的 TS1 上行时隙无法传输业务；主载波的 TS2 上行时隙及辅载波的上行时隙可以传输业务，则本小区的容量损失为 1/6×100%=16.7%左右；同理，如果往后偏 2 个时隙发送 UpPCH，则本小区的容量损失是 33%左右。

表 4-2　采用 Up-Shifting 方案后的系统容量损失

2:4 时隙配比	3 载波小区	6 载波小区
开启 Up-Shifting 后偏移 1 个时隙，本小区容量损失比例	17%	8%
开启 Up-Shifting 后偏移 2 个时隙，本小区容量损失比例	34%	17%

典型省市的 Up-Shifting 偏移时隙数的统计见表 4-3，北京、上海、广东、河北、辽宁等省市，有 20%～50%的小区，UpPCH 向后偏移了一个时隙。即使在这种情况下，可能仍然残留一部分干扰。残留的干扰仍可能导致在信号不是特别差的时候打不通电话。残余在 Up-Shifting 偏移后的时隙的干扰对接通性能影响的统计见表 4-4，可以看出，在所有的无法接通的统计中，有 5%～20%是在新的时隙（UpPCH 向后进行时隙偏移后的时隙）位置的远端基站干扰造成的。

表 4-3 Up-Shifting 偏移时隙数的统计

省份	Up-Shifting 功能未打开或 Up-Shifting 功能已打开但未偏移的小区比例	Up-Shifting 功能打开且偏移 1 个时隙的小区比例	Up-Shifting 功能打开且偏移 2 个时隙的小区比例
北京	55%	45%	0
上海	77%	22%	100%
广东	71%	28%	100%
河北	0	100%	0
山东	98%	2%	0
辽宁	63%	37%	0

表 4-4 残余在 Up-Shifting 偏移后的时隙的干扰对接通性能影响的统计

省份	北京	上海	广东	河北	天津	山东	辽宁
未接通次数	79	168	69	84	66	35	30
残存的因残余干扰造成的未接通次数	4	35	3	9	6	6	6
因残余干扰造成的未接通比例	5%	21%	4%	11%	9%	17%	20%

（2）网络规划优化解决方案

网络规划优化解决方案主要是通过调整频点、站高、天线倾角等手段降低干扰。因为施扰的小区可能来自多个基站，且由于 TDD 信道的互易性，施扰小区通常也是受扰小区，可以考虑将受干扰小区的频点进行调整，但由于 TD-SCDMA 频点总数相对较少，调整频点在实际的实施中有一定的难度。此外，在进行网络规划和优化时，应该尽量减少高站和过小倾角的方式，因为高站和过小倾角会为基站间的视距传播创造条件，从而带来远端基站对本地基站的干扰。

4.3 4G TD-LTE 网络全局自干扰问题及解决方案实践

4.3.1 TD-LTE 网络全局自干扰问题及影响

对于 TD-LTE 系统而言，其 GP 长度由特殊子帧配比决定。当特殊子帧的下行、GP、上行的时间配比为 9:3:2 时，GP 长约 214μs，如要求 UpPTS 不受扰，则最多可抵抗 64km 传播距离范围内的大气波导干扰；当特殊子帧配比为 3:9:2 时，GP 长约 642μs，如要求 UpPTS 不受扰，则最多可抵抗 192km 传播距离范围内的大气波导干扰。但如果大气波导导致的干扰的传播超过这些距离，则远端基站会对本地基站的上行造成严重干扰，远端基站对本地基站的上行造成严重干扰的示意图如图 4-4 所示。

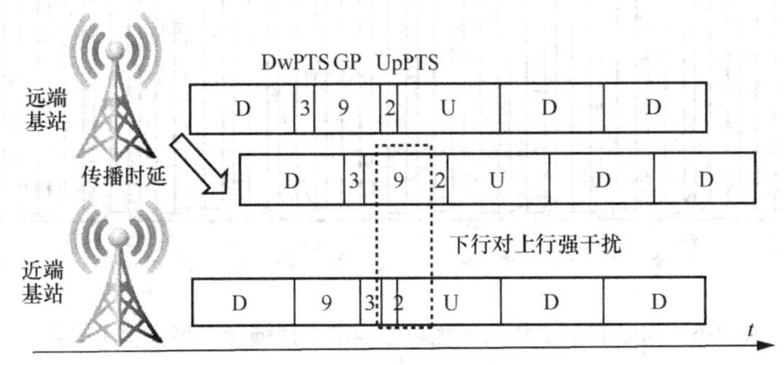

图 4-4　远端基站对本地基站的上行造成严重干扰的示意图

从我国现网 TD-LTE 网络来看，大气波导干扰具有发生频度高、影响范围广、干扰程度严重等特点，严重影响网络质量，是 TD-LTE 现网优化面临的一大难题。

从全国 TD-LTE 现网中大气波导干扰的地域看，全国近半数省份受扰，华北、华中、北部湾区域尤为严重。大气波导干扰区域见表 4-5。

表 4-5　大气波导干扰区域

序号	波导区域	涉及省市（区域）	频度
1	环渤海	河北东部、天津、辽宁、山东	经常
2	华北平原	河北南部、河南北部、山东东部	经常
3	华中平原	河南东部、安徽北部、山东南部、江苏北部	经常
4	华东平原	山东南部、江苏、浙江北部、上海	经常
5	江汉平原	湖北、湖南北部	一般
6	北部湾	海南、广西、广东	经常
7	东北平原	内蒙古、黑龙江、吉林、辽宁	一般
8	四川盆地	四川	偶尔

从现网干扰强度上看，大气波导干扰导致上行底噪大幅抬升（抬升较高时，可由−117dBm/PRB 提升至−80dBm/PRB），接通率、业务速率严重恶化。以河南 2016 年 6 月 26 日的干扰为例，河南有干扰和无干扰时各地市干扰强度和高干扰小区数如图 4-5 所示，底噪最多抬升 8dB，最低抬升 2dB。高干扰小区占比最多抬升 25 倍，最低抬升 6 倍。大气波导发生前后 KPI 对比见表 4-6，受干扰后网络性能恶化严重，

相应高干扰小区占比超 50%，平均底噪抬升 6dB，接通率等各项 KPI 均恶化，其中切换成功率恶化近 2 个 PP。

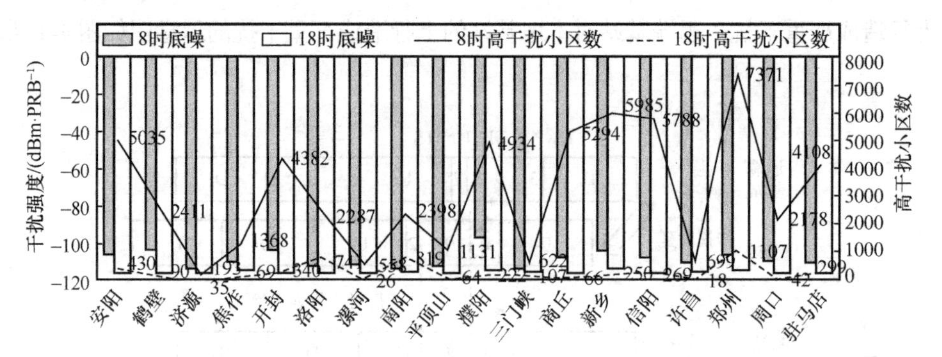

图 4-5 河南有干扰和无干扰时各地市干扰强度和高干扰小区数

表 4-6 大气波导发生前后 KPI 对比

日期	时间	干扰情况	全网平均上行干扰噪声/dBm	高干扰小区占比	Top10%高干扰小区的平均上行干扰噪声/dBm	接通率	掉线率	切换成功率	上行误块率	下行误块率
2016 年 6 月 26 日	8:00	有干扰	−108.96	54.77%	−90.53	99.17%	0.35%	97.73%	1.06%	0.52%
2016 年 6 月 26 日	18:00	无干扰	−115.45	4.82%	−95.81	99.80%	0.11%	99.48%	0.95%	0.41%
恶化程度			6.49	49.94%	5.28	−0.63%	0.24%	−1.75%	0.11%	0.11%

进一步对业务进行测试，某地市大气波导发生时的业务影响见表 4-7，当大气波导发生时，文件传输协议（FTP）下载速率降低，VoLTE 质量下降，网页、视频出现卡顿等情况。

表 4-7 某地市大气波导发生时的业务影响

干扰类别	测试场景	上行干扰点平区间/dBm	FTP 下载		VoLTE		感知测试	
			下载速率/(Mbit·s⁻¹)	上传速率/(Mbit·s⁻¹)	主叫平均语音质量 MOS 值	被叫平均语音 MOS 值	网页	视频
中度干扰	近点测试	[−100,−90]	42.27	3.29	3.8	3.78	流畅	流畅
	中点测试		6.66	0.45	3.29	2.87	一定延迟	一定延迟
	远点测试		5.45	0.04	1.29	1.83	慢	卡顿
重度干扰	近点测试	(−90,−80]	26.82	0.38	3.65	3.31	慢	卡顿
	中点测试		2.66	0.19	—	—	慢	卡顿
	远点测试		0	0.06	1.28	1.28	慢	卡顿

此外，由于大气波导干扰频次高、范围广，严重的月份有过半天数受扰，严重时刻全省过半小区受扰，容易导致大面积客户投诉。某省上半年大气波导干扰频次、小区数分别如图 4-6、图 4-7 所示，可以看出当大气波导干扰严重时，干扰频次高，受干扰小区数量大。某省某日不同地市投诉分析如图 4-8 所示，投诉量受大气波导干扰影响严重，当大气波导干扰严重时，投诉量急剧上升，其中 50%～100%的投诉与大气波导干扰相关。

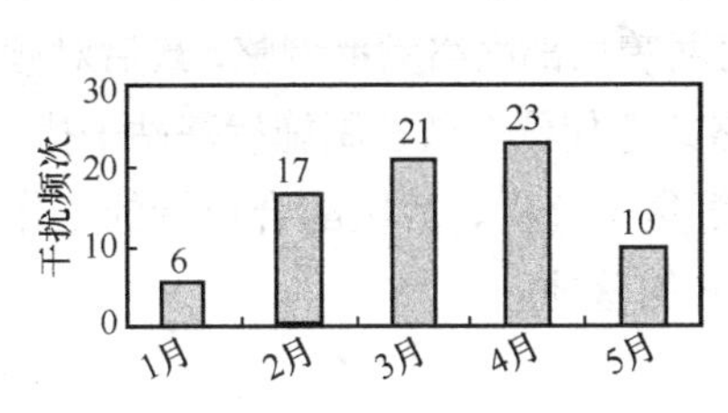

图 4-6　某省上半年大气波导干扰频次

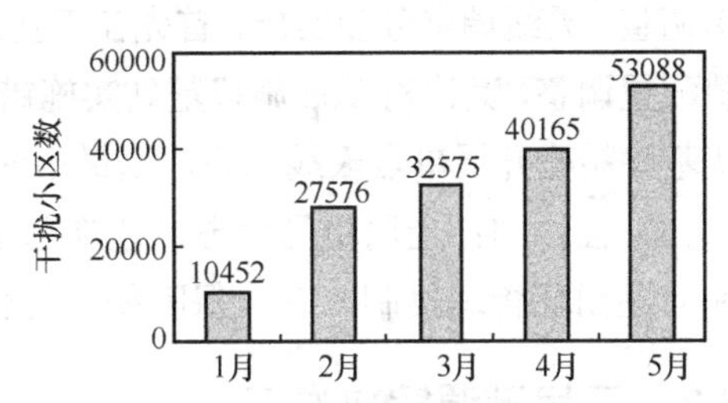

图 4-7　某省某月最强干扰时段干扰小区数

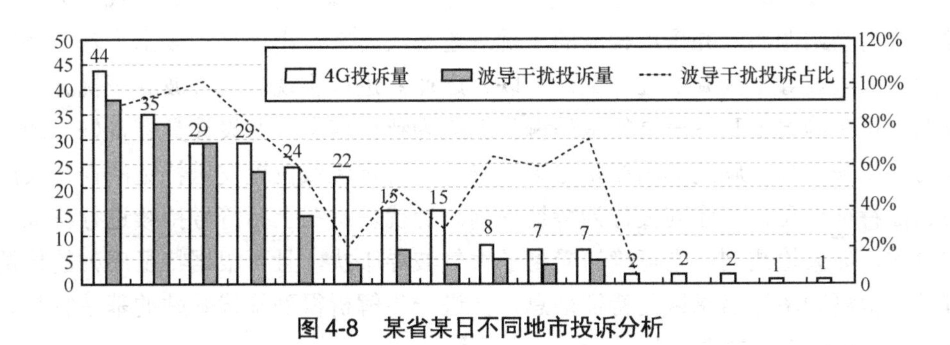

图 4-8　某省某日不同地市投诉分析

综上，大气波导干扰具有干扰范围广、发生频次高、受扰程度高等特征，另外，大气波导干扰发生时间不固定，通过传统扫频等方式难以有效定位干扰源，需要一定的创新技术方案。

4.3.2　整体解决方案概述

为解决大气波导干扰难题，可以采取以“干扰溯源”“干扰控制”“全局协同”为主线的全流程、全局优化，有效降低大气波导干扰影响。

（1）查源头：通过创新研发基于特征序列的大气波导干扰源定位方案，实现基站级的干扰源精确定位，支持全网定位，结合跨省协同优化平台，建立覆盖全国主要受扰省份的大气波导干扰监测体系。

（2）控干扰：对受扰基站与施扰基站协同实施“点、线、面”结合的系统优化方案。受扰基站优化方面，主要从宏观尺度统计分析大气波导干扰特征，从参数、算法、天线 3 个方面着手提升受扰基站的抗干扰能力，例如，通过上行功控新算法设计，显著提升受扰基站的接入成功率和上行频谱效率，更换远程电调天线方案可大幅降低网络运维成本和改善用户体验。施扰基站优化方面，时隙配置调整、网络频率调整、天线调整分步实施，首先在干扰片区内统一进行自动回退特殊子帧配置等时隙配置调整，其次对 Top 施扰基站实施错频组网等局部网络频率调整，最后对顽固施扰基站精确开展单点天线调整，以最小的网络改造代价有效控制施扰基站干扰。

（3）强协同：全局协同管理，建立总部统筹集中分析、片区配合协调的工作流程和问题闭环管理机制，有力保障统一优化方案的落地。

4.3.3 干扰溯源解决方案

要解决大气波导干扰问题，首先要“查源头”，即进行干扰溯源，找到大气波导干扰的基站源头，并采用相应的干扰规避解决方案。中国移动提出了基于特征序列的大气波导干扰源定位方案，并联合产业界进行实现。大气波导干扰源定位方案将可精确表征基站信息的基站编号编码为特征信息，并设计具有良好检测性能的自相关序列，施扰基站在特定下行符号、特定频域位置发送特定的自相关序列表征特征信息，该序列被称为特征序列。受扰基站在上行符号持续进行特征序列检测，如果检测到，则可确认受到了大气波导干扰，且可根据特征序列的检测符号、检测频率等信息恢复特征信息，并进一步解析得到施扰基站的基站编号，从而实现精确的干扰源定位。

特征序列发送和接收流程如图 4-9 所示。

具体地说，基站通过发送和检测包含基站 ID 信息的特征序列，实现基站级的大气波导干扰源精确定位。特征序列为具有良好自相关性的 Gold 序列，在 DwPTS 最末尾的时域符号上发送，在 UpPTS 和上行子帧各时域符号进行检测。特征序列的发送时间和序列 ID 由特征信息决定，特征信息由基站 ID 转换得到。特征序列在全带宽上发送，即载波带宽为 20MHz 的小区在 100 个 PRB 上发送，10MHz 的小区在 50 个 PRB 上发送。为保证检测的正确性，远端基站和近端基站的中心频点和带宽应保持一致。下面对特征信息和特征序列的生成，特征序列的发送、检测和结果上报等进行详细介绍。

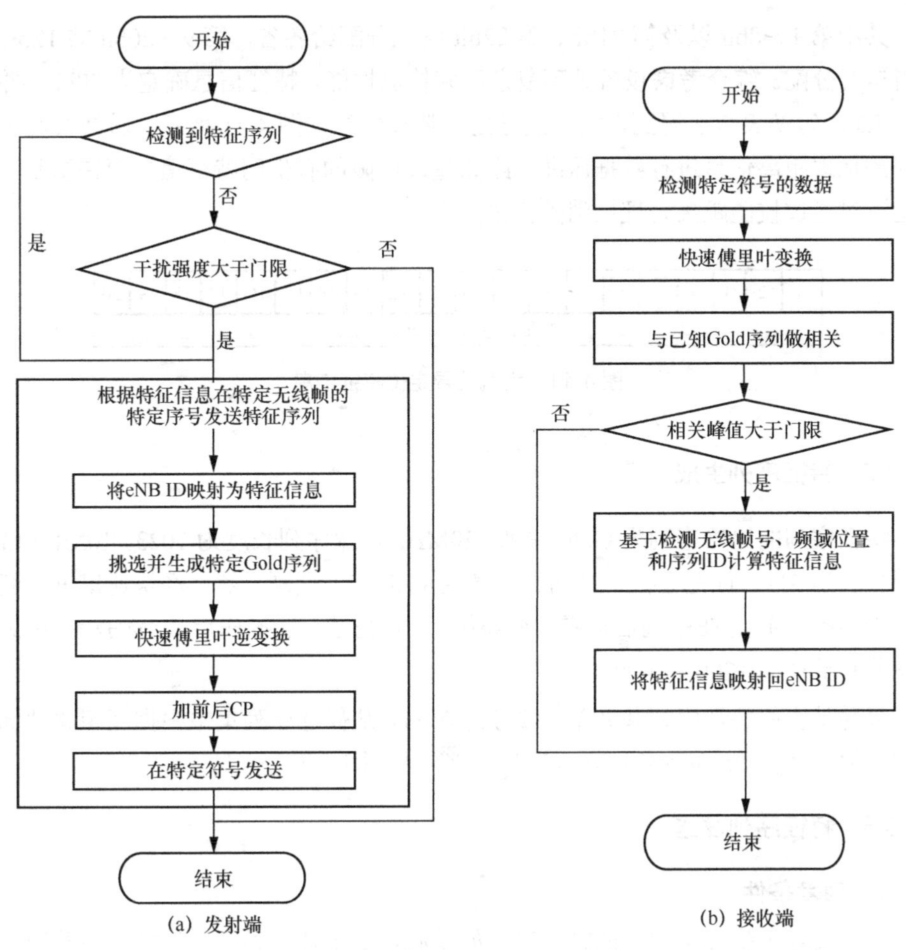

图 4-9 特征序列发送和接收流程

4.3.3.1 特征信息的生成

以中国移动为例，目前中国移动 TD-LTE 网络共使用 E-UTRAN 小区全局标识符（E-UTRAN Cell Global Identifier，ECGI）中的前 22bit 对基站 ID 进行编号，中国移动 ECGI 分配如图 4-10 所示。

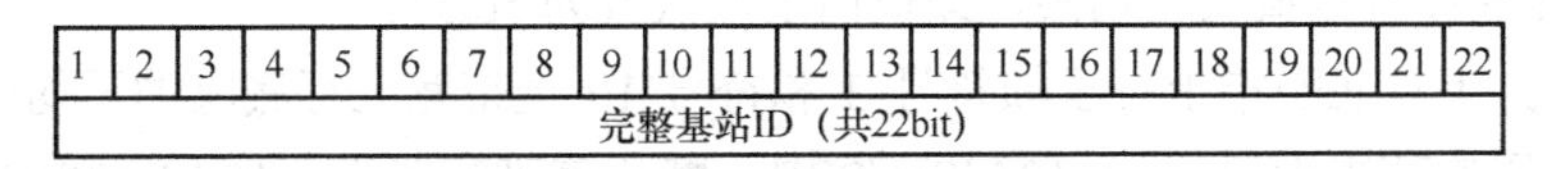

1	2	3	4	5	6	7	8	9	10	11	12	13	14	15	16	17	18	19	20	21	22
完整基站ID（共22bit）																					

图 4-10 中国移动 ECGI 分配

其中第 1～8bit 以及第 21bit、第 22bit 统一分配给各省，第 9～20bit 共 12bit 由各省自行分配。综合考虑设备处理复杂度和检测性能，特征信息确定为 20bit，并由基站 ID 经转换表转换得到，大气波导定位特征信息如图 4-11 所示。转换表利用省份间的地理距离信息进行数据压缩，距离超过门限的省份间特征信息允许重复，并在检测时通过校验距离合理性消除混淆。

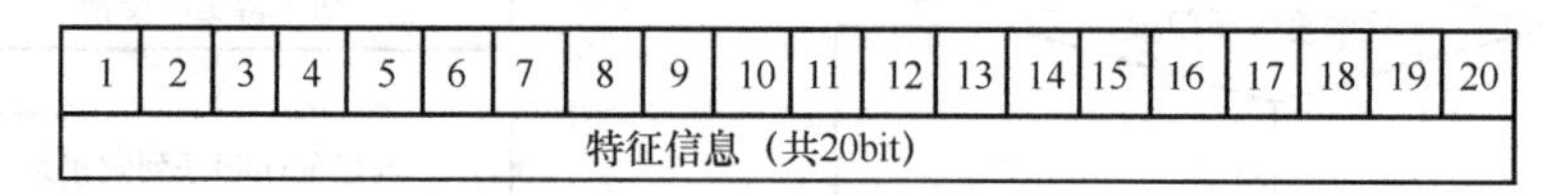

图 4-11　大气波导定位特征信息

4.3.3.2　特征序列生成

特征序列的原始序列为 Gold 序列，20MHz 带宽序列长度为 1023，10MHz 带宽序列长度为 511。首先进行二进制相移键控（BPSK）调制，然后经快速傅里叶变换（FFT）变换到频域，在序列后补零得到特征序列，经过上述操作后，20MHz 和 10MHz 带宽分别扩展为 1200 和 600。

每种带宽的特征序列共 8 条，编号为 0～7，从候选序列集中根据互相关性优选得到，记为 $X_{\mathrm{ID}}(m)$，$m=0,1,2,\cdots,N_{\mathrm{RB}}^{\mathrm{UL}}\times N_{\mathrm{sc}}^{\mathrm{RB}}-1$，$\mathrm{ID}=0,1,\cdots,7$。

4.3.3.3　特征序列发送

1．触发条件

大气波导干扰源定位功能打开时，如果满足如下任一条件，基站开始发送特征序列。

（1）上行底噪高于门限且 T 时间内成功解析出大于或等于 $N1$ 次的特征信息（T 为检测遍历周期，默认值为 30min，$N1$ 默认值为 3 次）。

（2）上行底噪高于门限且干扰具有时域功率斜坡特征（UpPTS 和上行子帧各符号干扰强度递减，如上行子帧符号 3 比符号 10 的受扰强度高于门限，默认值为 3dB）。

（3）上行底噪高于门限且干扰具有频域特征（如中间 6 个 PRB 的干扰信号强度比其他 PRB 高且差值大于门限，差值门限默认值为 5dB）。

其中，上行底噪指上行子帧符号 3 和符号 10 全带宽上行底噪的平均值，门限应可配，取值范围为−125～−105dBm/PRB，默认值可配置为−110dBm/PRB。

2. 发送时间和序列 ID

考虑检测复杂度、处理量、检测时间周期等因素，采用“14+3+3”的拼接方式。其中子帧 1 发送的特征序列 ID 由特征信息高 3bit（第 1～3bit）决定，子帧 6 发送的特征序列 ID 由中间 3bit（第 4～6bit）决定，可以表征 8 种序列。特征序列的发送无线帧号由特征信息的后 14bit（第 7～20bit）决定，无线帧长为 10ms，每秒包含 100 个无线帧，当（GPS 秒×100）mod 2^{14} 与特征信息后 14bit 取值相同时，在该无线帧的子帧 1 和子帧 6 均发送特征序列。通过拼接的方式，可以大大降低基站处理复杂度，可进一步采用抽检的方式，若抽检率为 1/12，则检测遍历所有的序列大约时间为 33min。

为了便于接收端按符号进行检测，发射端在两个符号上连续发送特征序列。不同特殊子帧配置发送位置不同。

（1）特殊子帧配置 9:3:2，固定在符号 7、符号 8 发送。

（2）特殊子帧配置 10:2:2，固定在符号 8、符号 9 发送。

（3）特殊子帧配置 3:9:2，为增大干扰源定位距离范围，固定在符号 1、符号 2 发送。

（4）特别地，特殊子帧配置自动回退为 3:9:2，相关处理与回退前相同。

3. 发送过程

特征序列 $X_{\mathrm{ID}}(m)$ 为频域序列，经快速傅里叶逆变换（IFFT）变换到时域并加循环前缀（CP）后发送，其产生方式与 LTE 普通上行信号产生方式相同，特征序列发送过程示意图如图 4-12 所示。

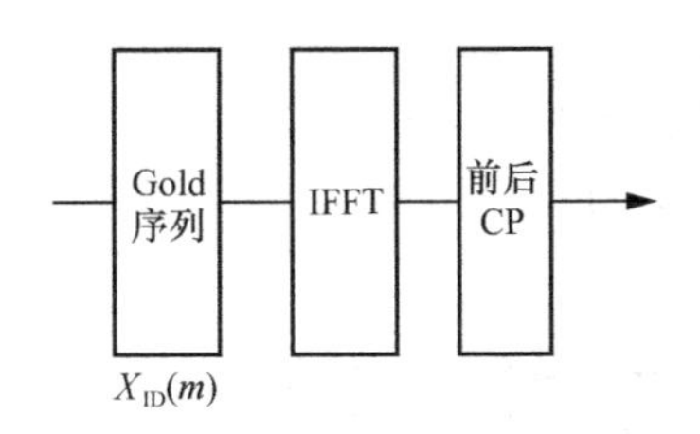

图 4-12　特征序列发送过程示意图

具体步骤如下。

（1）转成时域基带信号

一个符号的特征信号 $s(n)$ 定义为：

$$s(n)=\sum_{k=-N_{\mathrm{RB}}^{\mathrm{UL}}\times N_{\mathrm{sc}}^{\mathrm{RB}}/2}^{N_{\mathrm{RB}}^{\mathrm{UL}}\times N_{\mathrm{sc}}^{\mathrm{RB}}/2-1} X_{\mathrm{ID}}(k+N_{\mathrm{RB}}^{\mathrm{UL}}\times N_{\mathrm{sc}}^{\mathrm{RB}}/2)\times \mathrm{e}^{\mathrm{j}2\pi kn/N_{\mathrm{FFT}}} \tag{4-1}$$

其中，$0 \leqslant n \leqslant N_{\text{FFT}} - 1$，$n$ 是时域样点下标。$N_{\text{RB}}^{\text{UL}}$ 是上行 RB 数，20MHz 系统对应的上行 RB 数为 100 个；$N_{\text{sc}}^{\text{RB}}$ 是每 RB 包含的子载波数，取为 12；N_{FFT} 是系统 FFT 的点数。

（2）符号重复，加前后 CP

为了保证两个符号间序列的连续性，两个符号的 CP 位置不同，CP 长度与普通上行传输使用的 CP 长度相同。

第一个符号的 CP 在前面，为特征序列尾部的 N_{CP1} 点，N_{CP1}=160 点（9:3:2 配置）或 144 点（10:2:2 或 3:9:2 配置）。

第二个符号的 CP 在后面，为特征序列头部的 N_{CP2} 点，N_{CP2}=144 点。

特征序列 CP 示意图如图 4-13 所示。

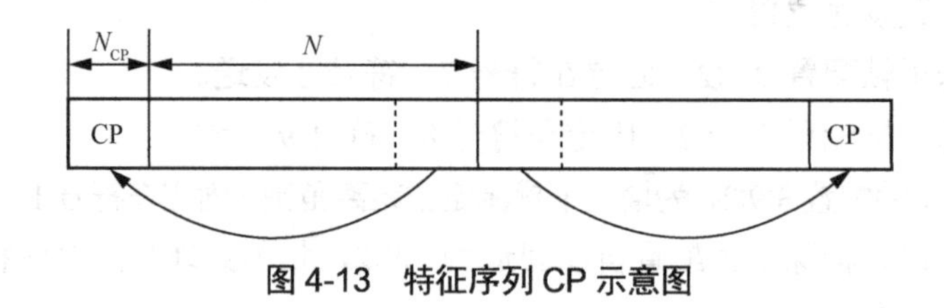

图 4-13　特征序列 CP 示意图

序列记为 $T(n), n = 0,1,2 \cdots 2 \times N_{\text{FFT}} + N_{\text{CP1}} + N_{\text{CP2}} - 1$，由序列 $s(n)$生成 $T(n)$的算法如下。

算法 1　序列 $s(n)$生成 $T(n)$

For n=0: $N_{\text{CP1}} - 1$

$T(n) = s(N_{\text{FFT}} - N_{\text{CP1}} + n)$

For n= $N_{\text{CP1}} : (N_{\text{CP1}} + N_{\text{FFT}} - 1)$

$T(n) = s(n - N_{\text{CP1}})$；

For n= $(N_{\text{CP1}} + N_{\text{FFT}}) : (N_{\text{CP1}} + 2 \times N_{\text{FFT}} - 1)$

$T(n) = s(n - N_{\text{FFT}} - N_{\text{CP1}})$

For n= $(N_{\text{CP1}} + 2 \times N_{\text{FFT}})$: $(N_{\text{CP1}} + N_{\text{CP2}} + 2 \times N_{\text{FFT}} - 1)$

$T(n) = s(n - 2 \times N_{\text{FFT}} - N_{\text{CP1}})$

End

（3）偏移 1/2 子载波

$$T(n) = T(n) \cdot \mathrm{e}^{\mathrm{j}\pi \frac{n}{N_{\text{FFT}}}}, n = 0,1,2 \cdots 2 \times N_{\text{FFT}} + 2 \times N_{\text{CP}} - 1 \tag{4-2}$$

（4）时域发送

在发送特征序列的两个符号中，第一个符号发送序列 $T(n)$ 的前 $(N_{CP1}+N_{FFT})$ 点，第二个符号发送序列 $T(n)$ 的后 $(N_{CP2}+N_{FFT})$ 点。

为简化基站处理，可以离线生成上述时域序列，基站存储该序列并在相应时间点直接发送。

特征序列的发送功率与 CRS 发送功率相关，每个通道上传输特征序列的单资源元素（Resource Element，RE）的发送功率比传输 CRS 的单 RE 的发送功率低 3dB，对于特殊场景基站还应进行功率调整以避免超过总功率。

4.3.3.4　特征序列检测

1．检测过程

大气波导干扰源定位功能打开后，基站在每个无线半帧的 UpPTS 和第一个上行子帧的共 16 个符号上进行特征序列检测。基站将各检测符号的时域信号与本地保存的 8 条序列分别进行时域相关计算，如相关峰高于门限，则认为检到特征序列，并记录详细检测符号及功率强度等信息。特征序列检测过程示意图如图 4-14 所示。

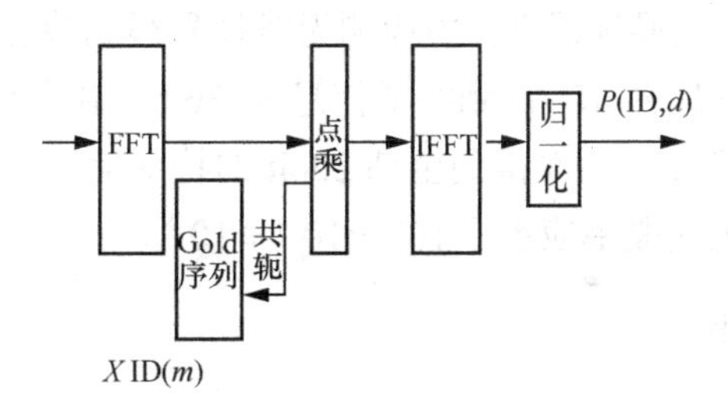

图 4-14　特征序列检测过程示意图

2．检测性能

基站应具有良好的特征序列检测性能，指标如下。

（1）无序列发送，纯底噪情况下，特征序列的虚检概率 $<10^{-4}$。

（2）SINR=−20dB 时，漏检概率<8%。

（3）基站同时调度 10PRB 的 16QAM 最高调制编码等级（MCS）的 PUSCH，且有 3 个功率比目标特征序列高 5.2dB 的其他特征序列同时发送时，漏检概率<1%，虚检概率 $<10^{-4}$。

（4）特征序列检测强度误差小于 2dB。

为降低处理复杂度，允许进行抽检，但应保证至少 30min 完成一次所有符号、所有序列的遍历，且为了保证拼接效果，同一基站在同一无线帧子帧 1 和子帧 6 发送的特征序列应同时检测，即对于同一无线帧的两个半帧，相同符号的检测应同时进行。

为降低处理复杂度，如子帧 1 某符号未检到特征序列，则同一无线帧子帧 6 该符号可不检测。

特征序列的检测应不影响正常业务，在上行负荷较高（如上行 PRB 利用率大于 50%）的子帧，如处理能力受限，漏检概率可适当放宽。

3．特征信息解析

如在某无线帧前半帧的某符号检测到特征序列，在后半帧相同符号位置也检测到特征序列，则尝试对该符号的前后半帧的检测结果进行拼接，具体步骤如下。

（1）将前半帧检测出的每条特征序列与后半帧检测出的每条特征序列进行两两组合，如两条序列的强度差绝对值小于或等于拼接强度差门限（可配，默认取值为 5dB），则作为拼接候选组合。

（2）如某一特征序列包含在多个拼接候选组合中，为避免混淆，放弃拼接，并将包含该特征序列的全部拼接候选组合删除。

（3）对于剩余的拼接候选组合，由检测无线帧号得到特征信息低 14bit，由组合中前半帧检测到的特征序列 ID 得到特征信息高 3bit，由后半帧检测到的特征序列 ID 得到特征信息中间 3bit，从而得到全部 20bit 的特征信息。

（4）特征信息的虚检概率应小于$10^{-4}\times10^{-4}=10^{-8}$。

4.3.3.5 检测结果上报

为便于研究大气波导干扰传播规律，需要对各基站的特征信息检测结果进行统一分析，因此需要对检测结果输出格式进行统一。在上报开关打开后，基站应能向操作维护中心（OMC）统计上报各小区各检测符号上的特征信息检测结果，包括特征信息总数、各特征序列的强度、特征信息 ID 等，统计上报周期固定为 15min。

基于上述方案，通过检测和解析特征序列，可得到施扰基站的基站 ID，从而实现大气波导干扰溯源。

4.3.4 面向大气波导干扰的控制算法设计及时频空域解决方案

用基于特征序列的干扰源定位的方案定位干扰源头，这为干扰特性研究和干扰优化奠定了基础，通过施扰基站和受扰基站的协同优化，从算法、时域（时隙配置调整）、频域（频率调整）、空域（天线调整）等全方位进行优化以降低干扰影响，实现“点、线、面”全维度“控制干扰”，从而解决大气波导干扰问题。

4.3.4.1　新算法设计

从基站设备本身出发，可以通过优化受扰基站的功控、调度和解调算法，最大限度地提升基站的抗干扰能力，可以有效缓解大气波导干扰造成的上行性能下降。

（1）步长自适应的功控算法

通常基站的上行功控算法以控制相邻小区间的相互干扰为主要目标，因此会尽量避免过分提升小区内用户的上行发射功率。大气波导干扰发生时，外部干扰占主要因素，基站可改为使用激进的功控策略，包括调整开环功控参数和闭环功控算法，尽量提升用户（尤其是初始接入用户）的上行发射功率，从而提升上行信干噪比，尽量避免接入失败和速率下降。

（2）基于上行信号质量的链路自适应算法

大气波导干扰发生后，用于上行信号质量评估的探测参考信号测量不准，用于下行信号质量评估的信道质量指示消息等容易漏检、误检，调制编码等级自适应算法性能下降。基站可改为使用保守的自适应策略，降低空口传输，尤其是上行信令传输使用的调制编码等级，提高信令传输的可靠性。

（3）基于上行干扰的信道估计算法

大气波导干扰通常具有功率斜坡特征，大气波导干扰信号强度随传播距离增大而下降，因此通常上行子帧中离保护间隔越远的符号所受干扰越小，即上行子帧第二列解调参考信号所受干扰通常大幅度低于第一列解调参考信号，基站可针对性优化信道估计算法，更多地利用第二列解调参考信号进行解调，提高解调性能。

上述优化方案已在现网规模部署，大幅提升了基站的抗干扰能力。大气波导优化前后性能对比见表 4-8。从 2016 年江苏某地市数据看，虽然受扰基站优化不会降低干扰，但采用优化算法后，可缓解 KPI 的恶化，例如，接通率提升了 2 个 PP，业务性能提升了 10%。

表 4-8　大气波导优化前后性能对比

	无线接通率	无线掉线率	切换成功率	平均干扰电平/dBm	小区上行平均速率/(Mbit·s^{-1})
优化前	97.19%	1.13%	95.12%	−99.504	0.54
优化后	99.67%	0.80%	94.93%	−93.816	0.73

4.3.4.2 时隙配置调整

时分复用系统上下行同频，通过设置保护间隔避免上下行之间的干扰。在现网特殊子帧常用的9:3:2（下行:GP:上行的时间比例）配置下，保护间隔长达3个OFDM符号，可避免干扰64km传播距离外的基站。如回退为3:9:2配置，保护间隔长度增加6个符号，可避免干扰192km传播距离外的基站，若忽略掉主同步信号对中间6个PRB的干扰和对上行前导时隙的干扰，则干扰避免距离可进一步提升至278km。

虽然增大GP可以有效解决近距离的大气波导干扰，但固定回退特殊子帧配置为3:9:2会带来下行容量损失，因此引入基于特征序列的自动回退特殊子帧配置方案，仅在受到大气波导干扰时进行回退，在干扰消失后恢复正常配置，该方案可以通过自动化的方式实现，实现中需要谨慎设置回退和恢复条件，达到控干扰和保容量之间的合理平衡，具体的回退条件、恢复条件和回退步骤如下。

1. 回退条件

当如下条件同时满足时，基站将当前小区的特殊子帧配置自动调整回3:9:2。

（1）自动回退功能开关打开。

（2）*T*时间内成功解析出大于或等于*N*2次的特征信息（*T*为检测遍历周期，默认值为30min，*N*2可配，默认值为10次）。

（3）当前小区的特殊子帧配置非3:9:2。

2. 恢复条件

当满足如下条件中的任一条件时，基站退出特殊子帧配置自动回退状态，恢复为回退前的特殊子帧配置。

（1）自动回退功能开关关闭。

（2）*T*时间内成功解析出的特征信息小于或等于*N*3（*T*为检测遍历周期，默认值为30min，*N*3可配，默认值为2次）。

3. 回退步骤

基站将回退小区的特殊子帧配置修改为3:9:2，并通过系统消息更新机制通知已接入的终端，要求上述修改不重启基站、不删减小区。因回退后特征序列的发送位置保持不变，因此要求远端射频单元（RRU）内部的上下行转换点仍保持在之前的位置。

回退特殊子帧配置由施扰基站实施，对受扰基站有益，考虑干扰互易性，通常全网统一调整效果最优。而且特殊子帧配置可基于特征序列检测结果自动进行，在不受扰时使用 9:3:2 配置，提升网络下行吞吐量，在受扰时自动回退为 3:9:2，控制干扰。回退到 3:9:2 后，小区下行吞吐量下降约 10%，对于容量要求较高的城市区域，可以考虑部署 D 频段+F 频段双层网减少对吞吐量的影响。2017 年第二季度，华北五省进行了 F 频段大约 62 万个小区的回退 3:9:2 试点，干扰优化效果明显，从六省中选取了 4 个典型城市进行观测，如图 4-15 所示，干扰强度、高干扰小区占比等指标明显下降，验证了时域自动回退方案的有效性。

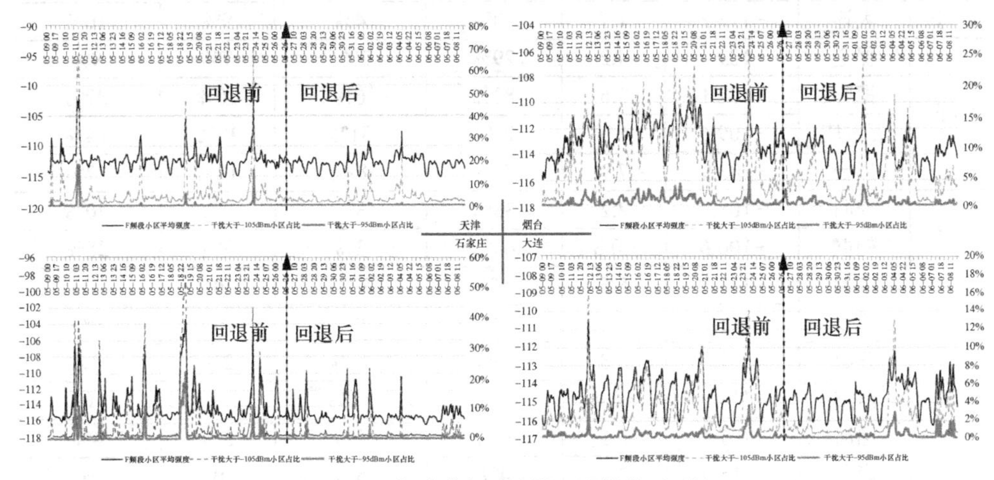

图 4-15 典型城市时隙配置调整前后对比

不同地市时域回退前后干扰变化见表 4-9，基于回退前后一个月的网管数据，统计了不同地市时域回退前后峰值干扰强度、高干扰小区占比和高干扰时长占比等关键指标的变化情况，直观地给出了大气波导干扰的优化效果。

（1）地市级峰值干扰强度降低约 3dB，最大降幅为 8.8dB。

（2）地市级峰值高干扰小区占比绝对值降低 9 个百分点，最大降幅达 40 个百分点。

（3）地市级高干扰时长占比绝对值下降 14%，下降比例为 67%。

表 4-9 不同地市时域回退前后干扰变化

省份	城市	干扰峰值/dB		高干扰小区比率峰值		高干扰时长占比	
		修改后	增益	修改后	绝对值增益	修改后	绝对值增益
天津	天津	−107.7	6.2	27%	43%	14%	12%
山东	烟台	−110.2	1.2	23%	5%	33%	27%
	青岛	−106.4	−0.7	43%	−3%	—	—

续表

省份	城市	干扰峰值/dB		高干扰小区比率峰值		高干扰时长占比	
		修改后	增益	修改后	绝对值增益	修改后	绝对值增益
山东	日照	−104.6	−4.4	34%	−16%	—	—
	潍坊	−103	0	31%	1%	—	—
	枣庄	−110.8	−2.3	21%	−11%	—	—
	淄博	−107.6	2.6	39%	6%	—	—
辽宁	大连	−112.2	1.7	13%	4%	9%	10%
河北	保定	−109.5	4.2	29%	20%	7%	9%
	邯郸	−102.1	3.6	83%	6%	10%	27%
	石家庄	−109.6	6.1	23%	31%	13%	14%
	邢台	−103.9	7.9	52%	40%	12%	27%
河南	安阳	−108.2	2.2	33%	3%	4%	20%
	鹤壁	−100.6	−0.8	64%	2%	7%	28%
	济源	−113.2	5.6	5%	32%	0	2%
	焦作	−111.1	7.4	17%	28%	0	9%
	开封	−111.8	8.8	14%	11%	2%	9%
	洛阳	−113.9	−0.4	5%	−1%	0	0
	漯河	−107.1	5.1	32%	5%	3%	4%
	南阳	−115.5	2.5	4%	5%	0	0
	平顶山	−112.7	1.5	7%	6%	0	5%
	濮阳	−103	7.9	52%	37%	14%	25%
	三门峡	−114.8	−0.8	4%	−2%	0	0
	商丘	−101.8	4.5	69%	16%	12%	31%
	新乡	−103.9	1.1	49%	7%	4%	19%
	信阳	−106.3	1.8	36%	7%	8%	12%
	许昌	−108.9	8.5	22%	2%	2%	2%
	郑州	−109.4	0.7	14%	−4%	1%	5%
	周口	−105.1	3.5	49%	7%	9%	24%
	驻马店	−105.5	1	45%	−4%	13%	17%
全网均值		−108.0	2.9	31%	9%	7%	14%

4.3.4.3 网络频率调整

大气波导干扰是远端基站下行信号对同频近端基站上行接收造成的干扰，如果能够将远端施扰基站和近端受扰基站的频点错开，则能有效降低干扰。

（1）固定干扰对间错频组网

现网中发现部分干扰对相对固定，可以协调干扰对所在地市进行错频组网。例如，针对 F 频段，可用带宽共 30MHz，对于干扰对城市 AB，可以考虑地市 A 使用前 20MHz，地市 B 频段后移 10MHz 使用后 20MHz，并且将随机接入信道分别配置在高频和低频，以及开启上行频选调度功能，可以有效降低大气波导的干扰。通过测试发现，固定干扰对错频组网方案优化效果明显。例如，2017 年，山东烟台分批次完成频点调整，效果明显，平均干扰下降 4dB，高干扰小区数减半。错频组网方案已推广至环渤海湾 13 地市应用。

（2）强施扰基站移频

测试发现，现网中存在 Top 施扰基站，即使这些基站虽然数量少，但影响范围广。五省 Top 施扰基站统计见表 4-10，约 5%的强施扰基站产生了全网 50%的干扰，20%的强施扰基站产生了全网约 80%的干扰。部分施扰基站可影响分布在多省的 1600 个以上的基站；同时，强施扰基站的受扰程度也高于其他基站，符合大气波导具有互易性的规律。

表 4-10　五省 Top 施扰基站统计

被施扰基站干扰的受扰基站数量的占比	施扰基站数量占比
CDF10%	0.48%
CDF20%	1.29%
CDF30%	2.42%
CDF40%	3.96%
CDF50%	6.04%
CDF60%	8.78%
CDF70%	12.49%
CDF80%	17.98%
CDF90%	27.97%
检测基站总数	2257

受扰五省 Top 施扰基站统计见表 4-11，可以看出 Top20%的干扰源对 80%的受扰基站产生了干扰，受到干扰的基站中，有 70%以上的干扰强度大于−95dBm。因此，需要重点对这些 Top 施扰基站进行优化，一种可行的方案是通过移频减少大气波导干扰的影响。

具体的 Top 施扰基站的移频方案为：普通基站使用 F 频段总计 30MHz 中的前 20MHz；Top 施扰基站改为 F 频段总计 30MHz 中的最后 10MHz 组网，如果修改后满足扩容条件，可以使用 TD-LTE D 频段或 FDD 频段扩容。通过这种移频或错频，全网干扰水平有明显下降。对于 Top 施扰基站，除了移频，天线调整也必不可少。

表 4-11　受扰五省 Top 施扰基站统计

受扰基站数量占比	受扰强度区间/dBm															
	(−105, −104]	(−104, −103]	(−103, −102]	(−102, −101]	(−101, −100]	(−100, −99]	(−99, −98]	(−98, −97]	(−97, −96]	(−96, −95)	(−95, −94]	(−94, −93]	(−93, −92]	(−92' −91]	(−91, −90]	(−90, +∞)
10%	100%	100%	100%	100%	99%	99%	98%	98%	97%	96%	94%	91%	87%	84%	80%	77%
20%	99%	99%	99%	99%	98%	98%	97%	96%	94%	93%	89%	88%	82%	79%	75%	69%
30%	98%	98%	97%	97%	96%	95%	94%	93%	90%	89%	86%	83%	79%	76%	71%	67%
40%	97%	96%	96%	95%	94%	93%	91%	89%	87%	85%	82%	79%	74%	71%	65%	61%
50%	98%	97%	96%	95%	94%	93%	91%	89%	86%	84%	80%	77%	72%	68%	62%	58%
60%	97%	97%	95%	94%	93%	91%	89%	86%	82%	80%	75%	72%	67%	63%	56%	53%
70%	96%	95%	94%	93%	91%	89%	86%	84%	80%	77%	73%	71%	66%	62%	56%	53%
80%	95%	94%	92%	91%	89%	87%	83%	81%	77%	75%	70%	67%	62%	58%	52%	48%
90%	94%	93%	91%	90%	87%	84%	81%	78%	74%	70%	66%	62%	57%	53%	48%	43%
100%	85%	82%	79%	76%	72%	69%	64%	61%	55%	52%	46%	42%	36%	32%	27%	23%

4.3.4.4　天线调整

理论分析大气波导干扰主要由天线向上的信号分量产生，包括天线的上旁瓣和下倾角较小时主瓣朝上的部分，天线较高且下倾角较小的站容易成为主要施扰基站，也容易成为主要受扰基站。施扰基站的总下倾角及站高统计、受扰基站的总下倾角及站高统计分别如图 4-16 和图 4-17 所示，是某城市的测试统计结果，也证实了上述理论分析，其中，检测到的 90%以上的强干扰源站高为 30m 及以上，下倾角为 8°及以下；同时，75%以上的受扰小区站高为 30m 及以上，下倾角为 8°及以下。干扰源站高统计、干扰源倾角统计分别如图 4-18 和图 4-19 所示，对干扰源进一步统计发现，81%的干扰源的倾角在 6°以下，97%在 8°以下。干扰源的站高，94%在 30m 以上，此外在测试中还发现高海拔基站也容易成为干扰源。

结合上述分析和测试结果，考虑对施扰基站和受扰基站的天线进行调整，对单站的空域下倾角进行了测试，下压下倾角测试（某基站）如图 4-20 所示，下倾角对干扰及覆盖影响的测试（某基站）见表 4-12，可以看出下压 8°倾角相对下压 5°倾角，干扰其他基站的比率降低 90%，且下压角度越大，干扰降低越多，但是随着下压角度增大，覆盖会收缩。

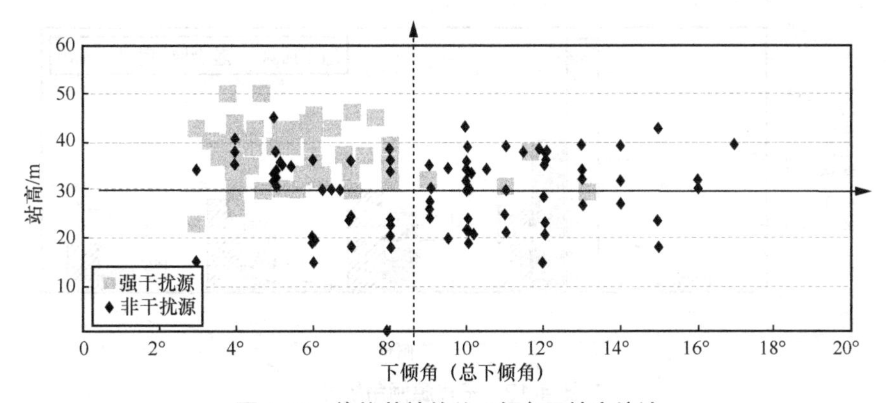

图 4-16 施扰基站的总下倾角及站高统计

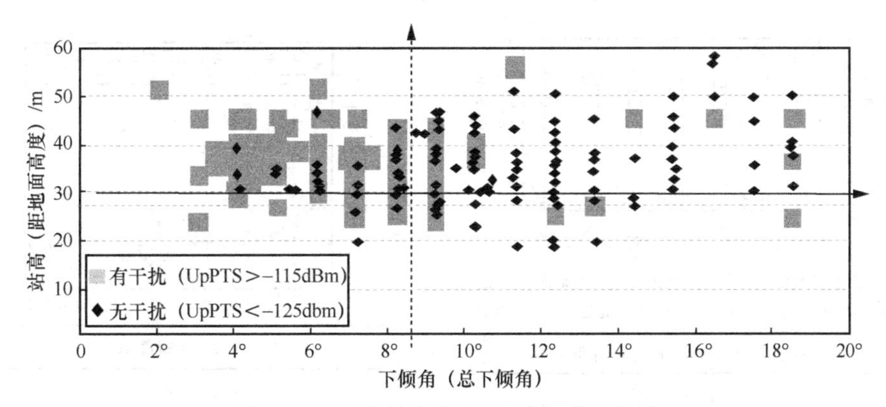

图 4-17 受扰基站的总下倾角及站高统计

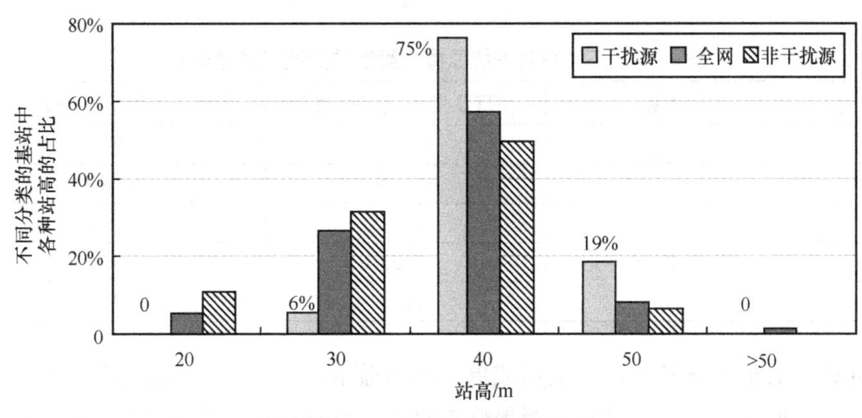

图 4-18 干扰源站高统计

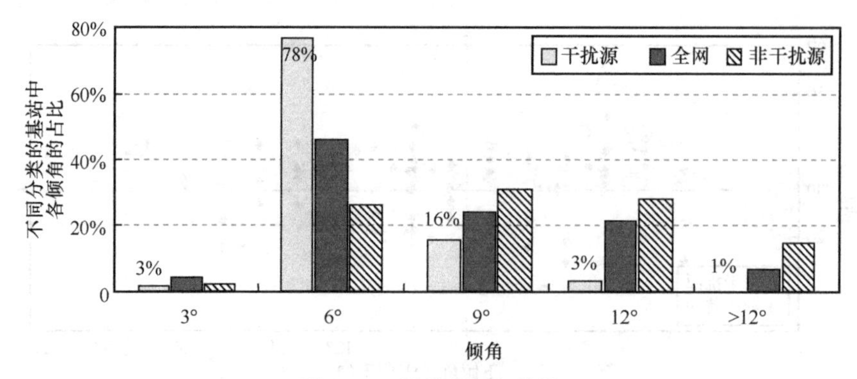

图 4-19　干扰源倾角统计

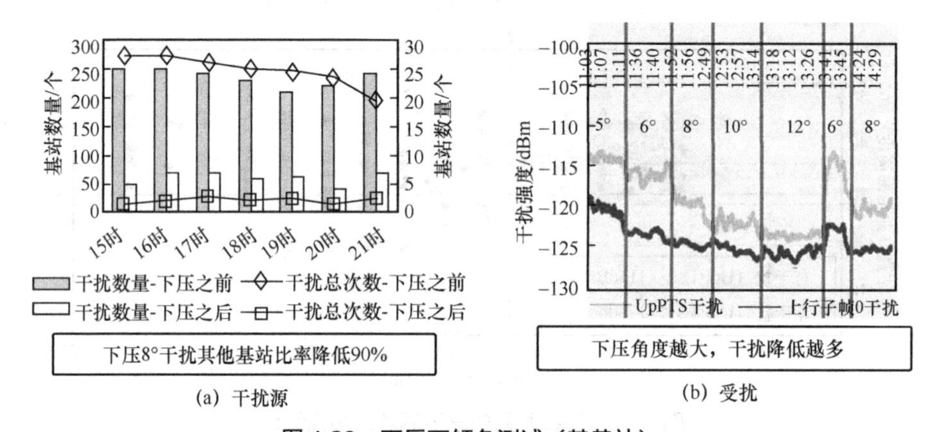

(a) 干扰源　　(b) 受扰

图 4-20　下压下倾角测试（某基站）

表 4-12　下倾角对干扰及覆盖影响的测试（某基站）

下倾角	干扰源	UpPTS 受干扰强度/dBm	覆盖（平均 RSRP）/dBm
5°	5°，平均 250 次/小时	−114.4	−77.7
6°		−116.2	−78.4
8°	8°，平均 20 次/小时	−119.7	−79.3
10°		−122.4	−80.3
12°		−123.8	−81.7

此外，对于部分基站可以采用或更换高增益电调天线，高增益电调天线垂直波宽窄，受到的干扰小；增益高，覆盖略有提升；且高增益天线可远程电调。通过前期测试表明，高增益天线主瓣宽度由 7°降低为 4°，在相同下倾角下主瓣朝上部分的

干扰显著下降，此外，高增益天线对上旁瓣也有进一步的抑制，更换高增益天线后可降低单站干扰强度至 3～5dB。

综上所述，在空域方面，通过对施扰基站和受扰基站调整天线，可有效降低大气波导干扰，但因涉及工程调整并可能导致覆盖收缩，可主要考虑针对 Top 施扰基站进行优化。

（1）增大天线下倾角。除了固定增大天线下倾角外，还可更换天线为远程电调天线，在产生大气波导影响时通过网管指令临时调整天线下倾角至合适角度，在大气波导消失后恢复正常配置。

（2）更换高增益天线。

（3）降低天线挂高至 30m 以下。

此外，可考虑适当降低功率，对于调整天线导致的覆盖空洞，按需增补站点（含 FDD 站点）。

综上所述，简单总结各优化方案的适用对象、范围和优化效果，大气波导干扰优化方案汇总见表 4-13。

表 4-13 大气波导干扰优化方案汇总

编号	方案	适用方	适用范围	改造量和改造成本	优化效果
1	新算法设计	受扰基站	全网	低	中
2	回退特殊子帧配置	施扰基站	全网	低	高
3	错频组网	施扰基站/受扰基站	固定干扰对	中	中
4	主要施扰基站移频	施扰基站	主要施扰基站	中	高
5	增大天线下倾角	施扰基站/受扰基站	主要施扰基站	高	高

综合考虑各项方案的改造成本和优化效果，建议优先部署新算法设计方案，之后部署回退特殊子帧配置（含自动回退）方案。如果优化后干扰仍较强，对于干扰关系固定的区域，可部署错频组网方案；对于其他区域，部署主要施扰基站移频方案。如果优化后仍存在极少数高受扰基站点，可通过增大天线下倾角进行优化。

4.3.5 全局协同解决方案

除了从技术上规避大气波导干扰问题，还可从平台构建、工作机制等方面进一步提升干扰分析质量、提升效率，以及优化高效协同。

平台构建上，可以标准化各厂商检测结果北向接口，进行所有基站的干扰数据采集，构建大气波导干扰协同优化平台，经数据分析后实现干扰可视化，以及干扰分析自动化、精准化。

1. 全网大气波导干扰“可视化”

通过对全国干扰情况进行监控，可快速确定受扰省份/城市，监控全国大气波导干扰发展态势。2019 年 9 月 18 日，大气波导干扰规模较大，涉及江苏、安徽、山东、河北、上海、黑龙江等省（市），在不同区域，大气波导干扰出现的时间有所差别。

2. 干扰通路定位自动化

通过自动计算城市间大气波导干扰通路，发现存在固定干扰关系的城市，可以有效支撑异频组网策略的制定。大气波导干扰通路定位情况如图 4-21 所示，对 2019 年 9 月 15—18 日的数据进行累计分析，计算大气波导干扰通路，结果显示黑龙江、江苏省内自干扰问题较为严重，河北、安徽、山东、北京、上海省（市）外干扰占比高。

图 4-21　大气波导干扰通路定位情况

3. 强施扰基站分析精准化

通过多维度筛选全网 Top 干扰源基站，完成功率、站高、倾角三维分析，可以有效地、针对性地进行干扰治理，大幅提升优化工作的精准度。

工作机制上，建立“运营商总部集中分析、片区统筹协调”的工作机制和“闭环管控、迭代优化”的工作流程，可有力保障运营商总部、省公司、地市公司高效协同。大气波导干扰处置全流程如图 4-22 所示。

（1）运营商总部：全国统一优化方案、统一建立大气波导干扰观测体系，集中分析定位数据。

（2）片区：根据干扰关系划定片区，片区内多省统一挑选强施扰基站，同步实施优化。

工作流程上，运营商总部和省公司协作，迭代开展强施扰基站优化；且干扰优化效果闭环管控，强施扰基站数量可持续下降。大气波导干扰处置的迭代优化流程如图 4-23 所示。

上述工作机制和流程可以确保干扰源定位和干扰优化高效实施。

4.3.6　TD-LTE 网络全局自干扰问题整体优化效果

上述干扰溯源、干扰控制、全局协同手段，能有效解决大气波导干扰问题，通过对 17 个省市超过 100 万个小区进行时隙配置调整，高干扰小区占比和底噪水平明显下降，干扰优化效果如图 4-24 所示，从 2016 年到 2017 年对某省份的监测来看，高干扰天数下降 80%以上，易引发用户投诉的超高干扰小区数量显著减少。

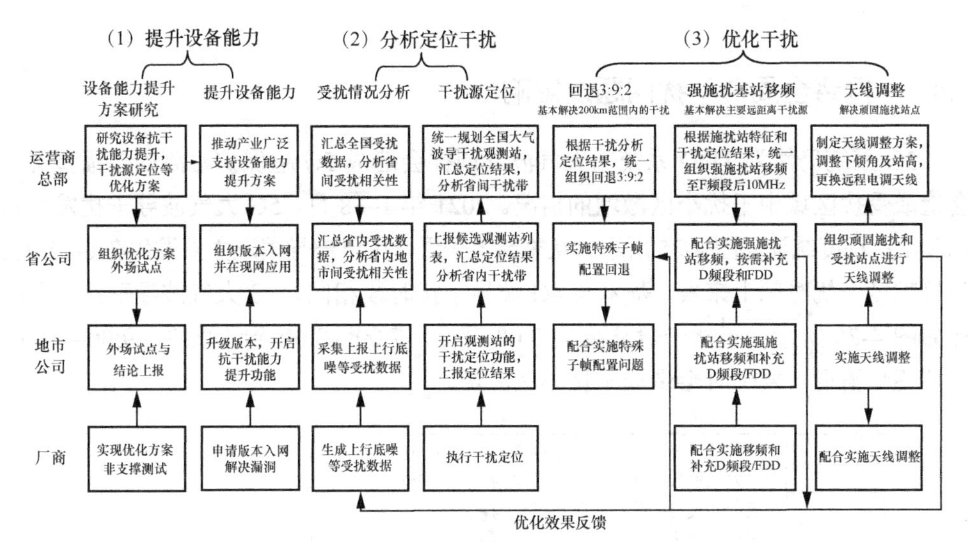

图 4-22　大气波导干扰处置全流程

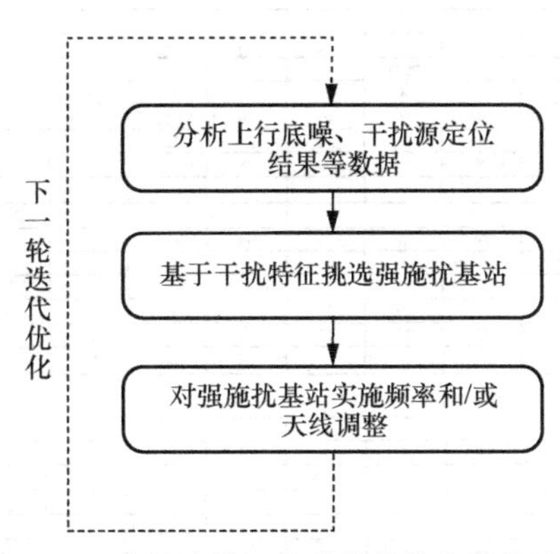

图 4-23　大气波导干扰处置的迭代优化流程

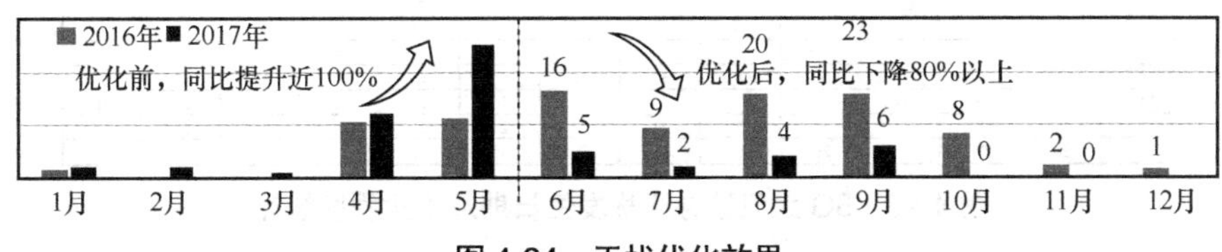

图 4-24　干扰优化效果

4.4 5G 网络全局自干扰问题及解决方案实践

4.4.1 网络全局自干扰问题及影响

5G 系统仍然为 TDD 系统，大气波导同样会造成 5G 超保护距离的传播情况，会造成受扰区域中干扰小区激增的情况。2021 年 1—8 月，5G 大气波导干扰发生日期及干扰程度统计如图 4-25 所示。从季节上来看，大气波导情况主要发生在 6—8 月。从日粒度干扰时间上来看，基本与 4G 波导干扰时段相同，5G 大气波导干扰时段统计如图 4-26 所示，干扰一般从凌晨 0:00 开始，7:00—8:00 到达顶峰，9:00—10:00 开始逐步消退，发生时会造成干扰小区激增。

	轻度大气波导干扰（干扰小区比例4%～6%）
	中度大气波导干扰（干扰小区比例6%～10%）
	严重大气波导干扰（干扰小区比例≥10%）
	节假日和周末

一月							二月						
日	一	二	三	四	五	六	日	一	二	三	四	五	六
					1(元旦)	2		1	2	3	4	5	6
3	4	5	6	7	8	9	7	8	9	10	11(除夕)	12（春节)	13(初二)
10	11	12	13	14	15	16	14（初三)	15（初四)	16（初五)	17（初六)	18	19	20
17	18	19	20	21	22	23	21	22	23	24	25	26	27
24	25	26	27	28	29	30	28						
31													
三月							四月						
日	一	二	三	四	五	六	日	一	二	三	四	五	六
	1	2	3	4	5	6					1	2	3
7	8	9	10	11	12	13	4(清明)	5	6	7	8	9	10
14	15	16	17	18	19	20	11	12	13	14	15	16	17
21	22	23	24	25	26	27	18	19	20	21	22	23	24
28	29	30	31				25	26	27	28	29	30	

五月							六月						
日	一	二	三	四	五	六	日	一	二	三	四	五	六
						1(劳动节)			1	2	3	4	5
2	3	4	5	6	7	8	6	7	8	9	10	11	12
9	10	11	12	13	14	15	13	14(端午)	15	16	17	18	19
16	17	18	19	20	21	22	20	21	22	23	24	25	26
23	24	25	26	27	28	29	27	28	29	30			
30	31												
七月							八月						
日	一	二	三	四	五	六	日	一	二	三	四	五	六
				1	2	3	1	2	3	4	5	6	7
4	5	6	7	8	9	10	8	9	10	11	12	13	14
11	12	13	14	15	16	17	15	16	17	18	19	20	21
18	19	20	21	22	23	24	22	23	24	25	26	27	28
25	26	27	28	29	30	31	29	30	31				

图 4-25 5G 大气波导干扰发生日期及干扰程度统计

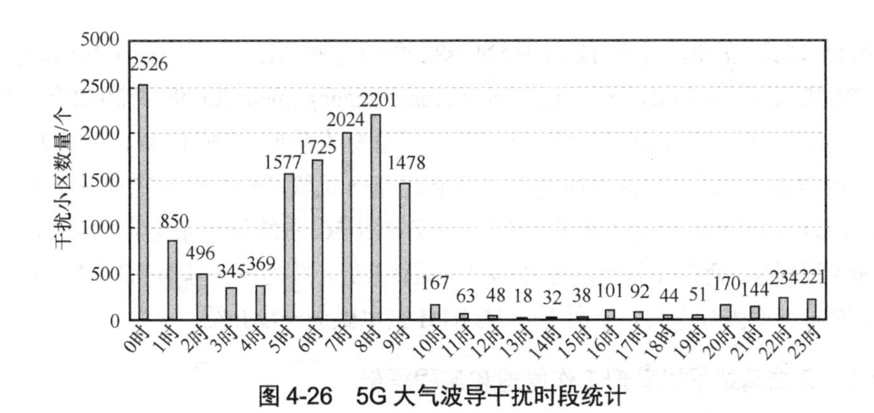

图 4-26　5G 大气波导干扰时段统计

4.4.2　远端干扰管理 RIM 标准化解决方案

针对 TD-LTE 现网中发现的远端基站干扰问题，第 4.3 节给出了很好的解决方案和实践效果。但是该方案主要应用在中国。随着 5G 时代的到来，TDD 制式成为全球主流，大气波导干扰问题已经成为全球化问题，而且 5G 时代新场景、新技术、新能力对远端基站干扰管理问题也带来新的挑战与机遇。

回顾第 4.3 节 TD-LTE 的远端干扰解决方案，当受扰基站发现上行热干扰噪声（Interference over Thermal，IoT）抬升符合预设规律时，发送特征序列。施扰基站向操作维护管理（OAM）后台上报特征序列的侦听结果，并根据 OAM 后台下发的指令执行必要的干扰回退操作。

上述方案取得了很好的干扰优化效果，但仍然存在一定的提升空间，包括以下几点。

（1）自动化程度不足：现有方案中 OAM 决策主要依赖专家经验，耗时耗力。

（2）干扰回退手段有限：现有方案仅能采用时域回退手段，当判断存在远端基站干扰后，施扰基站将调整帧结构，如将特殊时隙中 DL、GP 和 UL 符号数比例从 9:3:2 调整为 3:9:2，但对下行容量有影响。

（3）存在安全风险：现有方案特征信息序列固定不变，易被攻击者窃取、伪造并发起恶意攻击。

（4）方案影响力有限：现有方案主要应用在中国，对他国运营商缺乏约束力，无法协调跨国远端基站干扰。

2018 年 6 月，中国移动携手产业伙伴，在 3GPP 第 80 次全会（RAN #80）上成功推动 5G NR 远端干扰管理（Remote Interference Management for NR，NR-RIM）

研究项目（SI）立项，并于 12 月 RAN #82 全会上顺利结项，形成 3GPP 官方技术报告 TR 38.866——Study on remote interference management for NR。2018 年 12 月，在 RAN #82 全会同时通过 5G NR 远端干扰管理标准化制定项目（WI）的立项请求，经过两次 3GPP 小组会的强力推动，5G NR 远端干扰管理标准化制定项目于 2019 年 6 月召开的 RAN #84 全会上顺利结项。协议针对 5G 系统设计了全自动化的远端干扰管理流程框架、远端干扰管理参考信号（RIM-RS），并提出了基于 5G 新能力的远端干扰抑制机制增强等方案。下面将对 5G RIM 技术做进一步介绍。

4.4.2.1 远端基站干扰管理工作原理和流程框架

如前面章节所述，大气波导干扰的干扰强度随距离增大而下降，因此时域呈功率斜坡状。基于此特点，当受扰基站检测到其上行干扰水平超过某一阈值，且 IoT 呈现出远端干扰所特有的斜坡特性时，则判断大气波导现象发生，并随即开始周期性地发送远端干扰管理参考信号（RIM-RS）。基于信道互异性，施扰基站将检测到该参考信号，并自动触发干扰抑制机制。第 4.4.2.2 节将会介绍，基于全网统一配置，受扰基站和施扰基站对 RIM-RS 的发送位置具有一致认识，因此施扰基站根据检测到的 RIM-RS 所在的上行符号位置，结合受扰基站发送该 RIM-RS 时所使用的下行符号位置，即可基于信道互易性原理，反向推断出自身哪些下行符号传输将对远端基站产生干扰，进而在上述产生干扰的下行符号上采取各种干扰抑制措施。

当施扰基站采取干扰抑制措施后，受扰基站将发现 IoT 水平回落。如果这时受扰基站决定停止发送参考信号，则施扰基站将随即终止干扰抑制措施。如果大气波导现象尚未消失，则受扰基站将重新发现 IoT 水平抬升，并触发新一轮远端基站干扰管理流程。上述过程被称为乒乓效应。

为了避免乒乓效应，施扰基站还需要通过空口发送第二类参考信号或建立回传链路传输消息的方式辅助受扰基站判断大气波导现象是否消失。例如，如果受扰基站发现 IoT 水平回落，但仍然能够持续接收到施扰基站发送的第二类参考信号，则判断大气波导现象仍然存在，并持续发送参考信号，确保施扰基站一直采取干扰抑制措施。只有当受扰基站和/或施扰基站都检测不到任何参考信号时，才停止发送参考信号和/或终止干扰抑制措施，结束整个远端基站干扰管理流程。

针对如何辅助受扰基站判断大气波导现象是否消失的问题，3GPP 提出了两套远端基站干扰管理流程框架，区别在于是否引入回传链路。其中，流程框架 1 完全基于纯空口实现，而流程框架 2 则引入了施扰基站到受扰基站的回传链路。

1. 流程框架 1

流程框架 1 为纯空口的实现方式，设计了两类参考信号，分别被称为 RS-1 和 RS-2。RS-1 由受扰基站发送；当其他基站检测到 RS-1 时，将确定自己作为施扰基站对其他基站产生了远端干扰。通过设置全网统一的 RS-1 时域发送位置，施扰基站可以推断出自身产生远端干扰的下行符号数。与之相对地，RS-2 由施扰基站发送，其功能在于辅助受扰基站判断大气波导现象是否仍然存在，以避免乒乓效应。具体而言，当施扰基站检测到 RS-1 时，将自动开启远端干扰抑制机制，并开始持续发送 RS-2。流程框架 1 的实现步骤如图 4-27 所示。

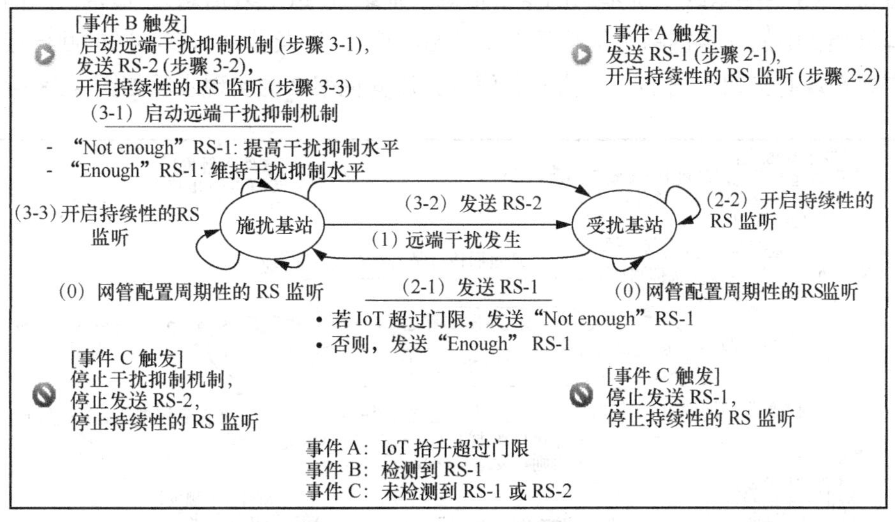

图 4-27　流程框架 1 的实现步骤

步骤 0　OAM 配置所有基站周期性地监听 RS-1。若基站检测到 RS-1（事件 B），则判断自己为施扰基站，进入步骤 3。

步骤 1　大气波导现象发生，施扰基站的下行传输对受扰基站的上行接收产生远端干扰。

步骤 2　当受扰基站检测到 IoT 抬升超过门限（事件 A）时，开始持续发送 RS-1（步骤 2-1），且持续监听 RS-1 和 RS-2（步骤 2-2），直到事件 C 发生。

步骤 3　施扰基站在对受扰基站产生远端干扰的下行符号上开启远端干扰抑制方案（步骤 3-1），并开始持续发送 RS-2（步骤 3-2），且持续监听 RS-1 和 RS-2（步骤 3-3），直到事件 C 发生。

事件 C：当施扰基站和/或受扰基站检测不到任何的 RS （包括 RS-1 和 RS-2）时，认为大气波导现象消失。此时，施扰基站停止干扰抑制机制，恢复正常的下行发送行为，并停止 RS-2 的发送；受扰基站停止 RS-1 的发送；受扰基站和施扰基站停止监听 RS-2。

2．流程框架 2

流程框架 2 引入了回传链路，用以取代流程框架 1 中 RS-2 的功能，即施扰基站与受扰基站建立回传链路，向对方通知大气波导现象是否消失。流程框架 2 中仅有 1 种空口参考信号，功能与流程框架 1 中的 RS-1 相同，以下称为 RS。为了建立回传链路，RS 需要承载受扰基站的身份信息（基站 ID 或等效信息）。值得注意的是，流程框架 2 中的回传链路可依赖现有的基站间接口，以及基站与核心网的回传接口，仅需要在现有接口上增加一些信元和信令。流程框架 2 的实现步骤如图 4-28 所示。

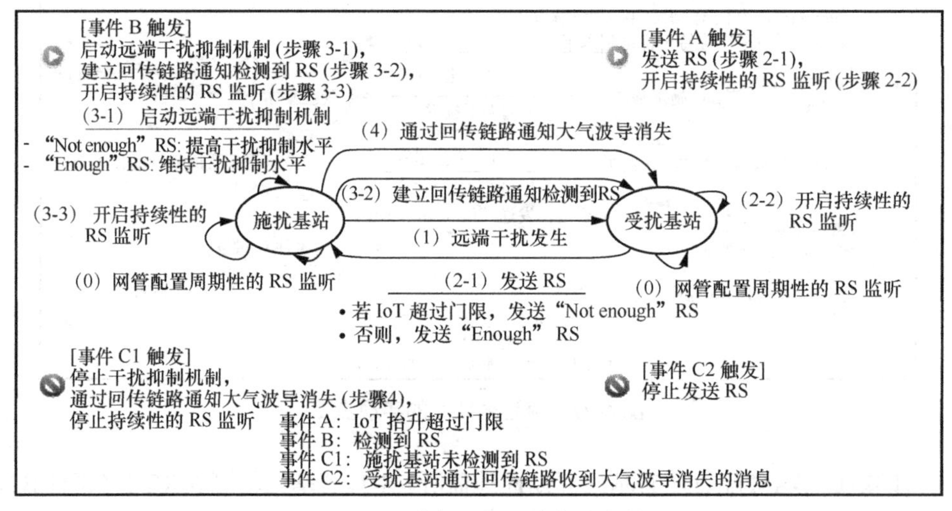

图 4-28　流程框架 2 的实现步骤

步骤 0　OAM 配置所有基站周期性地监听 RS。若基站检测到 RS，则判断自己为施扰基站，进入步骤 3。

步骤 1　大气波导现象发生，施扰基站的下行传输对受扰基站的上行接收产生远端干扰。

步骤 2　当受扰基站检测到 IoT 抬升超过门限（事件 A）时，开始持续发送 RS（步骤 2-1），直到事件 C2 发生。

步骤 3　施扰基站在对受扰基站产生远端干扰的下行符号上开启远端干扰抑制

方案（步骤 3-1），同时，与受扰基站建立回传链路通知受扰基站自己检测到了 RS（步骤 3-2），直到事件 C1 发生。

事件 C1：当施扰基站检测不到 RS 时，认为大气波导现象消失。此时，施扰基站停止干扰抑制机制，恢复正常的下行发送行为，并且通过回传链路通知受扰基站大气波导现象消失。

事件 C2：受扰基站接收到至少一个施扰基站通过回传链路反馈的大气波导现象消失信息后，结合历史反馈信息（即哪些基站检测到了自己所发送的 RS），综合判断大气波导现象是否真正消失。当判定大气波导现象消失后，受扰基站将停止 RS 的发送。

两套流程框架都可以有效辅助受扰基站判断大气波导现象是否消失。流程框架 1 为纯空口实现，部署难度较小；而流程框架 2 需要在相隔甚远（可能跨省）的基站间建立逻辑回传链路，需要核心网支持，但通过回传链路信息交互可靠性更高，且未来可能在回传链路中交互更多有用信息，扩展潜力更大。实际部署中可以根据本身国家网络建设进展、部署难易、信息传递等需求选择合适的流程框架。

4.4.2.2　远端干扰管理参考信号设计

根据上述工作原理，用于远端基站干扰管理的参考信号主要用于基站之间的测量，与现有协议中为终端的解调和测量所设计的参考信号在功能和需求上都有所不同，为了保证协议后向兼容性，可通过特殊的资源配置和参考信号序列设计等手段，避免 RIM-RS 与传统参考信号混淆。下面主要对参考信号的功能、时域传输位置设计、时域结构设计、RS 资源配置以及序列扰码设计等方面进行介绍。

1．参考信号功能

为了实现更高效、灵活和精细的远端基站干扰管理机制，针对不同的流程框架设计了具有不同功能的多套 RIM-RS。

（1）RS-1/RS 和 RS-2

流程框架 1 设计了两套空口参考信号 RS-1 和 RS-2，流程框架 2 设计了一套空口参考信号 RS。RS-1 与 RS 在两个流程框架中实现相同的功能，由受扰基站发送，目的在于告知施扰基站其下行传输产生了远端干扰，并基于信道互易性原理，辅助施扰基站推断出自身产生远端干扰的下行符号数。

在流程框架 1 中，RS-2 由施扰基站发送，其功能在于辅助受扰基站判断大气波导现象是否仍然存在。若受扰基站检测到 RS-2，则表示大气波导现象尚未消失，受扰基站将持续发送 RS-1，以避免乒乓效应。

在流程框架 2 中，RS-2 的功能被回传链路代替。

综上，RIM RS-1/RS 有以下基本功能。

1）确认大气波导现象是否存在。

2）辅助施扰基站确认受扰基站有多少 UL OFDM 符号被干扰。

3）携带基站 Set ID 信息，用于定位干扰源。

RIM RS-2 有以下基本功能。

1）确认大气波导现象是否存在。

2）携带基站 Set ID 信息。

另外，需要注意 RS-1 和 RS-2 要可区分。如果配置了 RS-2，由于 RS-1 和 RS-2 的功能不一样，RS-1 与 RS-2 需要能够被接收侧区分开来。目前 3GPP 标准的方法是在时域上区分，即在一个大周期里，RS-1 配置在该周期的前一部分发送，RS-2 配置在该周期的后一部分发送。

（2）Enough/Not enough 功能

RIM-RS 还存在一个扩展功能，即携带 Enough/Not enough 指示信息。在流程框架 1 和流程框架 2 中，RIM RS 仅仅能反映抑制干扰前的干扰情况。当基站判断自己为干扰源，并执行了干扰抑制的措施后，一种情况是受扰基站已不存在干扰，此时不需要施扰基站进一步操作；另一种情况是受扰基站仍存在一定程度的干扰，需要施扰基站配合降低干扰，因此受扰基站有必要将干扰抑制执行后的效果反馈给施扰基站。因此最终 3GPP 采纳了在流程框架 1 中的 RS-1 和流程框架 2 中的 RS 中增加 Enough/Not enough 指示信息，用于指示施扰基站的干扰抑制水平是否足够。

若受扰基站的 IoT 水平仍然超过门限，则表示施扰基站的抑制水平不够，受扰基站将发送承载 Not enough 指示信息的 RS-1/RS，用于指示施扰基站增加干扰抑制水平；否则，受扰基站将发送承载 Enough 指示信息的 RS-1/RS，用于指示施扰基站维持现有的干扰抑制水平。而施扰基站收到 Not enough 的信息后，需要进一步提高干扰抑制水平，例如，在可能产生远端干扰的下行符号上，进一步降低下行信号发射功率，或者进一步压低天线波束下倾角等。

（3）重复功能

对于流程框架 1 中的 RS-1 和 RS-2，以及流程框架 2 中的 RS，3GPP 设计了 Repetition 功能，通过时域上的重复发送，接收端基站可以进行合并检测，提高参考信号的检测性能。

（4）Near（近端）/Far（远端）功能

NR 有灵活的周期配置，如果某些配置 UL 时隙比较小，那大气波导如果在 DL 的最后两个符号发送，会导致超远距离后落到下一个周期的 DL 区域，无法被检测。因此协议规定可以配置不同的 RS 时域偏移量来区分检测近干扰和远干扰。OAM 可配置开关是否打开。

2．时域传输位置设计

在远端基站干扰管理方案中，最重要的一个功能是定位干扰源，此目的通过受扰基站发送参考信号 RIM-RS 实现，同时施扰基站也可以通过检测该参考信号，获得受扰基站受干扰的信息，包括哪些符号造成了干扰，施扰基站可以根据该信息采用相应的干扰回退机制及参数抑制干扰。因此，施扰基站和受扰基站需要对 RIM-RS 的边界达成共同理解，且参考信号的时域传输位置需要与该边界具有固定的偏移关系。如图 4-29 所示，3GPP 对于传输 RS 的参考点进行了规定，可以在 GP 前的下行符号上进行 RS 的传输，在上行符号上进行 RS 的检测。

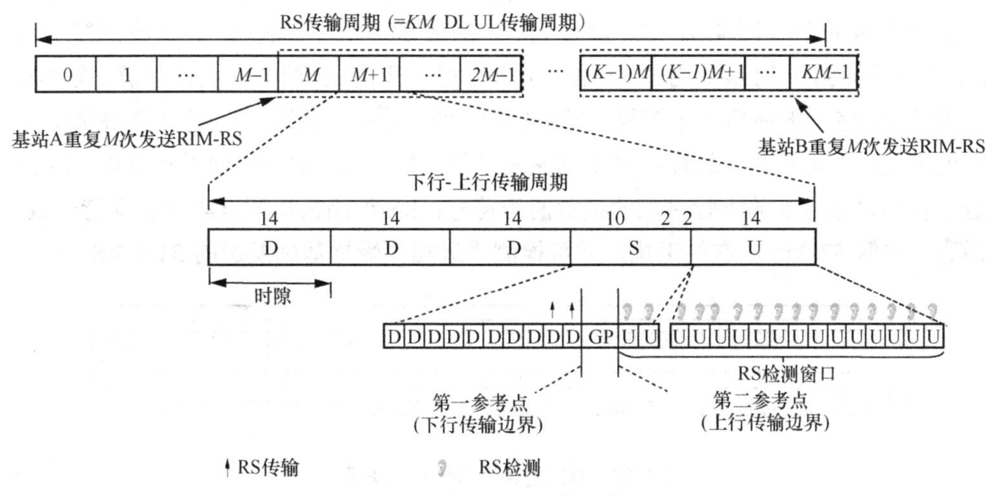

图 4-29 RS 发送和检测位置

在实际部署中，需要要求全网统一确定 RS 的位置，以实现异厂商的互通检测。以中国移动为例，目前 2.6GHz 频段支持上下行切换周期为 5ms 的配置，10 个时隙的典型配置为：DDDDDDDSUU，其中 S 时隙的符号配置为 DDDDDDGGGGUUUU（G：GP，U：上行，D：下行）。

给出一种方案，RS 发送和检测位置方案 1 如图 4-30 所示，其中 RIM-RS 发送位置为 S 时隙（图 4-30 中时隙号为 7）的最后两个下行符号；RS 检测窗口从 S 时隙（图 4-30 中时隙号为 7）的第一个上行符号开始，到第一个上行时隙（图 4-30 中时隙号为 8）的最后一个符号（第 14 个符号）结束，此时最远可检测 230km 左右的干扰，即可检测“近端”受扰基站发送的 RIM-RS。进一步设置 RIM-RS 发送位置时隙号为 5 的下行时隙的最后两个符号；RS 检测窗口配置与前者保持一致，最远可检测 430km 左右的干扰，即可检测“远端”受扰基站发送的 RIM-RS。同时开启“近端”和“远端”检测功能，可实现最远 430km 左右的干扰定位。

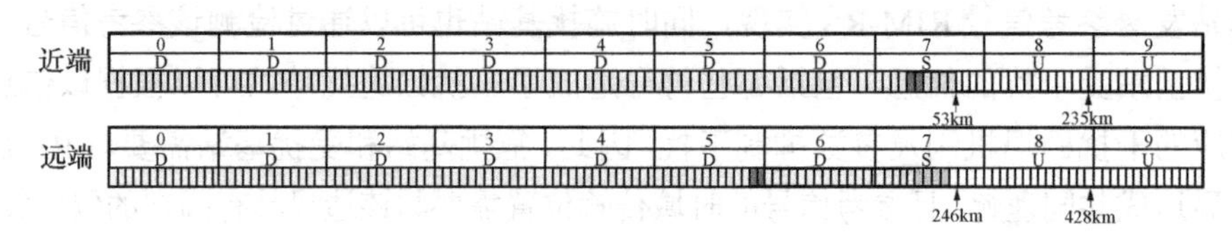

图 4-30　RS 发送和检测位置方案 1

给出另一种方案，RS 发送和检测位置方案 2 如图 4-31 所示，其中 RIM-RS 发送位置为 S 时隙（图 4-31 中时隙号为 7）的最后两个下行符号；RS 检测窗口从 S 时隙（图 4-31 中时隙号为 7）的第一个上行符号开始，到第二个上行时隙（图 4-31 中时隙号为 9）的最后一个符号（第 14 个符号）结束，此时最远可检测 380km 左右的干扰，即可检测“近端”受扰基站发送的 RIM-RS。进一步地设置 RIM-RS 发送位置为时隙号 5 的下行时隙的最后两个符号；RS 检测窗口配置与前者保持一致，最远可检测 578km 左右的干扰，即可检测“远端”受扰基站发送的 RIM-RS。

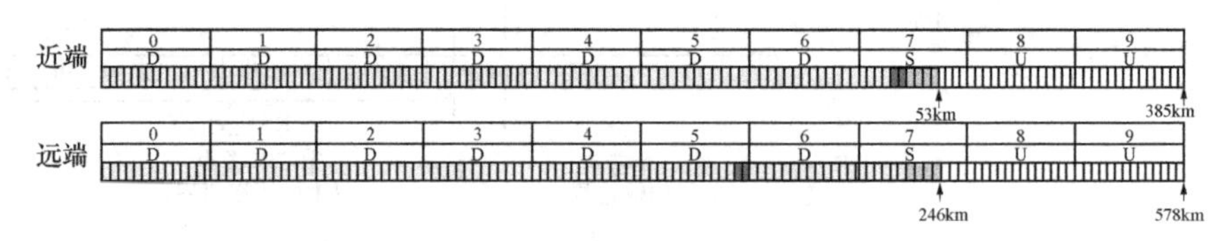

图 4-31　RS 发送和检测位置方案 2

对比两种方案，主要差异是 RS 检测位置不同，在实现上，各厂商设备也不同，可以根据现网实际需求和产业情况进行方案的选择。需要指出的是要保持全网一致的方案，以实现异厂商互通。

3．信号时域结构设计

RIM-RS 具有时域循环移位特性的时域结构。RIM-RS 信号结构设计如图 4-32 所示，RS 占用 2 个 OFDM 符号长度，采用时域循环移位结构，因此，接收端在正常的上行符号中，总能接收到一个 RIM-RS 时域分量，且该时域分量在该上行符号中具有完整且相位连续的时域序列，接收端即可正常检测，这样设计可对抗超大路径时延，且可复用发送（Tx）侧物理下行共享信道（PDSCH）的 FFT 模块和接收（Rx）侧物理上行共享信道（PUSCH）的 IFFT 模块。

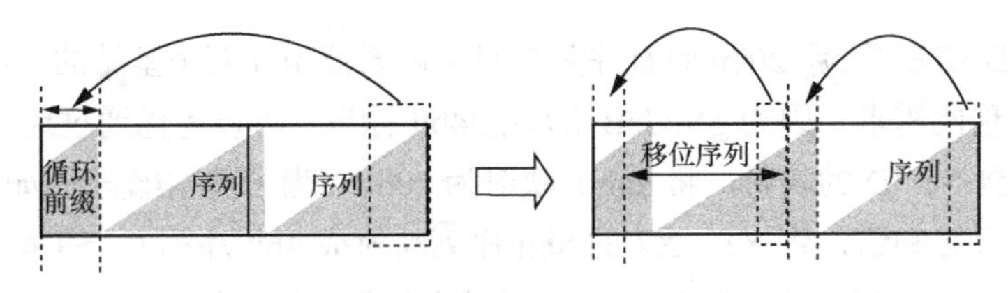

图 4-32 RIM-RS 信号结构设计

4. RS 资源配置

RIM-RS 资源可以通过时分、频分、码分区分，RS 传输资源与 gNodeB Set ID 一一映射。

（1）时分复用（TDM）方式：不同的时域机会用来区分 RIM-RS 资源。

（2）频分复用（FDM）方式：不同的频域位置用来区分 RIM-RS 资源。

（3）码分复用（CDM）方式：不同的 RS 序列用来区分 RIM-RS 资源。

一个发送 RIM-RS 的资源通过时域序号 $i_{\rm t}^{\rm RIM} \in \{0,1,\cdots,P_{\rm t}-1\}$（单位为上下行切换周期）、频域序号 $i_{\rm f}^{\rm RIM} \in \{0,1,\cdots,N_{\rm f}^{\rm RIM}-1\}$（单位为一个备选频域资源，一个载波最多划分为 4 个备选频域资源），以及序列域序号 $i_{\rm s}^{\rm RIM} \in \{0,1,\cdots,N_{\rm s}^{{\rm RIM},i}-1\}$（最多 8 个备选序列）来确定。在一个 10ms 周期内，最多配置 32 个 RIM RS 资源。

gNodeB Set ID 与资源一一映射，但 Set 里面 gNodeB ID 如何分配和重新分配可以通过网络管理单元配置；每个基站最多配置两组 Set ID 分别对应于 RS-1/RS 和 RS-2 传输。发射端根据配置的 Set ID 确定 RS 的发送资源，反之接收端则可以根据接收到的 RS 的资源位置，唯一地推导出发射端的 Set ID 信息，3GPP 协议上 gNodeB Set ID 最多 1～22bit，可配置。

在现网实际部署中，可以根据实际现网需求进行 gNodeB ID 和 gNodeB Set ID 的映射，以及 RS 的资源映射。以中国移动 2.6GHz 现网为例，gNodeB ID 为 24bit，其中 X1、X2 由中国移动集团统一分配，X3、X4、X5、X6 由各省自行分配，B 用于后续 gNodeB ID 空间扩展或小区类型区分，当前统一设置为 00，后 10bit 由各省自行分配。中国移动 24bit gNodeB ID 如图 4-33 所示。

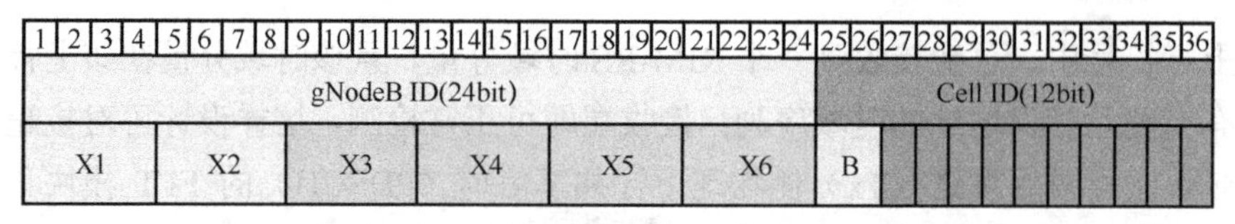

图 4-33　中国移动 24bit gNodeB ID

结合 TD-LTE 经验，20bit 特征序列信息可以表征 100 万个基站的干扰定位，可以满足目前现网需求。因为 gNodeB ID 用 24bit 标识，可以考虑通过地理隔离完成 gNodeB ID 到 Set ID 的映射，将 24bit 映射为 20bit。为了基站配置序列的唯一性，结合省间相互影响组，将 X1、X2 的 8bit 序列映射成 4bit 序列 C1～C4，组成基站的特征序列为 C1C2C3C4B9B10…B24。以试点省份配置举例，gNodeB Set ID 映射举例见表 4-14。后续若现网实际部署基站超过 100 万，可以考虑扩展为 22bit 的 gNodeB Set ID。为每个站配置唯一的 Set ID，也有利于干扰源的一对一定位。

表 4-14　gNodeB Set ID 映射举例

省份	二进制 X1、X2	小区 ID 高两位	Set ID（十进制）	二进制（4 位）
河南	01010000	00	1	0001
江苏	10100000	00	5	0101
山东	00100111	00	7	0111

5．序列扰码设计

由于远端基站干扰发生时的影响范围广，从安全角度考虑，RIM-RS 的序列初始化种子应根据网管的配置，随时间变化，以对抗转发式干扰。RIM-RS 序列可以采用与 NR CSI-RS 序列相同的 31 位 Gold 序列移位寄存器生成，其初始化种子根据式（4-3）确定。

$$c_{\text{init}} = \left(2^{10} \cdot f(n_t) + n_{\text{SCID}}\right) \bmod 2^{31} \tag{4-3}$$

其中，n_{SCID} 是基站根据所配置的 Set ID，从网管配置的扰码 ID 列表中选择出的扰码 ID；n_t 为 RIM-RS 传输周期的计数值，起始时间为格林尼治标准时 1900 年 1 月 1 日；$f(n_t) = \sum_{i=0}^{20} c(i) \cdot 2^i$，其中 $c(i)$为协议 TS 38.211 定义的伪随机序列，所对应的初始化种子由式（4-4）确定。

$$\overline{c}_{\text{init}} = (Z \cdot n_t + \delta)?\quad \mathrm{mod}^{31} \tag{4-4}$$

其中，Z 和 δ 都是网管周期性配置的参数，取值范围为$\{0,1,\cdots,2^{31}-1\}$。可以看出除了扰码 ID（n_{SCID}）被网管配置外，初始化种子中还有一部分内容是随时间变化的 $f(n_t)$，且式（4-4）中关键参数（Z 和 δ）也可被网管周期性地更新及配置，这样，可最大限度地保证 RIM-RS 的随机性，避免被伪基站恶意攻击。

4.4.2.3　5G 大气波导干扰抑制机制

针对 5G 系统的大气波导带来的远端基站干扰，通过上述流程框架和参考信号设计等，可以有效定位干扰源。定位干扰源后，可以类比 4G，进行干扰的控制，也可以从时域、频域、空域和功率域 4 个方面进行干扰抑制。

时域：可在施扰基站、受扰基站或两侧同时应用。一种方案是限制受扰基站在受到干扰的上行符号上进行调度传输或限制施扰基站造成其他干扰的下行符号调度；另外一种方案是改变帧结构，或者配置长周期的、长 GP 的帧结构对抗大气波导干扰，但这些方案均会损失一定的上/下行吞吐量。

频域：可在施扰基站、受扰基站或两侧同时应用。一种方案是在受扰基站，避免在受到大气波导干扰的频域资源上调度，需要受扰基站按照 RB 粒度测量干扰；另一种方案是在施扰基站和受扰基站进行静态或半静态配置正交的频域资源，例如，可以分配非重叠的带宽等，但是频谱效率有损失。

空域：可在施扰基站、受扰基站或两侧同时应用。一种方案是以较低的高度装配天线，属于静态方案，但会牺牲小区覆盖；另一种方案是调整受扰基站和施扰基站的下倾角或限制波束方向集合，同样影响小区覆盖。

功率域：可在施扰基站、受扰基站或两侧同时应用。一种方案是受扰基站通过增加目标接收功率 P0 设置，或者调整部分路损补偿因子 α，或者使用传输功率控制（Transmit Power Control，TPC）命令增加 UE 的发射功率，但这种方案会对邻近小区造成更多干扰，也会增加 UE 的功耗；另一种方案为施扰基站按照一个固定的步长降低导致大气波导对应的下行符号上的下行发射功率，这同样会影响小区覆盖，并且不能保证受扰基站的干扰被完全消除掉。

实际部署中，可以根据大气波导的干扰情况，结合主设备能力，灵活选择多种干扰抑制机制，同时注重干扰消除与容量、覆盖、频谱效率之间的平衡。

综上所述，与 TD-LTE 大气波导方案相比，5G 远端干扰管理方案主要有以下优点。

（1）更智能：两套自动化的干扰抑制流程，无须后台人工参与，降低人力维护成本。

（2）更高效：突破 LTE 限制，发掘 5G 潜力，采用了多种干扰抑制机制，提升网络资源利用率。

（3）更安全：生成的 RIM-RS 随时间改变，排除参考信号被竞争对手恶意伪造风险，提升网络安全性。

（4）更普适：多套参考信号功能配置，适配各种应用场景，提高方案效率；且推动 3GPP 形成标准化 NR-RIM 技术，有望解决全球运营商跨境干扰协调难题，有效保障边境省份的 5G 网络性能。

4.5 4G 网络和 5G 网络间全局自干扰问题及解决方案

早期的 4G 系统使用 D1、D2、D3 等频率，当 5G 系统也部署在与 4G 相同的 2.6GHz 频段后，为了满足 5G 100MHz 载波带宽需求，4G 需要把占用的 D1、D2 频段腾退出来给 5G 使用，4G 和 5G 在 2.6GHz 的频率配置如图 4-34 所示，2.6GHz 以 20MHz 为载波带宽的频段编号见表 4-15。在现网中，发现 4G、5G 间也存在网络全局自干扰问题，该干扰主要来自远距离的 4G 基站（以下称远端 4G 基站）对本地 5G 基站的干扰，该干扰可能是域内干扰或域外干扰，主要是 4G D1 频段和 D2 频段清频工作未完成导致的干扰。

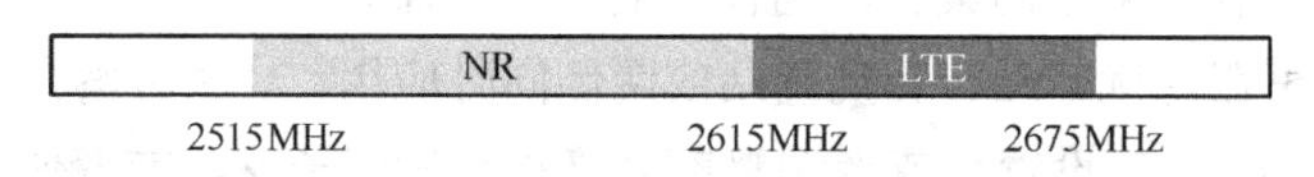

图 4-34　4G 和 5G 在 2.6GHz 的频率配置

表 4-15　2.6GHz 以 20MHz 为载波带宽的频段编号/MHz

D4	D5	D6	D1	D2	D3	D7	D8
2515～2535	2535～2555	2555～2575	2575～2595	2595～2615	2615～2635	2635～2655	2655～2675

针对此干扰，需要优先把 4G 使用的 D1、D2 清频，把 4G 的网络负载转到 D3/D7/D8 载波上；在不容易清频的场景下，5G NR 频率需要避让 D1、D2，NR 系统可使用 60MHz 系统带宽或者系统带宽 100MHz 配置 60MHz 的带宽分段（BWP），或者系统带宽 100MHz 配置 100MHz BWP 且同时开启频选调度。对于上行干扰，可以考虑优化干扰源 LTE D1/D2 小区的物理上行控制信道（PUCCH）功控参数，

降低终端发射功率，包括：① 配置 PUCCH 资源分配策略采用 RB 优先模式；② 降低 PUCCH P0（开环功控发射功率的标称值），并打开 PUCCH 闭环功控；③ 开启 PUSCH 调度避让 PUCCH 功能；④ 关闭 PUCCH 外环功控，优化效果上看，可以改善 3～5dB。

在现网部分区域发现，来自远端 4G 基站的干扰导致本地 5G 小区通道校正失败。当进行 5G 小区测试时，发现部分超高站（40m 左右）的小区，由于受到来自远端 4G 基站 D1、D2 载波的干扰，NR 通道校正失败，导致下行流数（RANK）持续降低，速率降低（例如，某受干扰小区平均速率仅为 534.11Mbit/s，而非受干扰小区速率可达 1Gbit/s）。进行干扰排查，并采集通道校正使用的数据干扰分析后，发现进行通道校正所在的 GP 符号位存在严重干扰。干扰频率主要分布在 D1/D2 的频点范围上，如图 4-35 所示，在 100MHz 的右侧 40MHz（即 D1 和 D2 频点）受到较强的干扰。

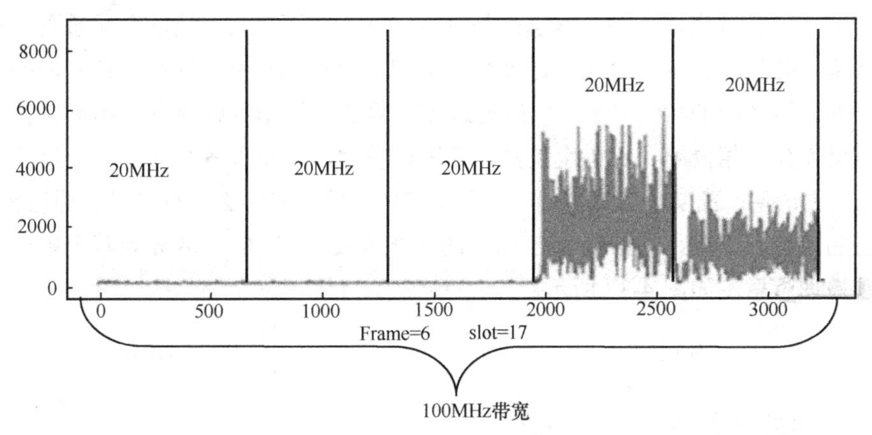

图 4-35　5G 100MHz 带宽上后 40MHz 受到远端 4G 基站干扰的频域特征

分析信号的时域特征，可以看到信号在不同的符号上呈现逐渐降低的趋势。在特殊时隙配比为 6:6:2（下行符号个数：GP 符号个数：上行符号个数）条件下，初始下行符号记第 0 号符号，受扰基站从第 6 号符号开始到第 10 号符号，受到较强的干扰，如图 4-36 所示。从时域上估计最远施扰源站点距离受扰基站的距离达到 50km 左右（一个下行符号从施扰基站发出，到受扰基站上行接收到该符号，时延约 0.035μs，该时延对应的电磁波在空口的传播距离约为 10km），其中，符号 7 上干扰抬升达 30dB 以上，符号 8 为 20dB 左右，符号 9 为 10～15dB。

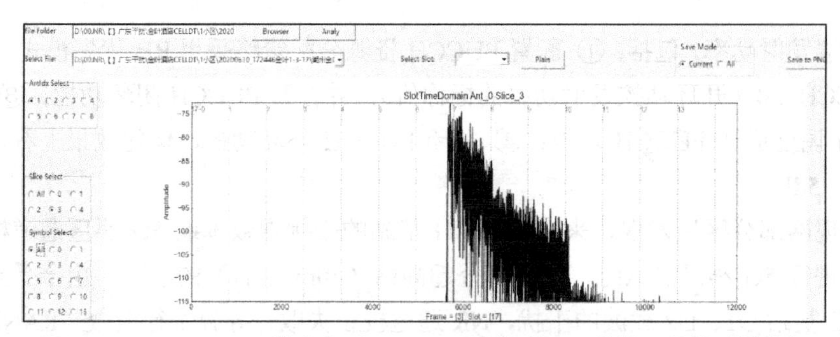
图 4-36　5G 100MHz 带宽上后 40MHz 受到远端 4G 基站干扰的时域特征

通道校正在设备中必须实现，这是因为在理想模型中，多个射频通道的幅相特性和时延是完全一致的，但是实际的器件（主要是模拟器件）存在不一致性，模块内部印制电路板（PCB）布局走线等因素会导致各个通道之间的幅相特性和时延存在差异，造成波束指向偏转、覆盖错误、深度减低等问题，影响小区内的波束成形效果。4G 和 5G 通道校正的基本思想是发送已知的校正信号，经过不同通道后其相位、幅度、时延等会发生变化，通过判断不同通道对同时通过的同一信号的响应，判断不同通道之间的特性差异；然后通过校正算法计算出频带内各个频率上各个通道间时延差异、相位差异、幅度差异，并进行补偿，以实现各个通道的一致性。在实现上，主设备厂商实现方案接近，均利用 GP 信号中间的 2 个符号进行通道校正，若发生通道校正失败，则推测来自 LTE 的干扰源发生在 20～30km 处甚至更远。通道校正原理示意图如图 4-37 所示。

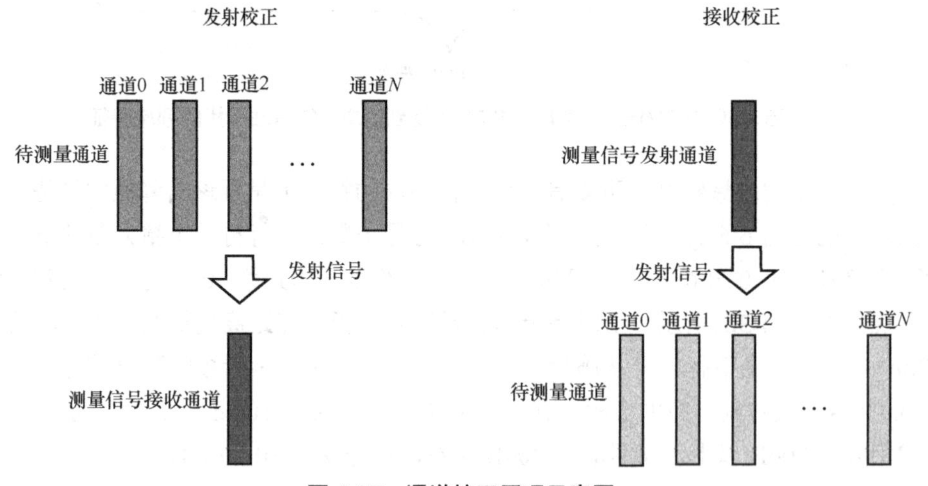

图 4-37　通道校正原理示意图

以 4G TD-LTE 特殊子帧时隙配比 10:2:2（下行符号:GP:上行符号的时间比例）为例，若远端 4G 基站发出的信号到达本地 5G 基站时，因为长距离传输，其偏移了 1～4 个 NR 符号，则会分别影响 NR 符号 6～9，当影响符号 7 和符号 8 时，由于 NR 设备目前主要在符号 7 和符号 8 的时间窗内进行通道校正，因此当来自远端 4G 基站的干扰信号较强时，将会影响 NR 通道校正。由于一个符号传播距离为（0.5ms×3×100000km/s）/14 个符号=10.7km，因此影响通道校正的基站距离为 20～30km 甚至更远。远端 4G 基站对本地 5G 基站的干扰如图 4-38 所示。

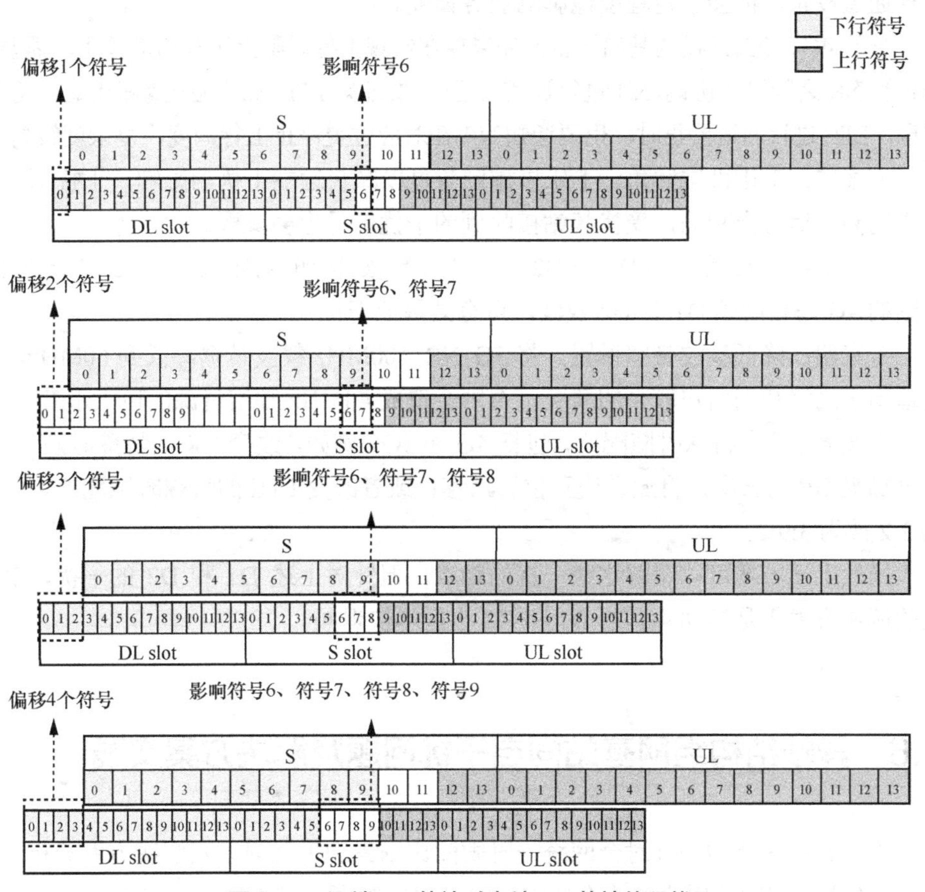

图 4-38 远端 4G 基站对本地 5G 基站的干扰

如果通道校正失败，由于此时不具备上下行信道互易性，只能以开环权进行调度，RANK 自适应功能失效，RANK 持续降低（降至 1 流），小区性能下降。在 4G

中也会存在通道校正失败问题，但问题暂时没有 5G 突出，且比例不高，原因如下：4G 主流天线是 8 通道天线，天线垂直维度宽度相对 5G 小，所受干扰相对较小；4G 对波束成形依赖度低，最大 RANK 数为 2，降低 RANK 后对速率影响相对较小。

针对通道校正失败问题，可采用以下方案予以解决。

方案一：自适应改变通道校正符号位置，可以不改变特殊时隙配比。

步骤 1 打开自适应开关，通道校正符号改变为 GP 最后一个符号。

步骤 2 若通道校正仍然失败，达到一定次数后，会考虑在常规的上行时隙上进行通道校正，但会一定程度地影响业务调度。

对于 4G、5G 共模的基站设备，如果要在常规上行时隙上进行通道校正，需要在 LTE 和 NR 之间进行协调，NR 进行通道校正时，要通知 LTE 在对应位置停止上行调度；同理，LTE 进行通道校正时，也要通知 NR 在对应位置停止上行调度，复杂度较高。

方案二：下压机械倾角。下压机械倾角可以减轻远端干扰的影响，干扰源站点发送的高空信号会减弱，受扰基站接收到的干扰信号也会减弱。

方案三：对 4G 使用的 D1 和 D2 载波进行清频。例如，对距离 5G 基站 20～30km 范围的 4G 基站清频 D1 和 D2 载波，可有效降低干扰。

方案四：降低载波带宽设置，将 5G NR 100MHz 载波带宽降低到 60MHz，但仅适用于网络初期用户较少的情况，否则会造成 40MHz 频谱资源的巨大浪费。

方案五：改变特殊时隙配比，包括 4G 和 5G。例如，改变 NR 的特殊时隙配比，通过加大 GP 的长度，将通道校正位置后移；或者改变 LTE 的特殊时隙配比，如将 10:2:2 改为 3:9:2。

虽然上述方案可以缓解这些干扰的影响，但针对上述 D1 和 D2 的干扰，最彻底的解决方案仍是推动 4G 的 D1 和 D2 小区尽快退频。

4.6 异帧结构组网基站间自干扰问题及解决方案实践

第 4.2～4.5 节均是针对全网统一时隙配比场景的干扰问题及解决方案分析，但 5G 个人用户和行业用户的速率要求、时延要求等存在较大差异，尤其是在上行，上行大带宽是 5G 行业应用的一大特点。视频监控、远程控制和机器视觉等为行业的典型应用场景，均存在对大上行能力的要求，垂直行业需求如图 4-39 所示。高清视频监控、轮吊远程操控、XR 和超高清娱乐直播等场景，单终端上行速率可达

30Mbit/s，且经常多终端业务并发，要求单小区上行速率至少达到 300Mbit/s；工业视觉检测、数据转储等场景，单终端上行速率可达 600Mbit/s。因此，5G 2.6GHz 频段在典型配置下的上行能力相对受限，难以满足大上行应用需求。

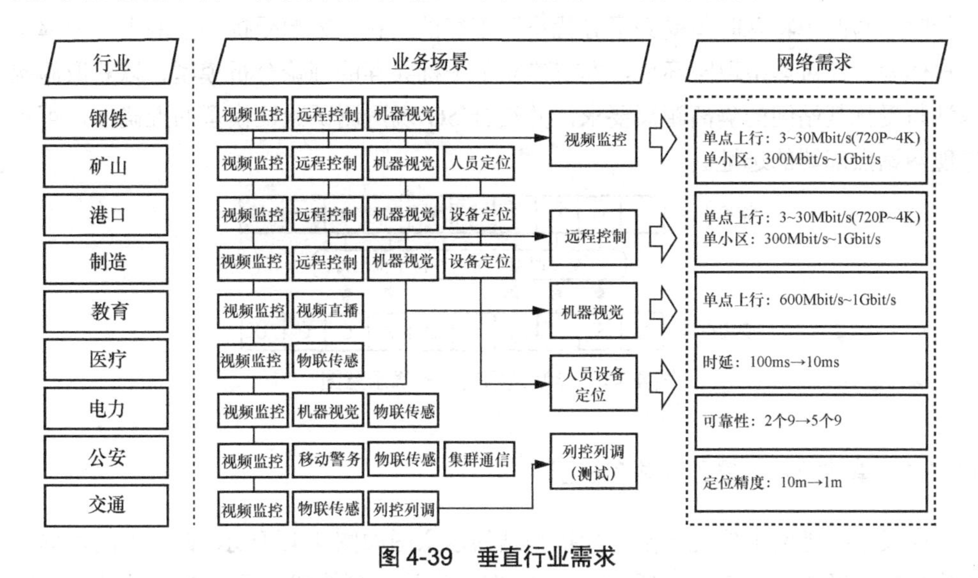

图 4-39　垂直行业需求

4.9GHz 是全球 5G 部署核心频段之一，相比于 5G 2.6GHz 频段采用 5ms 帧结构配置，5G 4.9GHz 频段可实现较灵活的帧配置，具备差异化帧结构配置的可行性，可获得差异化的上行和下行能力，实现灵活双工的通信模式，进而提供更高的用户体验和小区容量。但差异化的帧结构配置虽然满足不同场景的业务需求，也会导致不同基站之间产生严重的干扰问题。作者团队针对这种场景的干扰问题进行理论分析及测试评估，并提出降低干扰的解决方案。

4.6.1　异帧结构组网基站间干扰问题及影响

综合考虑公网、行业网需求，4.9GHz 实际能力限制，各帧结构配置性能，以及产业支持程度，协议标准支持情况等多方面因素，4.9GHz 在 2 保护符号 30kHz 子载波间隔下建议采用两种帧结构，大上行与大下行帧结构示意图如图 4-40 所示。

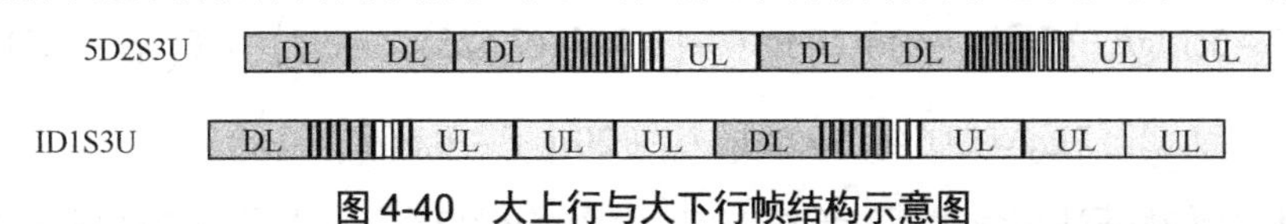

图 4-40　大上行与大下行帧结构示意图

5D2S3U 帧结构主要面向 5G 个人用户，1D1S3U 帧结构主要面向有大上行需求的行业网用户，当 4.9GHz 1D1S3U 与 4.9GHz 5D2S3U 同在区域部署时，存在潜在的交叉时隙干扰风险。异帧组网交叉干扰示意图如图 4-41 所示，1D1S3U 中有 3 个上行时隙与两个特殊时隙受到了施扰小区下行的干扰，影响受扰小区的上行速率与用户体验。针对典型现网环境，本节建立了干扰共存的理论分析模型，以获取施扰基站与受扰基站间的隔离距离要求，并结合 5G 现网测试验证模型的准确性，可指导现网站点部署的选址。

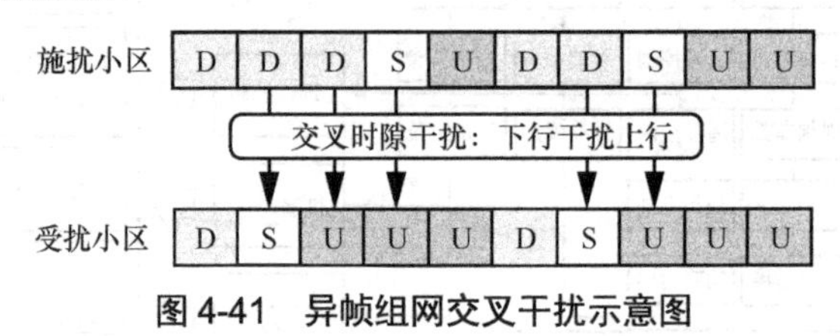

图 4-41　异帧组网交叉干扰示意图

4.6.1.1　单站组网场景干扰共存模型

交叉干扰组网中施扰基站和受扰基站的示意图如图 4-42 所示，针对现网的单站干扰环境，受扰小区 B 的底噪抬升 N dB 时，所接收到施扰小区 A 的干扰信号强度 P_{I} 表示为：

$$P_{\mathrm{I}}=10\times\lg(10^{(N+\mathrm{NF}-174+60)/10}-10^{\mathrm{NF}-174+60)/10)} \tag{4-5}$$

其中，P_{I} 的单位为 dBm/MHz，NF 为受扰基站的噪声系数，−174dBm/Hz 为理论白噪声。由设备参数计算出底噪抬升 N dB 时所需要的隔离度（MCL）要求，记为：

$$\mathrm{MCL}=P_{\mathrm{A}}+G_{\mathrm{A}}+G_{\mathrm{B}}+G_{\mathrm{D}}-\mathrm{loss}-P_{\mathrm{I}} \tag{4-6}$$

其中，P_{A} 为施扰基站发射功率，G_{A} 和 G_{B} 分别为施扰基站和受扰基站的系统总增益，G_{D} 为下倾角的损耗，loss 为墙体穿透损耗。根据 MCL 要求，基于 3GPP 协议信道估计模型推导得出相应的隔离距离要求，其中，信道模型包括典型城区（UMa）与非视距（NLOS）两种场景，分别记为：

$$\begin{aligned}\mathrm{PL}_1=&\ 161.04-7.1\lg W+7.5\lg h-\left(24.37-3.7\left(h/h_{\mathrm{BS}}\right)^2\right)\lg h_{\mathrm{BS}}+\\&\left(43.42-3.1\lg h_{\mathrm{BS}}\right)(\lg d_{\mathrm{3D}}-3)+20\lg f_{\mathrm{c}}-\left(3.2\left(\lg 17.625\right)^2-4.97\right)-0.6\left(h_{\mathrm{UT}}-1.5\right)\end{aligned} \tag{4-7}$$

$$\mathrm{PL}_2=13.54+39.08\lg d_{\mathrm{3D}}+20\lg f_{\mathrm{c}}-0.6(h_{\mathrm{UT}}-1.5) \tag{4-8}$$

其中，W 为施扰基站与受扰基站连线方向上的平均街道宽，h 为平均楼宇高度，h_{UT} 和

h_{BS} 为受扰基站高和施扰基站高，f_c 为中心频率，d_{3D} 为所需的隔离距离。PL_1 和 PL_2 的隔离距离计算式区别在于，PL_2 中将一些协议规定的典型场景参数代入 PL_1 模型中，简化了 PL_1 的信道模型。在本节中的理论计算中，将同时考虑两种信道模型，给出理论评估结果。

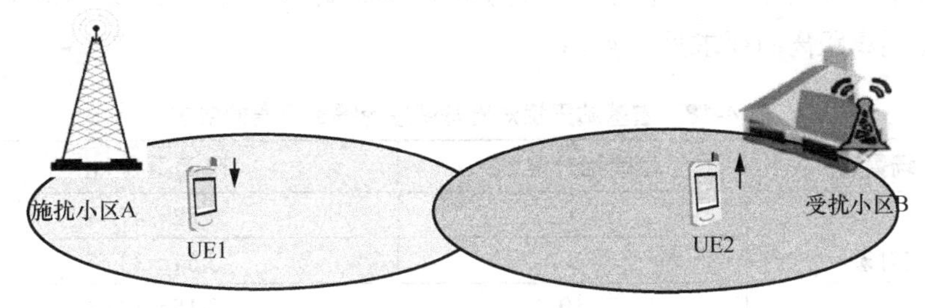

图 4-42　交叉干扰组网中施扰基站和受扰基站的示意图

为了保障理论评估结果的准确性，模型中的设备参数取值采用真实部署的基站设备参数，选取来自 3 个城市外场的典型非视距场景，涉及的场景包括宏基站干扰对宏基站、宏基站干扰对皮基站和微基站干扰对皮基站场景，具体设备配置参数见表 4-16 和表 4-17。

表 4-16　测试环境基本配置

类别	场景	站间距/km	施扰基站站高/m	施扰基站下倾角	受扰基站站高/m	施扰基站天线增益/dB	受扰基站天线增益/dB	传播路径楼宇高度/m	传播路径街道宽度/m	受扰基站遍历平均参考信号接收功率（RSRP）/ dBm
宏对宏	密集城区	19.6	35/40	10°/10°	/	25	10	18.2	42	−93～−85
	一般城区	1.5	25/20	9°/6°	/	25	10	40	15	−90
宏对皮	密集城区	0.07	30	6°	9	25	3	19.3	47.1	−95～−85
	一般城区	0.09	20	7°	25	25	3	20	15	−88
微对皮	密集城区	0.17	10	6°	8.5	18.5	3	20	25	−75～−5

表 4-17　施扰/受扰侧基站工程参数

主要参数	带宽	同步信号/物理广播 SSB 波束数量	特殊子帧配置	施扰基站发射功率	终端最大发射功率
配置	100 MHz	施扰基站：5D2S3U 波束 受扰基站：1D1S3U 波束/1 波束	10 DL:2 GP:2 UL	宏基站：200W（53dBm） 微基站（模拟）：80W（49dBm）	SA：26dBm

基于上述的理论分析模型和外场参数取值，理论评估受扰小区的底噪抬升 1dB、3dB 和 10dB 的情况下所需的隔离距离。在宏基站干扰对宏基站场景中，非直视场景需要 5～34km 隔离距离，基站高度越低、平均楼宇越高、隔离距离越大，交叉干扰越小。其中理论分析的隔离距离区间较大，原因主要为不同外场的环境参数差异较大，其中基站站高、平均楼宇高度为影响隔离距离的主要因素。宏基站干扰对宏基站理论隔离距离的要求见表 4-18。

表 4-18 宏基站干扰对宏基站理论隔离距离的要求

场景	底噪抬升值/dB	隔离距离/km
宏对宏	1	7.82～47.71
	3	5.54～33.67
	10	3.15～19.04

在宏基站干扰对皮基站场景中，由于皮基站用于室内覆盖，计算室外宏基站干扰信号强度时需要考虑穿透的墙体材质，本节根据外场的典型场景实际情况，选取穿透损耗为 20dB 的钢混材质和 15dB 的玻璃幕墙材质，理论评估结果为钢混材质非视距场景需要 0.3～1.7km 的隔离距离，玻璃幕墙材质需要 1.2～3km 的隔离距离，除基站和楼宇高度等影响因素以外，墙体穿透损耗越大，隔离距离越大，交叉干扰越小。宏基站干扰皮基站理论隔离距离要求见表 4-19。

表 4-19 宏基站干扰皮基站理论隔离距离要求

场景	底噪抬升值/dB	墙体材质	隔离距离/km
宏对皮	1	钢混材质	0.36～2.36
	3	钢混材质	0.32～1.67
	10	钢混材质	0.22～0.95
	1	玻璃幕墙	1.32～4.12
	3	玻璃幕墙	1.17～2.92
	10	玻璃幕墙	0.78～1.65

在微基站干扰对皮基站场景中，理论评估结果为非视距场景需要 0.3～1.7km（钢混材质）、1.2～3km（玻璃幕）隔离距离，同样也需要考虑墙体的穿透损耗，交叉干扰程度的影响因素与宏基站干扰对皮基站场景相同。微基站干扰对皮基站理论隔离距离要求见表 4-20。

表 4-20　微基站干扰对皮基站理论隔离距离要求

场景	底噪抬升值/dB	墙体材质	隔离距离/km
微对皮	1	钢混材质	0.39～0.97
	3	钢混材质	0.28～0.69
	10	钢混材质	0.16～0.39
	1	玻璃幕墙	0.58～1.47
	3	玻璃幕墙	0.42～1.04
	10	玻璃幕墙	0.24～0.59

4.6.1.2　多站组网场景干扰共存模型

考虑现网部署多为多站覆盖的小连片区域，本节理论分析了多对单场景网络拓扑状态下的隔离距离，网络拓扑结构如图 4-43 所示。施扰基站形成 3 圈 19 站小连片区域，站间距为 350m，根据本节中理论隔离距离的计算方法和参数取值，先分别计算 19 个施扰基站各自的干扰强度，再通过 MATLAB 软件将干扰信号叠加并绘制受扰基站底噪抬升值与隔离距离的曲线。宏对宏多对单场景的理论计算曲线如图 4-44 所示，在宏对宏场景中，受扰基站底噪抬升 1dB、3dB 和 10dB 所需的隔离距离为 40.1～101.6km。如图 4-45 所示，宏对皮钢混材质场景多对单理论隔离距离为 1.5～4.4km，玻璃幕墙场景下理论隔离距离为 2.5m～6.9km。微对皮多对单场景的理论计算曲线如图 4-46 所示，钢混场景多对单理论隔离距离为 450m～1.5km，玻璃幕墙场景理论隔离距离为 780m～2.5km。

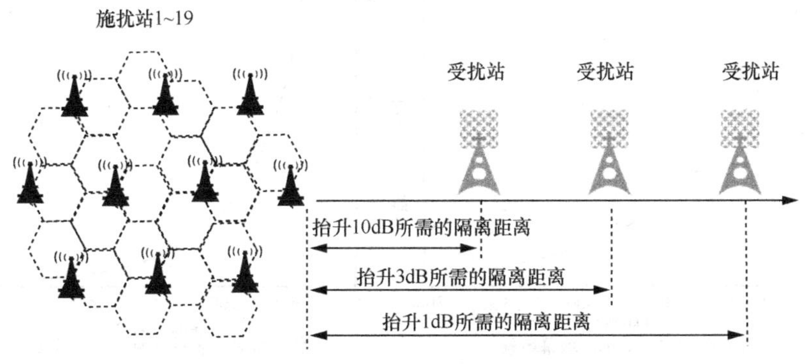

图 4-43　多对单小连片场景网络拓扑结构

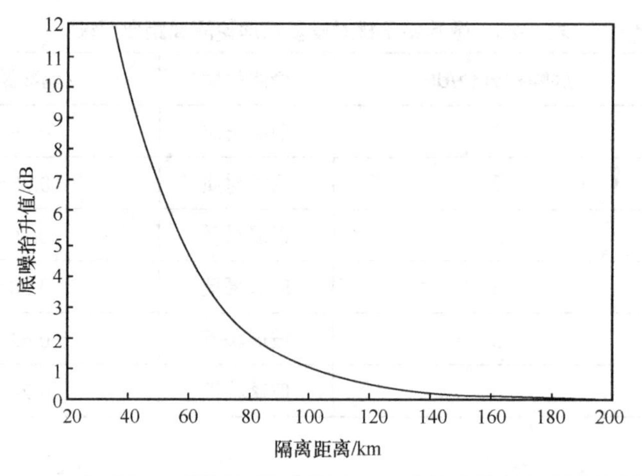

图 4-44　宏对宏多对单场景隔离距离与底噪抬升值的理论计算曲线

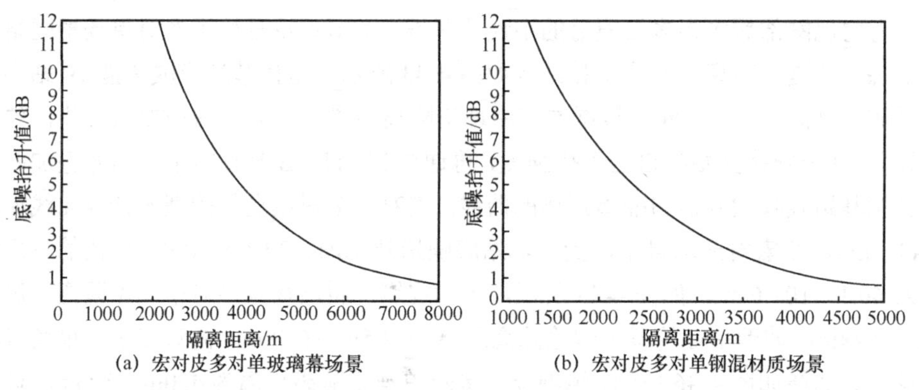

(a) 宏对皮多对单玻璃幕场景　　(b) 宏对皮多对单钢混材质场景

图 4-45　宏对皮多对单场景隔离距离与底噪抬升值的理论计算曲线

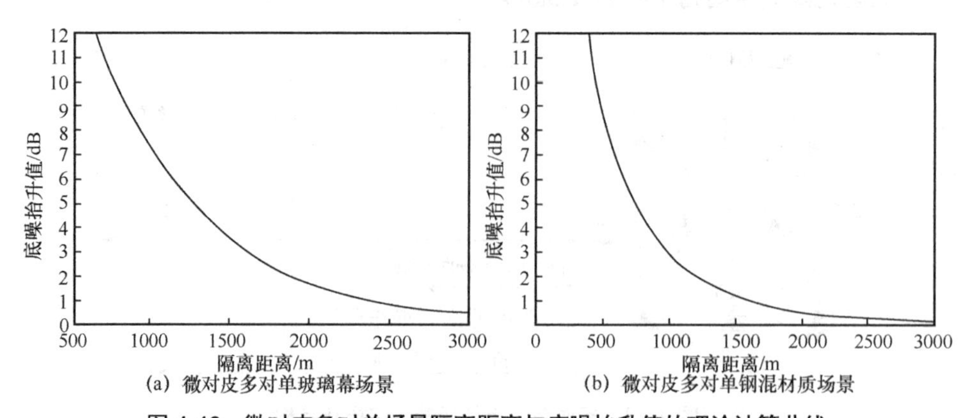

(a) 微对皮多对单玻璃幕场景　　(b) 微对皮多对单钢混材质场景

图 4-46　微对皮多对单场景隔离距离与底噪抬升值的理论计算曲线

4.6.1.3　外场测试结果

根据理论评估结果开展单站组网场景干扰共存模型的外场测试验证，相同参数取值的真实现网部署情况下，实测的隔离距离基本符合理论评估结果。干扰共存能力与基站站高、周围楼宇高度、墙体穿透损耗、传播环境、产品配置等因素有关，外场的测试结果见表 4-21，干扰共存隔离度的评估结果如下。

表 4-21　外场实测隔离距离

场景	底噪抬升值/dB	实际隔离距离/km		上行速率损失
		钢混材质	玻璃幕墙	
宏对宏	1	4.2～48		11%
	3	4.0～34		26%
	10	3.3～19.2		35%
宏对皮	1	0.60～2.8	0.71～4.7	10%
	3	0.42～1.7	0.67～2.8	20%
	10	0.24～0.98	0.42～1.7	40%
微对皮	1	0.45	0.82	7%
	3	0.35	0.55	22%
	10	0.17	0.32	40%

在宏基站干扰对宏基站场景中，若要交叉时隙干扰可控，对应的上行底噪抬升 1dB，上行速率损失小于 10%，隔离距离要求为 4.2km；在宏基站干扰对皮基站场景，若要交叉时隙干扰可控，对应的上行底噪抬升 1dB，上行速率损失小于 10%，钢混材质墙体的隔离距离为 0.6～2.8km，玻璃幕墙体的隔离距离为 0.71～4.7km；在微基站干扰对皮基站场景，若要交叉时隙干扰可控，对应的上行底噪抬升 1dB，上行速率损失约 7%，钢混材质墙体的隔离距离为 0.45km，玻璃幕墙体的隔离距离为 0.82km。宏对宏外场测试的实际隔离距离较理论分析结果有一定差距，主要原因为宏对宏外场测试的信道环境较为复杂，理论计算存在误差。

外场测试结果表明，通过物理距离隔离的方法实现底噪抬升 1dB 的情况下，交叉时隙干扰仍然造成了受扰基站上行 10%左右的速率损失，为进一步降低交叉时隙干扰，提高灵活双工性能，第 4.6.2 节将介绍一系列干扰优化方案。

4.6.2　异帧结构组网场景的干扰解决方案

作者团队提出多种灵活双工优化方案，包含调度协同、链路自适应、配置优化、基带对消等。根据对施扰基站（现网）的影响，可将方案分为施扰基站方案、受扰基站方案两大类，每类包含多种子方案。下面将从方案可行性、方案原理、试点效果或理论预期、应用场景等方面对各方案展开介绍。

4.6.2.1 施扰基站干扰解决方案

1. 时隙关闭

关闭宏基站资源中会对皮基站产生干扰的时隙资源，从而减少对皮基站的干扰。时隙关闭基本方案是通过手动配置关闭施扰基站资源，关闭时隙固定不可变，实现较为简单。增强方案可根据施扰基站负荷、受扰基站干扰程度、受扰基站负荷等自适应关闭施扰基站的部分或全部交叉下行时隙，或者关闭受扰基站的部分或全部交叉上行时隙。

为验证时隙关闭功能对于施扰基站和受扰基站性能的影响，在外场开展时隙关闭的测试验证，采用关闭全部宏基站干扰下行时隙，受扰基站不变的基本方案。测试结果如图 4-47 所示，功能开启后，受扰基站上行速率基本恢复至无交叉干扰水平，施扰基站下行速率下降约 45%。该方案会导致施扰基站可用下行资源减少，影响其下行速率，因此，建议在施扰基站处于中低负荷场景下使用。

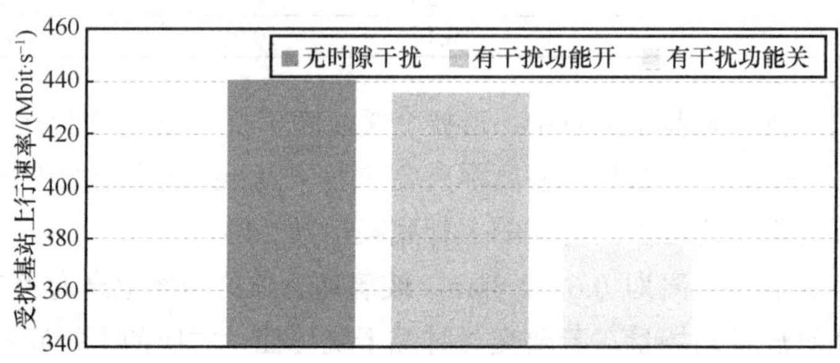

(a) 时隙关闭受扰基站上行吞吐率

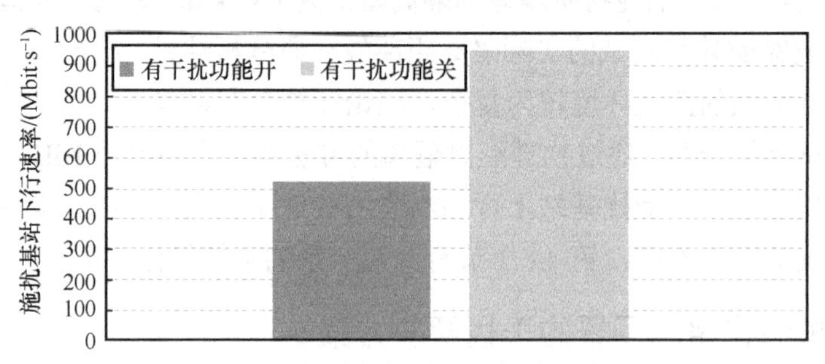

(b) 时隙关闭施扰基站下行吞吐率

图 4-47 时隙关闭方案测试数据

2. 调度协同

调度协同方案不仅可通过上下行资源固定错开调度避免交叉时隙干扰，也可灵活配置资源的起始位置、资源带宽和分配颗粒度，包括控制信道和业务信道。此外，还可根据受扰基站上行干扰程度，基于站间交互方式动态实现调度协同。针对固定错开调度方案，如图4-48所示，将100MHz带宽共计273个RB进行错开分配，施扰基站下行配置RBG0～RBG8发送下行业务数据（即RB0～RB143），受扰基站上行配置RBG9～RBG17接收上行数据（即RB144～RB272）。

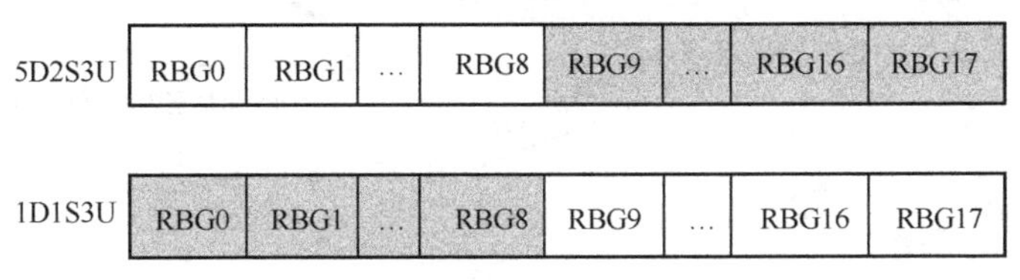

图4-48　调度协同方案示意图

为验证调度协同方案对于施扰基站和受扰基站性能的影响，在外场典型宏基站干扰对皮基站场景开展相关测试验证，测试结果如图4-49所示。在干扰较为严重的场景中，测试终端的RSRP处于−96dBm，受扰基站底噪抬升58dB条件下，开启调度协同后，受扰基站速率可提升26%；在干扰较小的场景中，测试终端的RSRP处于−85dBm，受扰基站底噪抬升3dB条件下，开启调度协同后，相比未开启，速率提升9%。施扰基站在开启调度协同后，下行速率下降30%～43%。

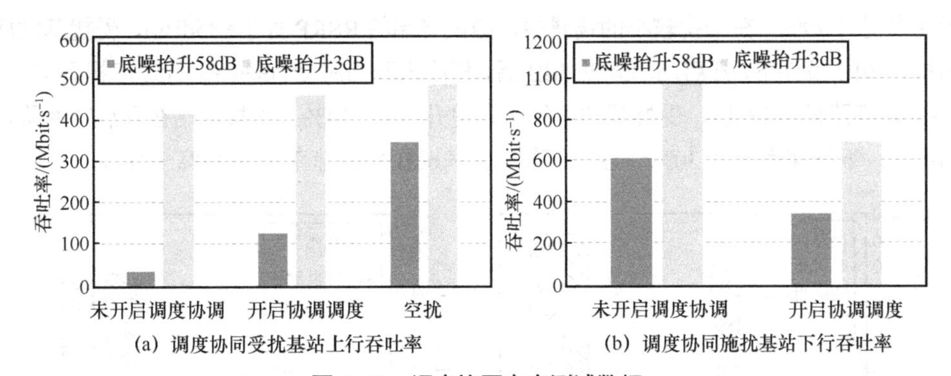

(a) 调度协同受扰基站上行吞吐率　　(b) 调度协同施扰基站下行吞吐率

图4-49　调度协同方案测试数据

调度协同方案通过上下行频域资源协同调度的方式规避交叉时隙干扰，减少了施扰基站和受扰基站的可用资源，其影响程度与资源分配比例有关，在一定程度下可能会影响上下行吞吐量，因此，该方案建议在施扰基站和受扰基站负荷不均衡、受扰基站覆盖水平较高时使用。

3．功率控制

如图 4-50 所示，功率控制方案不仅可通过降低施扰基站发射功率的方式减少施扰基站对受扰基站的干扰，还可基于站间交互，根据干扰程度和施扰基站负荷等自适应调整施扰基站的发射功率。

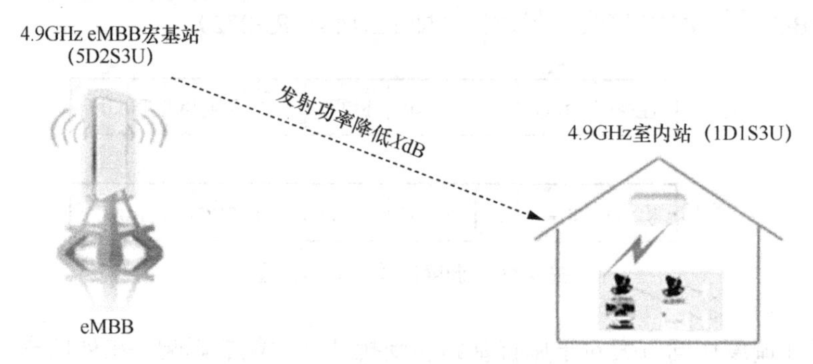

图 4-50　降低功率方案示意图

为验证功率控制方案对于施扰基站和受扰基站性能的影响，在外场典型宏基站干扰对皮基站场景开展相关测试验证，测试结果如图 4-51 所示。在干扰较为严重的场景中，测试终端的 RSRP 处于−97dBm，在受扰基站底噪抬升 58dB 条件下，开启功率降低 3dB 后，相比未开启，受扰基站上行速率提升 21%，功率降低 6dB 后，受扰基站上行速率提升 79%；在干扰较小的场景中，测试终端的 RSRP 处于−85dBm，受扰基站底噪抬升 3dB 条件下，开启功率降低 3dB 后，相比未开启时受扰基站上行速率提升 4%～5%，功率降低 6dB 后，受扰基站上行速率提升 9%～14%。施扰基站在开启功率降低 3dB 后，下行速率下降 30%～43%，降低功率 6dB 后，速率下降 13%～21%。

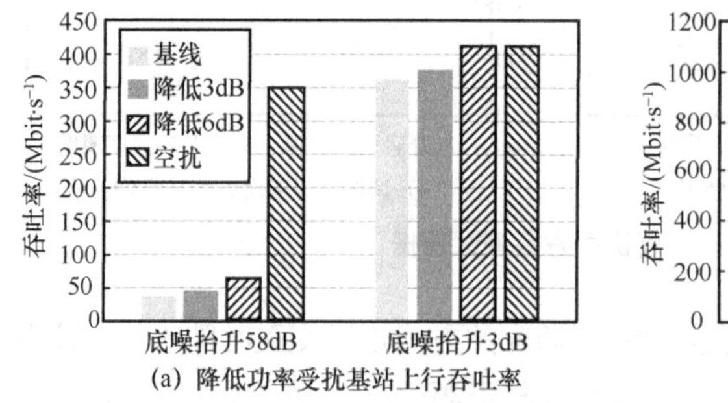

(a) 降低功率受扰基站上行吞吐率

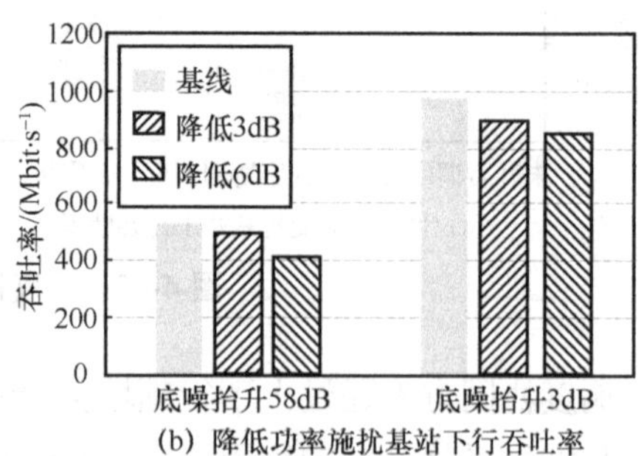

(b) 降低功率施扰基站下行吞吐率

图 4-51　降低功率方案测试数据

功率控制方案可能影响施扰基站覆盖水平和下行速率，因此，建议在施扰基站覆盖水平较高的场景下使用，避免覆盖收缩，影响施扰基站用户体验。

4．波束协同

如图 4-52 所示，施扰基站和受扰基站的交叉时隙干扰可能只存在于某个特定方向。波束协同方案可避免干扰波束产生，提升受扰基站的上行吞吐量。受扰基站识别施扰基站来源和波束方向，并将干扰源信息反馈给施扰基站。施扰基站接收到干扰源信息后，通过天线权值优化等手段调整波束方向避开干扰方向，从而避免对受扰基站产生交叉时隙干扰。与此同时，波束协同方案对施扰基站覆盖有影响，会产生覆盖盲区，不具有普遍适用性。

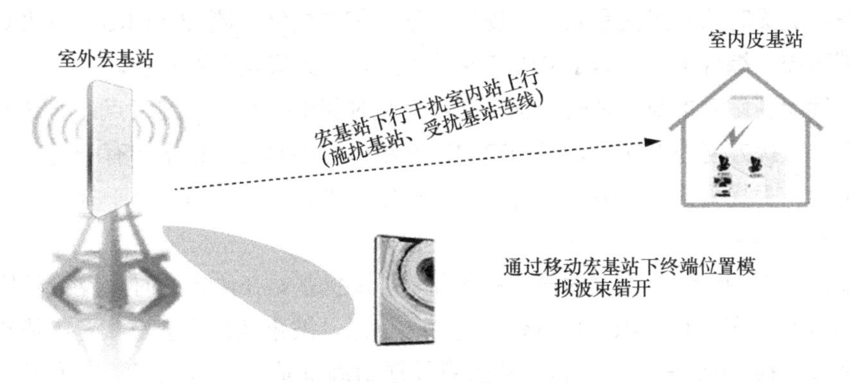

图 4-52　波束协同方案示意图

为验证波束协同方案对于施扰基站和受扰基站性能的影响，在外场典型宏基站干扰对皮基站场景开展相关测试验证，测试结果如图 4-53 所示，干扰波束与施扰基站、受扰基站连线的夹角越大，上行速率性能越好，上行 PDCP 层速率损失从 90%减小到 50%左右，受扰基站上行速率提升约 4.6 倍。

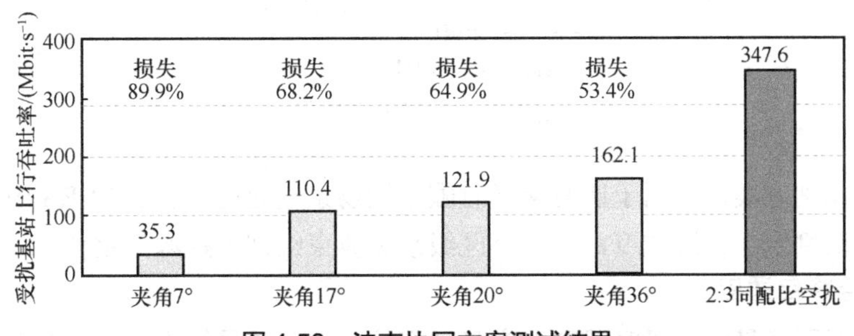

图 4-53　波束协同方案测试结果

波束协同方案虽然可以大幅度提升受扰基站的上行性能，但其对施扰基站的特定方向的覆盖能力和用户体验有影响，建议在干扰源方向集中、施扰基站负荷较低时使用。

4.6.2.2　受扰基站方案

1．干扰识别

施扰基站干扰源和波束方向的定位是交叉时隙干扰抑制的前提，针对该问题，作者团队基于远端干扰管理（RIM-RS）机制，提出交叉时隙干扰识别方案。对于该方案，施扰基站开销几乎为 0，受扰基站的开销仅为 RIM-RS 的检测、计算、存储开销。交叉时隙干扰关系固定，受扰基站不需要始终检测 RIM-RS，因此受扰基站开销可控。综合来看，基于 RIM-RS 的干扰识别方案具有可行性。

与远端基站对本地基站的干扰不同，交叉时隙干扰具有一定特点：一是干扰关系固定，干扰方向为单向，只有 5D2S3U 帧结构对 1D1S3U 帧结构有干扰；二是干扰范围小、干扰源数量有限，对自动的干扰告知机制需求不迫切，干扰源定位后可逐一解决。

如图 4-54 所示，当交叉时隙干扰发生时，施扰基站在约定的时隙及符号位置发送 RIM-RS 信号，RIM-RS 可携带小区 ID 信息、波束 ID 信息等。受扰基站检测 RIM-RS，得到干扰信息后，将干扰信息发送给施扰基站，施扰基站应用干扰解决方案。

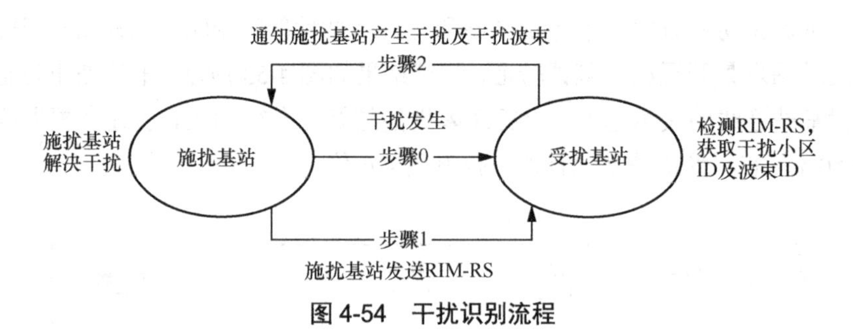

图 4-54　干扰识别流程

干扰识别方案可应用于所有交叉时隙干扰场景。通过定义 RIM-RS 中承载的信息，可灵活判定干扰源粒度，实现小区级别和波束级别干扰源的定位。

2．链路自适应

交叉组网场景中交叉时隙和非交叉时隙信道状态差异较大，在现有保守自适应调制编码（AMC，也称为链路自适应）链路自适应调度基础上，沿用一套传统调度参数，如图 4-55 所示，调制编码方式（MCS）无法区分交叉时隙的信道变化，导致整体 MCS 水平偏低，从而导致整体吞吐率水平降低。基于时隙的链路自适应方案，可有效避免以上问题。方案对施扰基站无影响，对受扰侧的影响在于，由 1 套链路自适应增加至 3 套 AMC，将调度算法中的滤波系数等可支持区分交叉时隙的关键参数单独配置，包括 DL→UL、S→UL 和 UL→UL。同时，结合调度协调方案，近中点用户与一般业务使用交叉干扰时隙，终端发射功率余量可以抵消一部分干扰；远点用户与高可靠业务使用非受干扰时隙。

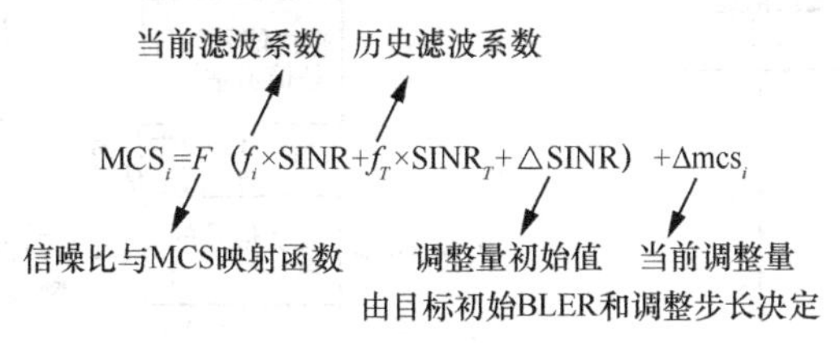

图 4-55 MCS 调度影响因素

为验证波束协同方案对于施扰基站和受扰基站性能的影响，在外场典型宏基站干扰对皮基站场景开展相关测试验证，测试结果如图 4-56 所示，在高干扰场景下，受扰基站底噪抬升 30dB 和 10dB 时，功能开启后，受扰基站上行速率可以提升 40%～45%；在低干扰场景下，受扰底噪抬升 3dB 时，该方案效果不明显。

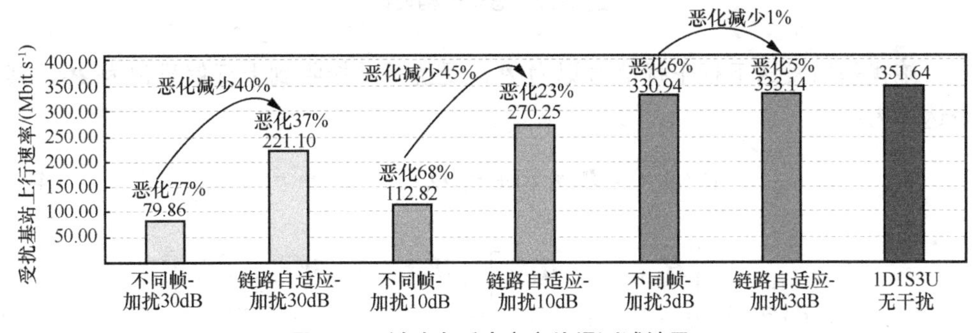

图 4-56 链路自适应方案外场测试结果

链路自适应方案为受扰侧应用方案，不影响施扰侧的性能，适用于干扰较为严重的场景。

3. 基带对消

基带对消方案理论上可完全消除站间的干扰，可作为灵活双工组网中交叉时隙干扰和全双工自干扰的主要优化方案，总体架构设计如图 4-57 所示，包括基于导频获取信道架构和基于搜索算法重建信道，方案的理论推导具体如下。

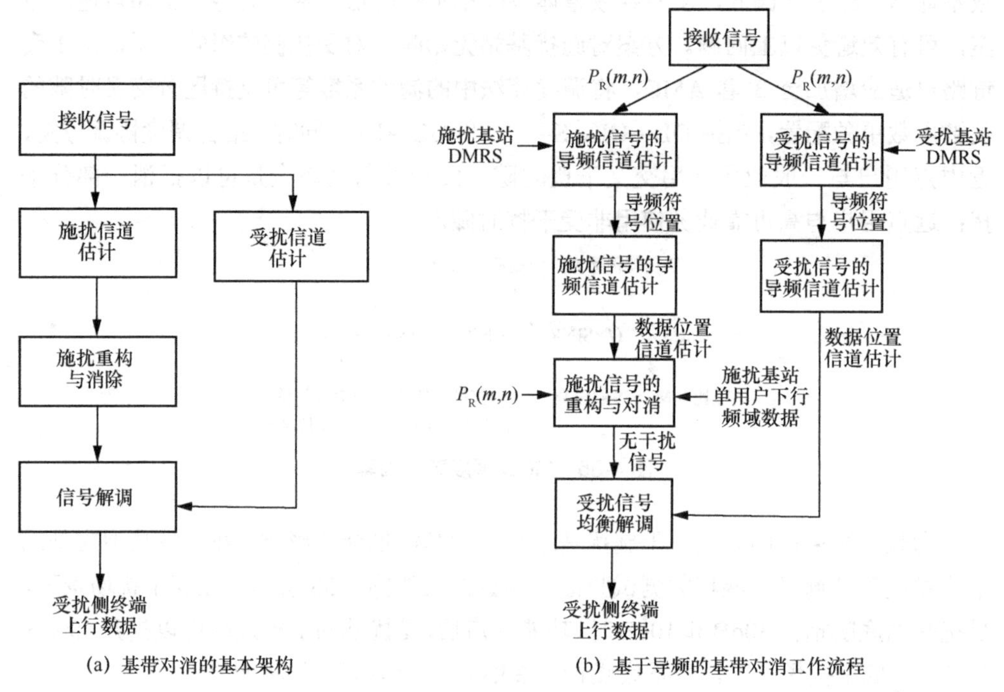

(a) 基带对消的基本架构　　(b) 基于导频的基带对消工作流程

图 4-57　总体架构设计

施扰基站发送下行干扰信号记为 $\boldsymbol{P}_{\mathrm{I}}$，受扰基站接收到上行信号记为 $\boldsymbol{P}_{\mathrm{R}}$，其表达式为：

$$\boldsymbol{P}_{\mathrm{R}}(m,n)=\boldsymbol{P}_{\mathrm{I}}(m,n)+\boldsymbol{P}_{\mathrm{D}}(m,n)+\boldsymbol{NF}(m,n) \tag{4-9}$$

$$\boldsymbol{P}_{\mathrm{I}}(m,n)=\begin{bmatrix}\boldsymbol{H}_{\mathrm{I}1,1} & \cdots & \boldsymbol{H}_{\mathrm{I}1,64}\\ \vdots & \ddots & \vdots\\ \boldsymbol{H}_{\mathrm{I}4,1} & \cdots & \boldsymbol{H}_{\mathrm{I}4,64}\end{bmatrix}\times\begin{bmatrix}\boldsymbol{W}_{\mathrm{I}1,1} & \cdots & \boldsymbol{W}_{\mathrm{I}1,4}\\ \vdots & \ddots & \vdots\\ \boldsymbol{W}_{\mathrm{I}64,1} & \cdots & \boldsymbol{W}_{\mathrm{I}64,4}\end{bmatrix}\times\begin{bmatrix}\boldsymbol{S}_{\mathrm{I}1}\\ \vdots\\ \boldsymbol{S}_{\mathrm{I}4}\end{bmatrix} \tag{4-10}$$

其中，假设施扰基站为 64TR、DMRS 4 port。信号信道响应 $\boldsymbol{H}_{\mathrm{I}}$ 为 4×64 矩阵；下行波束成形 $\boldsymbol{W}_{\mathrm{I}}$ 为 64×4 矩阵；单用户下行 4 流频域数据 $\boldsymbol{S}_{\mathrm{I}}$ 为 4×1 矩阵。$\boldsymbol{P}_{\mathrm{D}}$ 为受扰基站上行有用信号，表达式为：

$$\boldsymbol{P}_{\mathrm{D}}(m,n)=\begin{bmatrix}\boldsymbol{H}_{\mathrm{D1,1}} & \cdots & \boldsymbol{H}_{\mathrm{D1,64}}\\ \vdots & \ddots & \vdots\\ \boldsymbol{H}_{\mathrm{D4,1}} & \cdots & \boldsymbol{H}_{\mathrm{D4,64}}\end{bmatrix}\times\begin{bmatrix}\boldsymbol{W}_{\mathrm{D1,1}} & \cdots & \boldsymbol{W}_{\mathrm{D1,4}}\\ \vdots & \ddots & \vdots\\ \boldsymbol{W}_{\mathrm{D64,1}} & \cdots & \boldsymbol{W}_{\mathrm{D64,4}}\end{bmatrix}\times\begin{bmatrix}\boldsymbol{S}_{\mathrm{D1}}\\ \vdots\\ \boldsymbol{S}_{\mathrm{D4}}\end{bmatrix} \tag{4-11}$$

其中，受扰基站为 4TR、CSI-RS 4 port。信号信道响应 $\boldsymbol{H}_{\mathrm{D}}$ 为 4×4 矩阵；码本 $\boldsymbol{W}_{\mathrm{D}}$ 为 4×4 矩阵；单用户上行 4 流频域数据 $\boldsymbol{S}_{\mathrm{D}}$ 为 4×1 矩阵。通过站间交互方式，受扰基站依次获取施扰基站下行导频信息和频域数据，进而分别得到施扰基站和受扰基站的信道估计 $\tilde{\boldsymbol{H}}\times\tilde{\boldsymbol{W}}$。根据施扰基站信道估计与频域数据，重构干扰信号并实现消除，得到上行干扰消除后的信号 $\hat{\boldsymbol{P}}_{\mathrm{R}}$，其表达式为：

$$\hat{\boldsymbol{P}}_{\mathrm{I}}(m,n)=\begin{bmatrix}\hat{\boldsymbol{H}}_{\mathrm{I1,1}} & \cdots & \hat{\boldsymbol{H}}_{\mathrm{I1,64}}\\ \vdots & \ddots & \vdots\\ \hat{\boldsymbol{H}}_{\mathrm{I4,1}} & \cdots & \hat{\boldsymbol{H}}_{\mathrm{I4,64}}\end{bmatrix}\times\begin{bmatrix}\hat{\boldsymbol{W}}_{\mathrm{I1,1}} & \cdots & \hat{\boldsymbol{W}}_{\mathrm{I1,4}}\\ \vdots & \ddots & \vdots\\ \hat{\boldsymbol{W}}_{\mathrm{I64,1}} & \cdots & \hat{\boldsymbol{W}}_{\mathrm{I64,4}}\end{bmatrix}\times\begin{bmatrix}\boldsymbol{S}_{\mathrm{I1}}\\ \vdots\\ \boldsymbol{S}_{\mathrm{I4}}\end{bmatrix} \tag{4-12}$$

$$\hat{\boldsymbol{P}}_{\mathrm{R}}(m,n)=\boldsymbol{P}_{\mathrm{R}}(m,n)-\hat{\boldsymbol{P}}_{\mathrm{I}}(m,n)=\boldsymbol{P}_{\mathrm{D}}(m,n)+\boldsymbol{NF}(m,n) \tag{4-13}$$

根据受扰基站信道估计与上行干扰消除信号 $\hat{\boldsymbol{P}}_{\mathrm{R}}$，均衡解调获取最终的上行信号。

基带对消方案需要涉及宏微协同、导频增强和精准信道估计与重构等重要研究和增强方向，在标准和产业上仍然有很多工作和关键问题需要完成。因此，建议初期在环境与配置较为简单的灵活双工交叉时隙干扰场景中研究其应用，在交叉干扰场景中充分验证方案可行性与基本性能，可逐步推广到全双工系统。

4.7 小结

系统内网络全局自干扰是 TDD 系统的顽疾。在 3G TD-SCDMA、4G TD-LTE、5G NR 大规模组网中均遇到了这一难题，我们对该问题的认识及解决方案的摸索是一个循序渐进、逐步认识、逐步完善的过程。

本章针对 TDD 特有系统内全局自干扰，按照 3G、4G、5G 的顺序，循序渐进地阐述基站间自干扰的问题及相应的创新解决方案实践。包括 3G 发现了域内干扰问题，并提出了 Up-Shifting 规避干扰方案；4G 在 3G 的基础上进一步发现了域外的大气波导干扰问题，并对 3G 的干扰规避方案进行了扩展，提出了新算法设计、时频空域及全局协同解决方案，同时增加了基于特征序列的干扰溯源方案；5G 对 4G 的干扰溯源做了进一步增强，提出了基于 RIM-RS 的干扰源定位方案，提升了自动化能力及干扰回退手段，并形成了国际标准。

参考文献

[1] 张龙, 邓伟, 江天明, 等. TD-LTE 大气波导干扰传播规律及优化方案研究[J]. 移动通信, 2017, 41(20): 16-21.

[2] 柯颋, 吴丹, 张静文, 等. 5G 移动通信系统远端基站干扰解决方案研究[J]. 信息通信技术, 2019(4): 44-50.

[3] 中国移动通信研究院. 5G 大上行能力在行业数字化中的价值白皮书[R]. 2020.

[4] 郝悦, 张弘骉, 高向东, 等. 4.9GHz 灵活双工性能分析及优化方案[J]. 移动通信, 2021(3): 16-25.

[5] 3GPP. Study on 3D channel model for LTE: TS 36.873[S]. 2017.

[6] 3GPP. Study on channel model for frequencies from 0.5 to 100GHz: TS 38.901[S]. 2019.

[7] HONG S, BRAND J, CHOI J I, et al. Applications of self-interference cancellation in 5G and beyond[J]. IEEE Communications Magazine, 2014, 52(2): 114-121.

[8] ZHANG Z S, CHAI X M, LONG K P, et al. Full duplex techniques for 5G networks: self-interference cancellation, protocol design, and relay selection[J]. IEEE Communications Magazine, 2015, 53(5): 128-137.

[9] LIU G, YU F R, JI H, et al. In-band full-duplex relaying: a survey, research issues and challenges[J]. IEEE Communications Surveys & Tutorials, 2015, 17(2): 500-524.

第5章

TDD系统内基站终端间干扰控制原理与实践

系统内基站终端间同频干扰是指邻近小区的发射对本小区的终端接收，或邻近小区的终端发射对本小区的基站接收产生的同频干扰。基站终端间干扰控制是蜂窝移动通信系统设计与优化过程中需要重点考虑的内容，也是保证用户在网络中获得无缝体验的重要手段。基站终端间同频干扰主要包括两类干扰：控制信道同频干扰和业务信道同频干扰。控制信道是用户接入网络的基础，如果控制信道干扰控制不好，将会严重影响用户接入网络的性能；业务信道是提升用户业务速率和质量的关键，如果业务信道干扰控制不好，将会造成用户数据速率或音/视频质量下降及卡顿。控制信道的干扰大小与网络业务负载无关，业务信道的干扰大小与网络业务负载强相关，邻区业务负载越高，本区业务信道受到的干扰也就越大。在3G时代，TD-SCDMA引入了智能天线来增强业务信道覆盖及抗干扰能力，但由于扩频码字较短，扩频增益低，控制信道无法同频组网，即使在网络中业务轻载的情况下，用户接入网络等基本性能也无法满足商用要求，后来通过控制信道异频技术解决控制信道无法同频组网问题；4G时代，TD-LTE借鉴了TD-SCDMA的经验，对控制信道进行了增强设计，可实现控制信道和业务信道同频组网；5G时代，对控制信道业务做了进一步覆盖和抗干扰增强，包括广播信道引入波束扫描、多站间协同降低业务信道干扰、室内外协同降低干扰等技术。本章首先介绍同频组网可行性评估方法，然后分别介绍基站终端间同频干扰控制技术在3G、4G、5G中的实践，包括

TD-SCDMA 中的 N 频点技术（解决 3G 控制信道无法同频组网问题）、TD-LTE 控制信道增强技术、5G NR 中的多站间协同技术及室内外同频组网技术。

5.1 同频组网可行性评估方法

蜂窝通信系统的组网策略是从理论上分析，在多个蜂窝小区组网的场景下，应该如何进行频段划分才能满足控制信道的可靠性要求。TD-LTE 控制信道组网策略的研究方法和步骤是：通过链路级仿真结果确定各个控制信道的解调门限，并利用频率规划理论推导出相应控制信道的频率复用因子。如果频率复用因子为 1，说明该控制信道在同频组网场景下的性能基本符合要求；如果频率复用因子大于 1，则说明该控制信道同频组网的性能较差，需要通过相邻小区使用不同频点的方式减少同频干扰，或者采用一些可以提高可靠性的技术和措施，如混合自动重传请求（HARQ）等。

在蜂窝系统中，使用相同频率资源的小区之间会存在同频干扰，下面从同频干扰入手分析频率复用因子。假设小区半径为 r，两个相同频段小区之间的距离为 D。上下行计算频率复用因子的方法相同，以下行通信为例介绍推导方法。下行通信中用户的信干噪比表示为：

$$\mathrm{SINR}_i=\frac{S}{I+N_0}=\frac{P_{k,i}\cdot \mathrm{PL}_{k,i}}{\sum\limits_{\substack{m\neq k\\ m=1}}^{M}P_{m,i}\cdot \mathrm{PL}_{m,i}+N_0} \tag{5-1}$$

其中，SINR_i 表示目标基站 k 内用户 i 的接收信干噪比，$P_{k,i}$ 表示基站 k 分配给用户 i 的功率，$P_{m,i}$ 表示基站 m 分配给与用户 i 占用相同信道的用户的功率，$\mathrm{PL}_{k,i}$ 表示目标基站 k 与用户 i 之间的路径损耗，$\mathrm{PL}_{m,i}$ 表示周围的同频段小区基站与用户 i 之间的路径损耗，M 表示邻近同频段干扰小区的数目，N_0 表示系统热噪声。

对式（5-1）进行以下步骤化简。

（1）假设各个基站使用相同的发射功率，即 $P_{k,i}=P_{m,i}$。

（2）只考虑第一层同频干扰，远处同频基站的干扰可忽略不计，则不论 N 等于多少，周围同频干扰基站的数目都为 6，即 M=6，图 5-1 为 N=7 时的干扰场景示意图。

（3）同频干扰的大小与用户在小区内的位置有关，这里将其进行简化，将路径损耗模型近似表示为 $\mathrm{PL}_{m,i}=kd_m^{-\alpha}\approx kD^{-\alpha}$ 、$\mathrm{PL}_{k,i}=kr^{-\alpha}$ ，路径衰减指数 α 的取值范

围是 3.5～5.5。

（4）系统热噪声 N_0 一般远小于同频段小区间的干扰功率，因此可忽略不计。

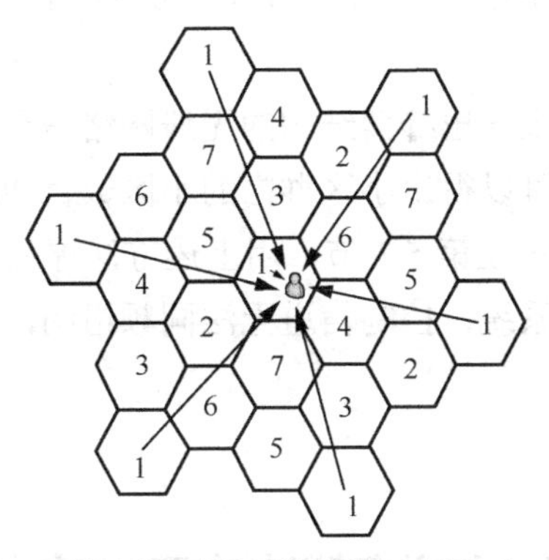

图 5-1　第一层同频干扰场景示意图（N=7）

将步骤（1）的假设代入式（5-1），得到 SINR 的近似表达式为：

$$\mathrm{SINR} \approx \frac{kr^{-\alpha}}{M \cdot kD^{-\alpha}} = \frac{1}{6}\left(\frac{r}{D}\right)^{-\alpha} \tag{5-2}$$

已知目标解调门限为 $\mathrm{SINR_{th}}$，如果该用户能正常接收信号必须满足以下约束条件，称为约束条件（A）：

$$\frac{1}{6}\left(\frac{r}{D}\right)^{-\alpha} \geqslant \mathrm{SINR_{th}} \tag{5-3}$$

容易推出满足约束条件（A）的相邻两个同频段小区群之间的距离 D 为：

$$D \geqslant \sqrt[\alpha]{6 \cdot \mathrm{SINR_{th}}} \cdot r \tag{5-4}$$

对于外接圆半径为 r 的正六边形蜂窝小区，小区群之间的距离 D 和小区群内小区数目 N 有如下关系。

$$D = \sqrt{3N} \cdot r \tag{5-5}$$

将式（5-5）代入式（5-4）得到：

$$\sqrt{3N} \cdot r \geqslant \sqrt[\alpha]{6 \cdot \mathrm{SINR_{th}}} \cdot r \tag{5-6}$$

$$N \geqslant \frac{1}{3}\left(6 \cdot \mathrm{SINR_{th}}\right)^{\frac{2}{\alpha}} \tag{5-7}$$

令 $N'=\frac{1}{3}\left(6\cdot\mathrm{SINR}_{\mathrm{th}}\right)^{\frac{2}{\alpha}}$，则 N 为最小的大于 N' 的非零整数，表示为 $N=\lceil N'\rceil$。将式（5-7）求得的频率复用因子 N 代入 $D=\sqrt{3N}\cdot r$ 可反推出两个同频小区之间的最短距离 D。

基于上述方法，可以推导出蜂窝结构的无线网络是否支持同频组网能力。如果已知各信道的解调门限，可以得出小区群内的小区数目 N，当 N 为 1 时，说明该信道可支持同频组网。本书将在第 5.3 节，用上述方法评估 TD-LTE 系统的同频组网能力。对于 TD-SCDMA 系统，控制信道无法同频组网，下面先在第 5.2 节分析该问题的原因及解决方案。

5.2 TD-SCDMA N 频点解决方案及实践

5.2.1 TD-SCDMA 控制信道无法同频组网问题及 N 频点解决方案原理

与 WCDMA 相比，TD-SCDMA 扰码短、扩频码短，扩频增益小，便于开发和实现联合检测等算法，但由于控制信道无法使用智能天线，且多小区联合检测性能待提升，当采用同频组网时，控制信道存在较大的干扰，用户的接入及速率等性能无法满足商用要求。为实现 TD-SCDMA 大规模组网商用，降低控制信道干扰，提出了 N 频点组网解决方案。一个小区可以配置多于一个载频的系统，这样的小区被称为多载频小区。通常多载频系统将相同地理覆盖区域的多个小区（假设每个载频为一个小区）合并到一起，共享同一套公共信道资源，从而构成一个多载频小区，称这种技术为 N 频点技术。N 频点技术原理如图 5-2 所示。

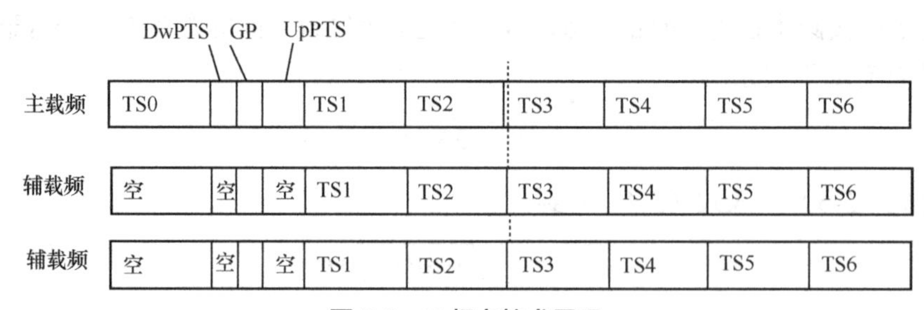

图 5-2　N 频点技术原理

为了提高 TD-SCDMA 系统的性能，在充分考虑多载频系统的特殊性，以及保持现有单载波系统的最大程度稳定性的前提下，对 TD-SCDMA N 频点系统进行以下约定。

（1）一个小区可配置多个载频，仅在小区/扇区的一个载频上发送 DwPTS 和广播信息，多个频点使用一个共同的广播信道。

（2）针对每一个小区，从分配到的 n 个频点中确定一个作为主载频，其他载频为辅助载频。承载主公共控制物理信道（P-CCPCH）的载频称为主载频，不承载 P-CCPCH 的载频称为辅载频。在同一个小区内，仅在主载频上发送 DwPTS 和广播信息。对支持多频点的小区，有且仅有一个主载频。

（3）主载频和辅载频使用相同的扰码和基本 Midamble 码。

（4）公共控制信道下行导频信道（DwPCH）、P-CCPCH、寻呼指示信道（PICH）、辅主公共控制物理信道（S-CCPCH）、物理随机接入信道（PRACH） 等规定配置在主载频上，信标信道总在主载频上发送。

（5）同一用户的多时隙配置应限定在同一载频上。

（6）同一用户的上下行配置在同一载频上。

（7）辅载频的 TS0 暂不使用。

（8）主载频和辅载频的时隙转换点配置相同。

根据上述对 TD-SCDMA N 频点系统的约定，N 频点多载频特性将对单载频系统中的 Uu 接口和 Iub 接口标准产生细微的影响。根据协议规范，将引入 N 频点技术接口协议、资源管理，以及终端能力的影响概括如下。

1．对 Uu 接口协议的影响

在物理层协议上，主要增加了对 TD-SCDMA 多载频概念的描述，包括公共信道的配置、扰码和基本 Midamble 码的使用，以及主载频、辅载频的定义等。

在 Uu 口高层协议上，N 频点技术定义多载频小区共享同一套公共信道资源，使 RRC 层对 NodeB 资源管理单位由小区变成了载频模块。这样，RRC 层对 NodeB 资源的管理和配置将会发生改变，这些改变带来了对 Iub 接口协议的修订，同时在 RRC 层消息上，需要将载频信息通知到 UE。因此，在 cell update confirm（小区更新确认）、handover to utran command（切换到 3G 小区命令）、physical channel reconfiguration（物理信道重配置）、radio bearer reconfiguration（无线承载重配置）、radio bearer release（无线承载释放）、radio bearer setup（无线承载建立）、RRC connection setup（RRC 连接建立）、transport channel reconfiguration（传输信道重配置）8 条 RRC 消息中都需要增加对于载频信息单元的描述。

2. 对 Iub 接口协议的影响

N 频点技术的引入将导致 RNC 对 NodeB 在资源管理上的变化，因而除了主载频的频点信息和时隙配置信息外，还需要有相应的信息单元指示辅载频的频点和时隙配置信息。因此需要修订 cell setup request（小区建立请求）、cell reconfiguration request（小区重配置请求）、radio link setup request（无线链路建立请求）、radio link addition request（无线链路添加请求）、radio link reconfiguration prepare（无线链路重配置准备）、common measurement initiation request（公共测量初始请求）、resource status indication（资源状态指示）等消息。

3. 对资源处理的影响

在单载频 TD-SCDMA 系统中，一个小区在 NodeB 中的处理资源被定义为一个本地小区，即 Local Cell，并被分配一个 Local Cell ID，各个小区的处理资源之间，即各个相应的 Local Cell 之间是相对独立的。如果多载频小区继续沿用单载频小区系统中 Local Cell 的概念，将一个多载频小区在 NodeB 中的处理资源定义为一个 Local Cell，在 NodeB 与无线网络控制器（RNC）通信的相关过程中，仍然采用 Local Cell ID 进行多载频小区的资源分配，那么 RNC 就不能通过 Iub 接口实现为多载频小区中的每一个载频分别分配处理资源的功能；且 RNC 不能通过 NodeB 报告的资源状态信息获得每一个载频处理资源的状态消息。

基于上述考虑，在 TD-SCDMA 多载频系统中，NodeB 应该按照载频之间相互独立的特点组织处理资源，即载频处理资源模块化。另外，考虑移动通信市场不断增长的需求，网络容量也将随着时间和用户数量需求的变化而变化，这要求 TD-SCDMA 多载频协议支持对一个多载频小区中的辅载频进行动态的增加、修改和删除等操作。NodeB 在处理相关消息时，需要明确要操作的辅载频和所进行的操作，同时又不影响未操作的辅载频的正常工作，从而使 TD-SCDMA 多载频系统在保持组网灵活性的同时确保系统的稳定性。

4. 对 UE 能力的影响

N 频点小区的提出，对 UE 的接入能力提出了要求，如支持 N 频点小区的用户需要具备在辅载频上接收数据，同时在主载频上接收公共信道信息的能力。为了兼容单载频系统，需要区别对待是否支持 N 频点技术的 UE，即 UE 在接入系统之前或从其他 RNC 的小区切换过来时，系统通过某些消息获知该 UE 是否具有支持 N 频点技术的能力，如果具有，则 RNC 可以分配辅载频资源；如果不支持多载频，则只分配主载频资源。

5.2.2　N 频点组网性能测试评估

在规模组网（50 以上基站连片组网）环境下，对同频组网、N 频点组网、异频组网 3 种方案进行测试验证。其中，同频组网指所有相邻小区的控制信道和业务信道均采用相同的频率；N 频点组网指相邻小区业务信道采用相同的频率，相邻小区间的控制信道采用异频组网，测试评估中控制信道的频率复用系数为 3；异频组网指相邻小区间的控制信道和业务信道均采用不同频率，测试评估中的频率复用系数为 3。空载测试是指除主测小区外的其他小区均为空载，加载测试是指除主测小区外的其他小区均为 50%负荷加载，以模拟商用网络负荷增加下的网络性能。

不同组网方式下，公共控制物理信道的载干比（C/I）测试结果见表 5-1。N 频点组网和异频组网方式下，控制信道均为异频组网，两者 C/I 水平一致，均高于同频组网方式下的 C/I；同频组网方式下，C/I≥0 的比例为 86.98%，N 频点组网和异频组网方式下，C/I≥0 的比例提升到 99.88%。

表 5-1　不同组网下的 C/I 测试结果

P-CCPCH C/I/dB	同频组网	N 频点组网/异频组网
<−15	0.56%	0.10%
[−15,−10）	0.92%	0.01%
[−10,−7）	0.99%	0.17%
[−7,−3）	4.74%	0.06%
[−3,0）	5.80%	0.24%
≥0	86.98%	99.88%

公共信道干扰较大时会同时影响用户的接通率和掉话率等性能指标。不同组网方式下，接通率如图 5-3 所示，掉话率如图 5-4 所示。N 频点组网方式下，公共信道干扰得到有效抑制，与同频组网相比，接通率从 80%提升到 99%；掉话率从 7%下降到 0.2%。N 频点组网的频率利用率接近于同频组网，又可以明显减少公共信道的同频干扰，是 TD-SCDMA 商用网络的主要组网方式。

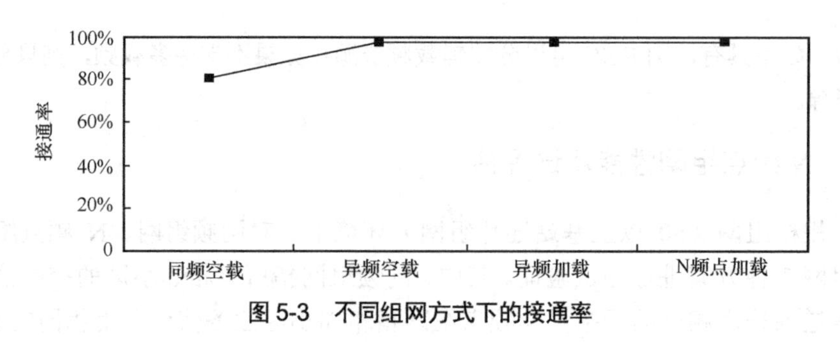

图 5-3 不同组网方式下的接通率

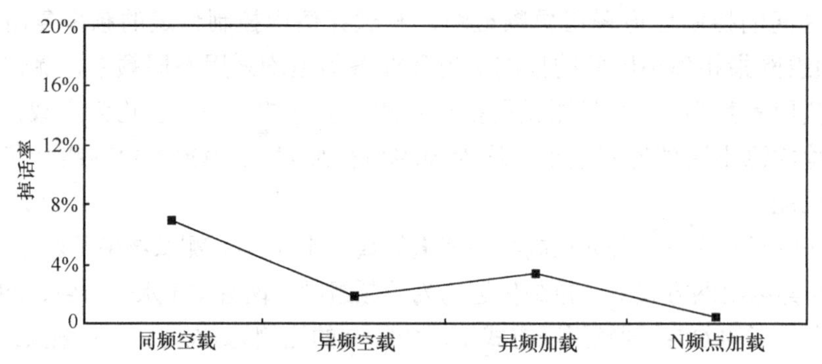

注：因 N 频点加载测试时，网络优化过程更充分，掉话率性能略优于异频组网。
理论上 N 频点组网掉话率性能应与异频组网接近。

图 5-4 不同组网方式下的掉话率

5.3 TD-LTE 控制信道同频组网解决方案与实践

4G 时代，TD-LTE 借鉴了 TD-SCDMA 控制信道无法同频组网的经验，对控制信道进行了增强设计，可实现控制信道和业务信道同频组网。本节将对 TD-LTE 控制信道的同频组网可行性进行分析，对各个上/下行控制信道的情况进行具体的分析，通过理论分析和仿真验证相结合的方法，给出 TD-LTE 控制信道同频组网可行性的结论。

5.3.1 TD-LTE 控制信道物理层关键技术

控制信道的组网能力受到各个控制信道自身的解调能力的影响。而各个控制信道的解调能力取决于该控制信道使用的物理层处理技术，包括调制编码方式、CRC 校验、多天线技术等。同时，资源映射方式也是控制信道设计中非常关键的一个部分，其中采用的对抗小区间干扰的技术对提高组网能力有着至关重要的作用。本节将参照协议 3GPP TS 36.211、3GPP TS 36.212 和 3GPP TS 36.213，对上述影响控制信道同频组网能力的相关技术进行总结。

5.3.1.1　控制信道物理层处理技术

物理层的处理技术包括使用的调制编码方案、循环冗余码（CRC）校验、速率匹配等。TD-LTE 各个控制信道使用的物理层技术的对比见表 5-2。

表 5-2　TD-LTE 控制信道物理层技术对比

控制信道	调制方案	编码方案	编码速率	CRC 校验	速率匹配	多天线技术
PDCCH	QPSK	Tail biting 卷积码	可变	传输块 CRC	有	发射分集
PCFICH	QPSK	块编码	1/16	无	无	发射分集
PHICH	BPSK	重复编码	1/3	无	无	发射分集
PBCH	QPSK	Tail biting 卷积码	1/3	传输块 CRC	有	发射分集
PUCCH	QPSK、BPSK、QPSK+BPSK	块编码	可变	无	无	无
PRACH	ZC 序列	N/A	N/A	无	无	无

5.3.1.2　控制信道资源映射

1．下行控制信道

（1）PDCCH

PDCCH 采用 TDM 的方式与 PDSCH 复用，在频域上占用所有的子载波，而在时域上占用每个子帧的前 n 个 OFDM 符号，$n \leqslant 3$。根据不同的 PDCCH 格式，PDCCH 的时频尺寸可变。控制信道元（Control Channel Element，CCE）是 PDCCH 上传送控制信息的最小资源单位，1 个 CCE 包括 9 个资源单元组（Resource Element Group，REG）。资源映射的时候以 CCE 为单位，1 个 PDCCH 资源可以占用 1、2、4、8 个 CCE，时域长度为 1、2、3 个 OFDM 符号。

（2）PHICH

PHICH 是半静态分配资源，为了使 PHICH 尽可能分布在控制区域的所有符号中，时域长度可能为 1、2、3 个 OFDM 符号。具体的长度配置和使用的频域资源在物理广播信道（PBCH）中指示。频域上 1 个 PHICH 组占用 3 个 REG，而且 3 个 REG 等间隔分布，但不同小区的 REG 频域位置采用基于小区 ID 的循环移位的方法确定，以尽可能错开相邻小区 PHICH 的使用资源。

（3）PBCH

PBCH 的周期为 40ms，编码后的 BCH 传输块映射到周期为 40ms 内连续的 4 个无线帧上，且每个无线帧的 slot #1 的前 4 个 OFDM 符号用于发送 BCH。对于各种不同的系统带宽（5MHz、10MHz、15MHz、20MHz），物理广播信道的传输带宽相同，都是占用频带中心的 1.08MHz 带宽（72 个子载波），相当于 6 个 RB 的带宽。

2. 上行控制信道

（1）PUCCH

PUCCH 采用 FDM 的方式与 PUSCH 复用，在时域上占用整个子帧，而在频域上占用带宽的高、低两端，宽度为 N 个子载波，为 12 个子载波（单个 RB）的倍数。一个 PUCCH 资源包括两个时隙，每个时隙占用一个 RB，0 号和 1 号时隙占用的 RB 分别放置在带宽的高端或低端。

（2）PRACH

PRACH 通过 TDM/FDM 的方式与数据业务复用。一个 PRACH 资源占用的频域带宽为 6 个 RB，时域长度与使用的 preamble 码（随机接入前导码）格式有关，持续时间为 1 个或多个子帧。

5.3.2 TD-LTE 控制信道组网性能分析及仿真研究

5.3.2.1 控制信道的频率规划

1. 解调门限

TD-LTE 各个控制信道的解调门限可以由链路级仿真曲线得到，在这里我们取解调门限 $SINR_{th}$ 为误块率（BLER）取 1%时对应的 SINR。不同的天线配置下，各个控制信道的解调门限见表 5-3 和表 5-4。其中，链路级仿真基于 EPA5 信道模型（3GPP 定义的扩展步行 5km/h 的信道模型），系统带宽为 20MHz。

表 5-3 TD-LTE 控制信道解调门限（2 天线）

控制信道	仿真假设			解调门限 $SINR_{th}$ /dB
	天线配置	信道格式		
PDCCH	2×2	format 0、1a	1 CCE	7.90
			2 CCE	3.50
			4 CCE	0.27
			8 CCE	−2.50

续表

控制信道	仿真假设			解调门限 $SINR_{th}$ /dB
	天线配置	信道格式		
PDCCH	2×2	format 1	8 CCE	−1.84
		format 1b		−2.68
		format 1c		−4.37
		format 2		−1.71
		format 3、3a		−2.82
PCFICH	2×2	N/A		−2.80
PHICH	2×2	N/A		−6.40
PBCH	2×2	N/A		−12.30
PUCCH	1×2	format 1		−16.4
		format 1a		−16.6
		format 1b		−12.30
		format 2（有编码增益，4bit CQI）		−7.80
		format 2a（有编码增益，4bit CQI）		−7.50
		format 2b（有编码增益，4bit CQI）		−5.50

表 5-4　TD-LTE 控制信道解调门限（8 天线）

控制信道	仿真假设			解调门限 $SINR_{th}$ /dB
	天线配置	信道格式		
PDCCH	8×2	format 0、1a	1 CCE	8.90
			2 CCE	4.50
			4 CCE	1.27
			8 CCE	−1.50
		format 1	8 CCE	−0.84
		format 1b		−1.68
		format 1c		−3.37
		format 2		−0.71
		format 3、3a		−1.82
PCFICH	8×2	N/A		−1.80
PHICH	8×2	N/A		−5.40
PBCH	8×2	N/A		−11.30
PUCCH	1×8	format 1		−23.6
		format 1a		−23.1
		format 1b		−19.1

续表

控制信道	仿真假设		解调门限 $SINR_{th}$ /dB
	天线配置	信道格式	
PUCCH	1×8	format 2 （有编码增益，4bit CQI）	−15.3
		format 2a （有编码增益，4bit-CQI）	−15
		format 2b （有编码增益，4bit CQI）	−12.9
PRACH	1×8	format 0	−13.35
		format 2	−16.06
		format 4	−5.30

下面根据表 5-3 和表 5-4 的解调门限，对各个控制信道各种格式的解调能力进行总结。

1）各控制信道自身的解调门限对比

① PDCCH

表 5-3 和表 5-4 按如下规律给出了 PDCCH 的解调门限：固定 DCI format（DCI format 0、1a），遍历所有 aggregation level（1、2、4、8）；固定一种 aggregation level（8 CCE），遍历所有的 DCI format（format 0、1、1a、1b、1c、2、2a）。

首先，PDCCH 在传输特定的一种 DCI format 时，解调门限会随着使用的 aggregation level 的增大而下降：如 2×2 天线配置下 format 0、1a，使用 1 CCE 时解调门限是 7.9dB；而使用 8 CCE 时解调门限下降到−2.5dB，两者相差约 10dB。

其次，当 aggregation level 固定为 8 CCE 时，不同 DCI format 的解调门限也有所不同。在所有的 DCI format 中，format 1c 的解调门限最低，format 2 的解调门限最高，但两者相差不到 3dB。从上面的分析可知，aggregation level 对解调门限的影响最大，其次是 DCI format。

② PUCCH

表 5-3 和表 5-4 给出了 1×2 和 1×8 两种天线配置情况下，不同的 PUCCH format 对应的解调门限。当天线配置一定时，PUCCH format 1、1a、1b 解调能力由好至差依次为 format 1、1a、1b，但任意两个之间的差值不超过 5dB。当不考虑编码增益时，PUCCH format 2、2a、2b 的解调门限基本相同。假设原始的 CQI 为 4bit，则有编码增益的 PUCCH format 2、2a、2b 性能相比于无编码增益的有大约 10dB 的提升。

同时，有编码增益的PUCCH format 2、2a、2b各格式之间的解调门限稍有差别。从整体上而言，format 1、1a、1b的解调性能远远优于format 2、2a、2b。

当PUCCH格式一定时，天线配置分别为1×2和1×8对应的解调门限也有很大的差别：format 1、1a、1b、2、2a、2b对应的差值分别为7.2dB、6.5dB、6.8dB、7.5dB、7.5dB、7.4dB。

因此，对PUCCH解调门限影响最大的因素是format的类别，其次是天线配置的不同，同时原始的CQI比特数也会影响format 2、2a、2b的性能。

2）各控制信道之间的解调门限对比

对比所有的下行控制信道的解调门限，整体性能由好到差排序依次是：PBCH、PHICH、PCFICH、PDCCH。其中，PCFICH和PDCCH的性能差距不大，PDCCH的某些format甚至优于PCFICH。

对比PUCCH和PRACH，PUCCH的format 1、1a、1b要明显优于PRACH，而PUCCH的format 2、2a、2b则和PRACH整体性能基本相同。

对比PDCCH和PUCCH的解调门限，PUCCH的解调能力整体上要明显优于PDCCH。

2．频率复用因子推算

本节将前述给出的各个控制信道的解调门限运用于频率复用因子推导方法，估算出TD-LTE各个控制信道的频率复用因子。由频率复用因子的推导方法可知，估算结果与路径损耗因子的取值有着直接的关系，不同传播环境下的频率规划策略可能不同。因此，下面的结果将分别给出路径损耗因子α=2、3、4情况下的频率复用因子。表5-5和表5-6分别给出考虑约束条件（A）各控制信道的频率复用因子。其中，为了清楚地体现各控制信道组网能力的细微差别，约束条件（A）的频率复用因子同时给出N和N'。

表5-5 TD-LTE控制信道频率复用因子（2天线）

控制信道	仿真假设			解调门限 $SINR_{th}$/dB	频率复用因子 N		
	天线配置	格式			α=2	α=3	α=4
PDCCH	2×2	format 0、1a	1 CCE	7.9	13（12.9）	7（6.5）	3（2.1）
			2 CCE	3.5	5（4.1）	2（1.8）	2（1.2）
			4 CCE	0.27	3（2.1）	2（1.1）	1（0.84）
			8 CCE	−2.50	2（1.1）	1（0.71）	1（0.59）

续表

<table>
<tr><th rowspan="2">控制信道</th><th colspan="3">仿真假设</th><th rowspan="2">解调门限 $SINR_{th}$ /dB</th><th colspan="3">频率复用因子 *N*</th></tr>
<tr><th>天线配置</th><th colspan="2">格式</th><th>α=2</th><th>α=3</th><th>α=4</th></tr>
<tr><td rowspan="5">PDCCH</td><td rowspan="5">2×2</td><td>format 1</td><td rowspan="5">8 CCE</td><td>−1.84</td><td>2（1.3）</td><td>1（0.83）</td><td>1（0.66）</td></tr>
<tr><td>format 1b</td><td>−2.68</td><td>2（1.1）</td><td>1（0.73）</td><td>1（0.60）</td></tr>
<tr><td>format 1c</td><td>−4.37</td><td>1（0.73）</td><td>1（0.56）</td><td>1（0.49）</td></tr>
<tr><td>format 2</td><td>−1.71</td><td>2（1.3）</td><td>1（0.85）</td><td>1（0.67）</td></tr>
<tr><td>format3、3a</td><td>−2.82</td><td>2（1.0）</td><td>1（0.71）</td><td>1（0.59）</td></tr>
<tr><td>PCFICH</td><td>2×2</td><td colspan="2">N/A</td><td>−2.80</td><td>1（0.99）</td><td>1（0.72）</td><td>1（0.59）</td></tr>
<tr><td>PHICH</td><td>2×2</td><td colspan="2">N/A</td><td>−6.40</td><td>1（0.462）</td><td>1（0.41）</td><td>1（0.39）</td></tr>
<tr><td>PBCH</td><td>2×2</td><td colspan="2">N/A</td><td>−12.30</td><td>1（0.12）</td><td>1（0.17）</td><td>1（0.20）</td></tr>
<tr><td rowspan="6">PUCCH</td><td rowspan="6">1×2</td><td colspan="2">format 1</td><td>−16.4</td><td>1（0.046）</td><td>1（0.089）</td><td>1（0.12）</td></tr>
<tr><td colspan="2">format 1a</td><td>−16.6</td><td>1（0.065）</td><td>1（0.11）</td><td>1（0.15）</td></tr>
<tr><td colspan="2">format 1b</td><td>−12.30</td><td>1（0.19）</td><td>1（0.23）</td><td>1（0.25）</td></tr>
<tr><td colspan="2">format 2
（有编码增益，4bit CQI）</td><td>−7.80</td><td>1（0.33）</td><td>1（0.33）</td><td>1（0.33）</td></tr>
<tr><td colspan="2">format 2a
（有编码增益，4bit CQI）</td><td>−7.50</td><td>1（0.36）</td><td>1（0.35）</td><td>1（0.34）</td></tr>
<tr><td colspan="2">format 2b
（有编码增益，4bit CQI）</td><td>−5.50</td><td>1（0.51）</td><td>1（0.45）</td><td>1（0.41）</td></tr>
</table>

注：频率复用因子一栏中的结果为考虑约束条件（A）时的 *N*（*N'*）

表 5-6　TD-LTE 控制信道频率复用因子（8 天线）

<table>
<tr><th rowspan="2">控制信道</th><th colspan="3">仿真假设</th><th rowspan="2">解调门限 $SINR_{th}$/dB</th><th colspan="3">频率复用因子 *N*</th></tr>
<tr><th>天线配置</th><th colspan="2">格式</th><th>α=2</th><th>α=3</th><th>α=4</th></tr>
<tr><td rowspan="7">PDCCH</td><td rowspan="7">8×2</td><td rowspan="4">format 0、1a</td><td>1 CCE</td><td>8.9</td><td>16（15.5）</td><td>5（4.3）</td><td>3 （2.3）</td></tr>
<tr><td>2 CCE</td><td>4.5</td><td>6（5.6）</td><td>3（2.2）</td><td>2（1.4）</td></tr>
<tr><td>4 CCE</td><td>1.27</td><td>3（2.7）</td><td>2（1.3）</td><td>1（0.95）</td></tr>
<tr><td>8 CCE</td><td>−1.50</td><td>1（1.4）</td><td>1（0.87）</td><td>1（0.69）</td></tr>
<tr><td>format 1</td><td rowspan="3">8 CCE</td><td>−0.84</td><td>2（1.6）</td><td>1（0.97）</td><td>1（0.74）</td></tr>
<tr><td>format 1b</td><td>−1.68</td><td>2（1.4）</td><td>1（0.85）</td><td>1（0.67）</td></tr>
<tr><td>format 1c</td><td>−3.37</td><td>1（0.92）</td><td>1（0.66）</td><td>1（0.55）</td></tr>
</table>

续表

控制信道	仿真假设		解调门限 $SINR_{th}$/dB	频率复用因子 N		
	天线配置	格式		α=2	α=3	α=4
		format 2	−0.71	2（1.7）	1（0.99）	1（0.75）
		format3、3a	−1.82	2（1.3）	1（0.83）	1（0.66）
PCFICH	8×2	N/A	−1.80	2（1.3）	1（0.83）	1（0.66）
PHICH	8×2	N/A	−5.40	1（0.58）	1（0.48）	1（0.44）
PBCH	8×2	N/A	−11.30	1（0.15）	1（0.19）	1（0.22）
PUCCH	1×8	format 1	−23.6	1（0.009）	1（0.029）	1（0.054）
		format 1a	−23.1	1（0.01）	1（0.032）	1（0.057）
		format 1b	−19.1	1（0.025）	1（0.059）	1（0.091）
		format 2（有编码增益，4bit CQI）	−15.3	1（0.059）	1（0.11）	1（0.14）
		format 2a（有编码增益，4bit CQI）	−15	1（0.063）	1（0.11）	1（0.15）
		format 2b（有编码增益，4bit CQI）	−12.9	1（0.10）	1（0.15）	1（0.18）

注：频率复用因子一栏中的结果为考虑约束条件（A）时的 N（N'）

下面根据表 5-5 和表 5-6 推算的频率复用因子结果，进一步对各个控制信道的各种格式的同频组网能力进行对比和分析。

① PDCCH

从结果可知，当 aggregation level 为 8 CCE 时，对于路径损耗因子 α=3 或 α=4，PDCCH 可支持同频组网。不同的 aggregation level 之间则有明显的差距，特别是 1 CCE 的组网能力要差于 2、4、8 CCE 三者的组网能力。

② PCFICH

从结果可知，对于路径损耗因子 α 取值为 3 或 4，PCFICH 可支持同频组网。

③ PHICH

从结果可知，PHICH 路径损耗因子 α 的 3 种取值下对应的频率复用因子都为 1，PHICH 可支持同频组网。

④ PBCH

从结果可知，PBCH 路径损耗因子 α 的 3 种取值下对应的频率复用因子都为 1，因此 PBCH 可支持同频组网。

⑤ PUCCH

从结果可知，PUCCH 的各种 format 具有很强的同频组网能力，在所有的天线配置和路径损耗因子下对应的频率复用因子都为 1。

5.3.2.2 TD-LTE 与 LTE FDD 系统对比

本节将对 TD-LTE 和 LTE FDD 系统控制信道的组网能力进行对比，将列举出系统中比较重要的控制信道的解调门限，并推导相应控制信道的频率复用因子，从而，我们能够从大体上对TD-LTE和LTE FDD的控制信道同频组网能力有一个直观的认识。频率复用因子的推导仍然采用前述中介绍的方法。考虑对比的公平性，下面所使用的解调门限均为相同参数下得到的结果，包括协议规定的控制信道解调门限最小要求和通过链路级仿真曲线获得的解调门限两部分。

1．解调门限最小要求

首先，如表 5-7 所示，我们对相同系统参数情况下的 TD-LTE 和 LTE FDD 控制信道频率复用因子进行对比。其中 PDCCH、PCFICH、PHICH 和 PBCH 的解调门限最小要求参考协议中的第 8.4、8.5 和 8.6 节，PUCCH 和 PRACH 的解调门限最小要求参考协议中的第 8.3 和 8.4 节。

表 5-7 TD-LTE 和 LTE FDD 控制信道的解调门限要求（参考协议要求）

控制信道	系统参数				LTE FDD	TD-LTE
	天线配置	格式	带宽/MHz	传播模型	解调门限最小要求 $SINR_{tb}$/dB	解调门限最小要求 $SINR_{tb}$/dB
PDCCH	1×2	8 CCE	10	ETU70	−1.7	−1.6
	2×2	2 CCE	1.4	EPA5	4.3	4.2
	4×2	4 CCE	10	EVA5	0.9	1.2
PHICH	1×2	N/A	10	ETU70	5.5	5.8
	2×2		1.4	EPA5	5.6	5.3
	4×2		10	EVA5	6	6.1
PBCH	1×2	N/A	1.4	ETU70	−6.1	−6.4
	2×2		1.4	EPA5	−4.8	−4.8
	4×2		1.4	EVA5	−3.5	−4.1

续表

控制信道	系统参数				LTE FDD	TD-LTE
	天线配置	格式	带宽/MHz	传播模型	解调门限最小要求 $SINR_{tb}$/dB	解调门限最小要求 $SINR_{tb}$/dB
PUCCH	1×2	format 1a	10	EPA5	−5.4	−5.4
	1×4	format 1a	10	EPA5	−8.9	−8.9
	1×2	format 2	10	ETU70	−4.4	−4.4
PRACH	1×2	format 0	任意带宽	ETU70	--8	−8
	1×2	format 4			−0.1	N/A
	1×4	format 0			−12.1	−12.1
	1×4	format 4			−5.1	N/A

从表 5-7 可以看出，TD-LTE 和 LTE FDD 两者的解调门限最小要求值相差很小。从推算出的频率复用因子结果也可以看出，在参数和信道类型相同的情况下，两个系统的解调门限最小要求对应的频率复用因子相同。因此，TD-LTE 和 LTE FDD 的控制信道组网能力基本相同。

2．解调门限仿真值

类似地，根据链路级仿真结果得到的解调门限，对 TD-LTE 和 LTE FDD 控制信道进行对比，如表 5-8 所示。

表 5-8　TD-LTE 和 LTE FDD 控制信道的解调门限要求（基于链路仿真得出）

控制信道	系统参数				LTE FDD	TD-LTE
	天线配置	格式	带宽/MHz	传播模型	解调门限最小要求 $SINR_{tb}$/dB	解调门限最小要求 $SINR_{tb}$/dB
PDCCH	2×2	format 0	20	EPA5	−3.05	−2.82
		8 CCE				
PCFICH	2×2	N/A			−3.14	−3.06
PHICH	2×2	N/A			−6.5	−6.4
	8×2				6	6.1
PBCH	2×2	N/A			−12.38	−12.3
PUCCH	1×2	format 1a			−14.9	−14.9

表 5-7 中的解调门限要求基于协议要求得出，表 5-8 的解调门限要求基于仿真得出。表 5-7 的结论与表 5-8 的结论是一致的，在参数和信道类型相同的情况下，TD-LTE 和 LTE FDD 两者的解调门限最小要求值接近，TD-LTE 和 LTE FDD 的控制信道组网能力基本相同。

5.3.3 TD-LTE 同频组网性能测试评估

测试场景如下：密集城区，19 站连续覆盖，分别采用同频组网和异频组网方案，其中异频组网的频率复用系数为 2，主测小区的邻区采用 50%负荷加载，上下行时隙配比为 2:2 配置。

测试方法如下：主测单小区内 10 个测试点（1 个极好点、2 个好点、4 个中点、3 个差点）尽量均匀分布。每个测试点放两部终端进行上/下行 FTP 业务。其中，极好、好、中、差点以 CRS 的 SINR 值作为判断标准：极好点 SINR>22dB，好点 SINR 在[15,20]dB，中点 SINR 在[5,10]dB，差点 SINR 在[−5,0]dB。

同频、异频下的 SINR 测试结果对比如图 5-5 所示，异频情况下的 SINR 要优于同频情况，有 5～10dB 的提升。

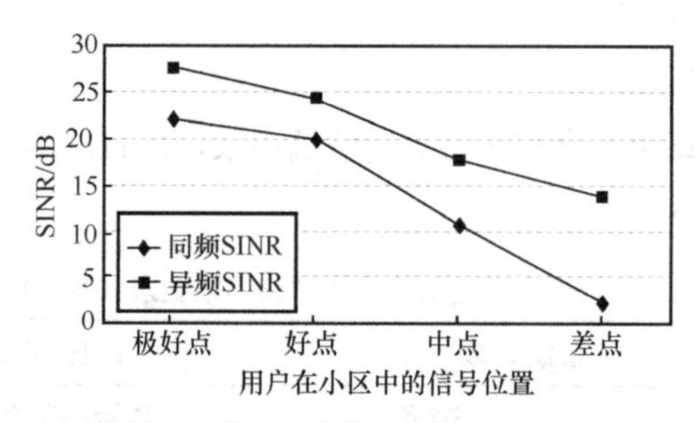

图 5-5 同频、异频组网 SINR 测试对比

同频、异频下的小区平均吞吐量测试结果对比见表 5-9，边缘吞吐量测试结果对比见表 5-10。异频数据采用 10MHz 带宽，同频数据采用 20MHz 带宽，进行数据比对时，将异频数据作 2 倍处理。在小区带宽相同条件下，小区平均吞吐量在上行方向，异频较同频增加了 14.2%，但频谱效率降低了 61.8%；在下行方向，异频较同频增加了 71.7%，但频谱效率降低了 42.8%。小区边缘吞吐量在上行方向，异频较同频增加了 11.6%，但频谱效率降低了 60%；在下行方向，异频较同频增加了 71.0%，但频谱效率降低了 50%。

表 5-9　同频、异频组网平均吞吐量及频谱效率测试对比

	上行		下行	
	同频	异频	同频	异频
平均吞吐量/(Mbit·s^{-1})	13.20	15.08	28.64	49.17
平均频谱效率/(bit·(s·Hz)$^{-1}$)	1.65	0.63	2.64	1.51

表 5-10　同频、异频组网边缘吞吐量及频谱效率测试对比

	上行		下行	
	同频	异频	同频	异频
边缘平均吞吐量/(Mbit·s^{-1})	0.43	0.48	0.62	1.06
边缘平均频谱效率/(bit·(s·Hz)$^{-1}$)	0.05	0.02	0.06	0.03

TD-LTE 系统的各个上下行物理控制信道是承载与用户数据通信相关的控制信息的关键信道，其性能将直接影响 TD-LTE 的网络通信质量。本节采用理论分析、系统仿真、测试评估相结合的方法，对上下行各个控制信道的组网能力进行研究，分析各个控制信道是否具备支持同频组网的能力。通过上述分析得到了以下结论：上行控制信道的组网能力普遍优于下行控制信道；上行和下行控制信道都可以支持同频组网。

5.4　5G 基站终端间同频干扰问题及解决方案与实践

随着移动通信的发展，容量的需求日益增加，因而频段也越来越高，站间距越来越小，天线数也越来越多，导致基站对终端的同频干扰概率增大，而基带集中化逐渐成为网络主流的部署方向，这就为通过站间协同降低同频干扰提供了便利。另一方面，5G NR 由于载波带宽较大，整体频点数较少，室内外多采用同频组网方式，室外站距离室内部署室分站点的楼宇距离较近时，室内外面临比室外站间更大的同频干扰问题，需要研究室内外同频干扰的控制方案。下面将在第 5.4.1 节介绍通过站间协同解决业务信道干扰的协同多点（CoMP）方案，在第 5.4.2 节介绍通过室内外 SSB 波束协同及频率协同解决室内外同频干扰的方案。

5.4.1 解决业务信道干扰的 5G 站间协同 CoMP 解决方案

CoMP 是抑制同频干扰的重要方向，通过多站的联合发送、联合接收，调整干扰用户数据传输的时频资源和实现空域的波束方向的干扰抑制，提高用户的体验。但多站协作需要交互调度信息、传输数据、信道质量状态等信息，这对基站的传输时延提出了较高的要求，通常要求传输时延小于单个 TTI。而 C-RAN 架构则能较好地满足多站交互所需的时延要求，因为 C-RAN 架构基带处理单元（BBU）共机房使基站间的传输路径变小，这使更多的基站能够协作，获得显著的协同收益。另外，相比于 FDD 系统，TDD 组网下的 CoMP 由于可以利用 TDD 系统的上下行互易性，更容易发挥多天线联合发送、联合接收以及波束协调的能力，使 TDD CoMP 相对于 FDD CoMP 获得更多的增益。

LTE 后期，国内外对 CoMP 技术及性能进行了较为广泛的研究，包括下行 CoMP 和上行多小区联合接收。5G NR 系统采用同频组网，在密集城区等干扰受限的部署场景下，同频干扰将引起边缘用户性能的下降。由于站址资源协调困难、高站低站共存等原因，5G NR 现网存在重叠覆盖问题，尤其在部分满足网络规划 RSRP 指标的重叠覆盖区域，存在 SINR 较低、用户吞吐量性能无法满足要求的现象，且无法通过提升发射功率得以解决。另一方面，HetNet 典型组网下，宏宏、宏微、室内外干扰普遍存在。

5G NR 系统常用的同频干扰解决方案有频率选择性调度（Frequency Selective Scheduling，FSS）、小区间干扰协调（Inter Cell Interference Coordination，ICIC）及 CoMP 等。其中，FSS 评估本小区不同频率资源上的干扰情况，避免将用户到调度干扰较大的资源上，该技术只依靠服务基站即可实现，不需要进行站间协同，该技术在 4G 和 5G 上的工作原理基本类似，并已在 4G 和 5G 中取得了广泛的应用，本书不再赘述。ICIC 对资源管理设置一定的限制，通过多个小区间的相互协调以及负载信息的交互，协调多个小区的资源分配，避免产生严重的小区间干扰。这种限制可以是对资源调度的限制，即避免干扰小区使用可能造成干扰的资源块，预留部分频域资源（即子载波）为“受保护频带”，配置相邻小区的受保护频带相互错开，使其干扰降低，SINR 提高；将受保护频带优先分配给边缘用户使用，提高边缘性能；也可以是对某个资源块内发射功率的限制，比如控制干扰小区在可能造成干扰的资源块内的发射功率，受保护频带内使用高发射功率，而之外的频带上用较低的发射功率。ICIC 在低业务负荷小区应用时无明显性能增益，且资源倾向于边缘用户后，小区吞吐量有降低风险，因此 ICIC 技术在 4G 并未得到广泛应用，在 5G 中并未做针对性改进，本书也不再赘述。

CoMP 通过相邻小区间频繁大量的交互信息实现更加紧密的小区间协作，对于干扰严重的重叠覆盖场景，CoMP 可提高边缘用户 SINR，降低小区间干扰，从而提高重叠区域小区边缘用户的吞吐率及用户体验。CoMP 在 4G 时代已被应用；5G CoMP 与 4G CoMP 最大的不同是，在 5G CoMP 的下行联合传输中，两个协作节点不仅可以传输相同资源的相同流，还可以传输相同资源的不同流，从而可以获得更大的性能增益，且随着 CRAN 架构在 5G 网络部署上更加普及，为站间协同提供了更好的组网架构基础，CoMP 技术在 5G 上有了更广泛的应用前景。

CoMP 技术主要分为下行 CoMP 及上行 CoMP 两类。下行 CoMP 技术通过多个小区对单个用户的协作调度、协作波束成形降低干扰；上行 CoMP 技术通过采用多个小区的天线对单个用户的上行信号进行接收，可增强接收 SINR 性能，从而增强边缘覆盖。

5.4.1.1　下行 CoMP

下行 CoMP 技术主要通过多个小区间数据交互、联合调度、交互信道质量信息抑制同频干扰。下行 CoMP 技术主要分为 3 类，如图 5-6 所示。

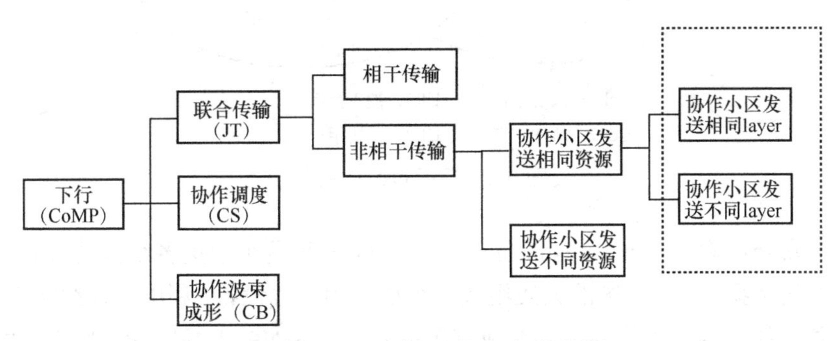

图 5-6　5G 下行 CoMP 方案分类

（1）协作调度（Coordinated Scheduling，CS）。CS 是指在服务小区调度 CoMP UE 的 PRB 资源时，协作小区在对应的时频资源上不发送业务，以减小邻区边缘用户受到的同频干扰影响。因而 CS 方案中，协作小区要做 PRB 资源预留，服务和协作小区以毫秒量级快速交互调度信息，如图 5-7 所示。

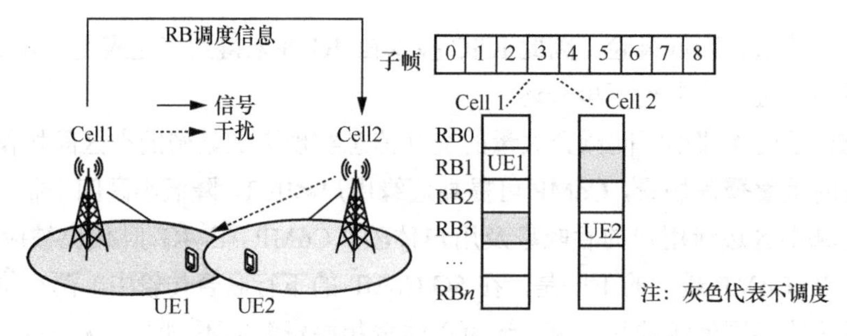

图 5-7　下行 CS 示意图

（2）协作波束成形（Coordinated Beamforming，CB）。CB 是指利用波束成形技术，在本小区终端进行波束成形时，调整同频相邻小区间用户的波束方向，使中近点用户为相邻小区边缘用户进行波束避让，将波束成形的零陷指向 CoMP UE，提升边缘用户频谱效率，规避小区间的同频干扰，如图 5-8 所示。

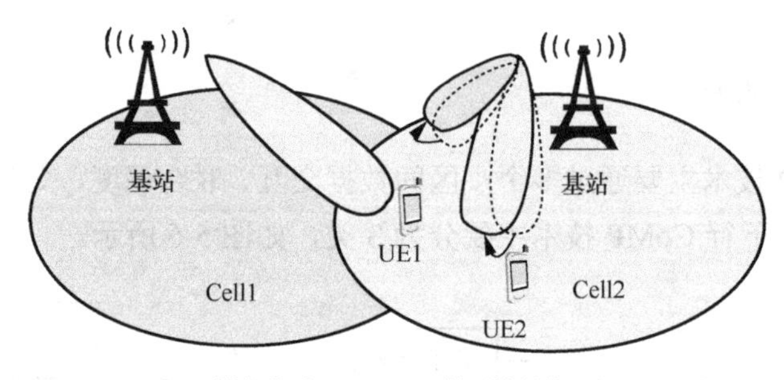

图 5-8　下行 CB 示意图

（3）联合传输（Joint Transmission，JT）。JT 是指两个或更多小区同时为小区边缘用户发送数据，多个小区的天线组成一个更大的天线设备，利用多天线波束成形，让其他邻区的原本为干扰的信号变成有用信号，使 SINR 大幅提升，协作集中的所有小区都向小区间边缘用户发送 PDSCH 数据，获得功率增益和阵列增益，从而提高边缘用户的下行传输性能，如图 5-9 所示。

从部署复杂度角度进行对比，CS 的部署复杂度最小，协作小区间仅需要交互 CoMP UE 调度的 PRB 时频信息，CoMP UE 调度的 PRB 上协作小区不发送业务，因而无须测量邻区信道；而 CB 和 JT 方案中，协作小区需要在 CoMP UE 调度的 PRB 位置上采用零陷波束成形或为 CoMP UE 发送下行数据，因而需要测量邻区信道。

JT 方案中除了邻区信道测量要求，还需要交互 CoMP UE 下行发送数据，对设备实现、传输时延、传输带宽的要求较高。

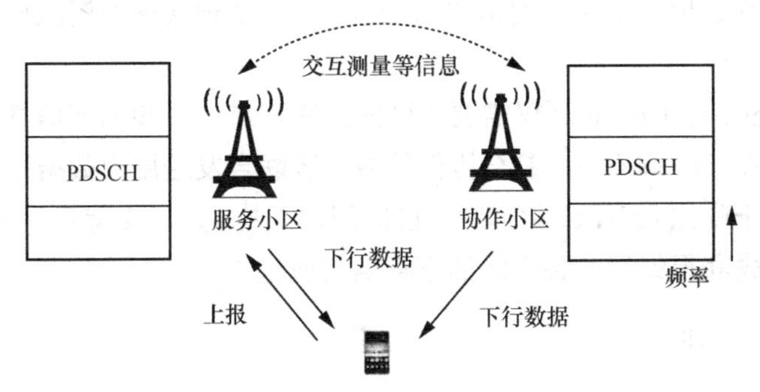

图 5-9　下行 JT 示意图

4G DL CoMP 的 JT 应用场景为信道质量较差的场景，终端下行单流且 MCS 较低；在信道质量较好时，如信道可支持传输双流/MCS 较高时，系统会根据频谱效率自适应退出 CoMP。因为 4G 存在 CRS，服务小区 CRS 会与协作小区的 PDSCH 冲突，所以协作小区对应服务小区 CRS 的 PDSCH 数据需要打孔，性能会损失。另外，协作小区的 CRS 同样会干扰服务小区的 PDSCH 数据。因此，对于 4G DL CoMP 技术，两个传输接收节点（TRP）只能传输相同数据流。

与 4G JT 技术相比，5G JT 的相同之处为均是通过小区间天线联合发送技术提升交叠区域性能。5G JT 技术服务小区和协作小区不仅可以传输相同资源的相同流，也可以传输相同资源的不同流。如图 5-10 所示为 5G JT 应用场景，对于密集城区高密度重叠覆盖场景，服务小区和协作小区传输相同资源的不同流提高容量；对于弱覆盖场景，服务小区和协作小区传输相同资源的相同流提高分集增益。在 4G JT 技术中，两个协作节点仅可以传输相同资源的相同流，且为单流；在 5G JT 技术中，两个协作节点不仅可以传输相同资源的相同流，也可以传输相同资源的不同流，最大为 4 流。

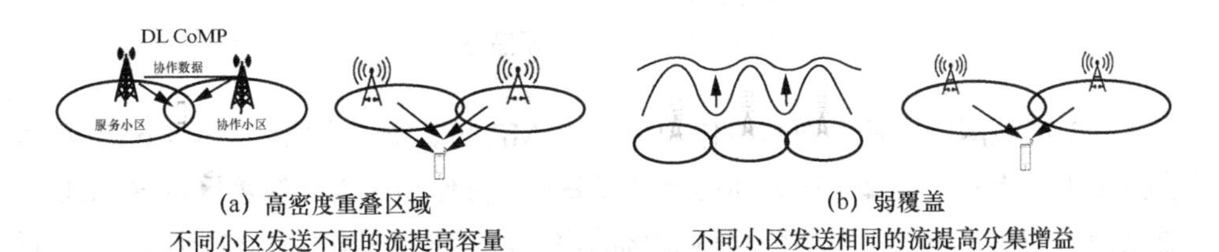

图 5-10　5G JT 应用场景

基于 CS/CB 的下行 CoMP 只需要小区间共享信道信息和调度信息，基站根据用户的位置和信道条件为其分配相应的资源块，避免不同小区间干扰。与 ICIC 不同的是，CS/CB 调度的最小时间单位为 1ms，可以实现快速的资源协调、用户配对和频选调度等。

基于 JT 的下行 CoMP 不仅需要小区间共享信道信息和调度信息，还需要共享用户的数据。在 JT 系统中，参与协作的多小区联合发送用户数据，可以有效提高用户的接收信干噪比（SINR）和抑制小区间用户干扰。为了支持多小区联合预编码，基站端需要预先获得终端与各小区的下行信道质量。

5.4.1.2　上行 CoMP

对于位于小区边缘的用户，其上行信号不仅会到达其服务小区基站，也会被邻区基站接收到，对邻区用户形成上行干扰。在真实网络中，由于存在大量用户，来自相邻多个小区的上行干扰使主小区终端上行链路的 SINR 急剧下降，严重限制了终端的上行吞吐率。

上行 CoMP 的主要思路是将多个小区联合检测终端的上行信号，进行合并处理，称为联合接收（Joint Reception，JR）。与下行 JT 相同，上行 JR 也需要小区间交换接收数据。上行 JR 的操作完全在基站侧实现，对终端没有任何要求，因此不需要修改标准协议，可以在现网中提前引入。上行 JR 示意图如图 5-11 所示。

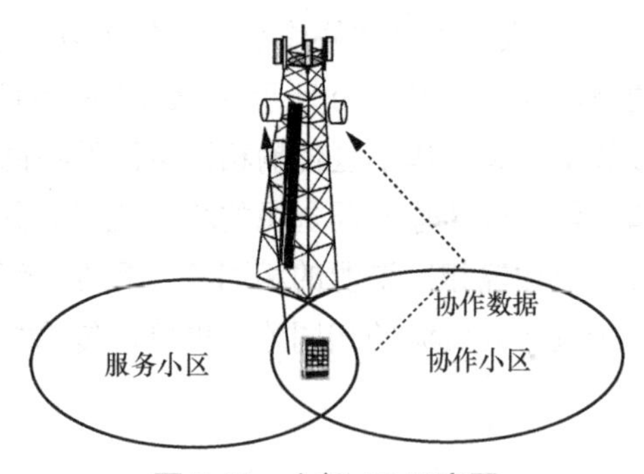

图 5-11　上行 JR 示意图

在 NR 试验网中，基于同站协作的上行 CoMP 测试结果表明，上行 CoMP 可以显著提高用户上行吞吐率。在具体的测试场景中，协作小区重叠覆盖区域内，UL JR 生效比例为 20%～30%，平均可获得 21%的增益，测试结果如图 5-12 所示。值得说明的是，对于同站协作，不仅在边缘区域有 CoMP 增益，在信号覆盖较好的区域（由于存在上行干扰，终端不能到达峰值速率）采用上行 CoMP 后，也可以获得 20%左右的吞吐率增益。

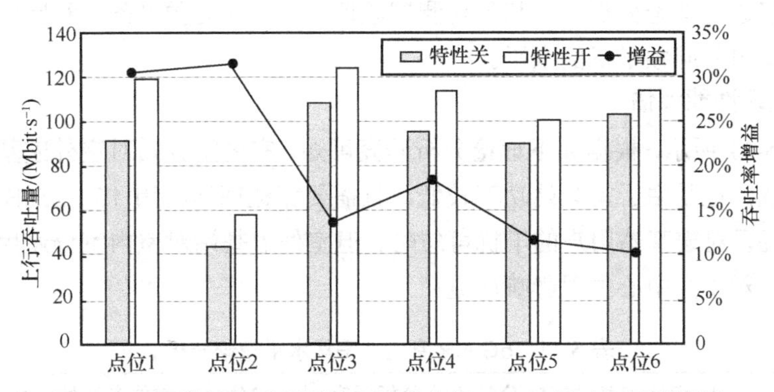

图 5-12 同站协作重叠覆盖区域内上行 CoMP 吞吐率测试结果

5.4.2 5G 室内外同频组网干扰问题及解决方案

5G NR 由于载波带宽较大，整体频点数较少，室内外多采用同频组网方式，室内站部署的楼宇可能距离室外站很近，距离小于室外站间距，因此室内外间同频干扰较大，面临比室外站间更大的同频干扰问题。室外宏基站用于全网覆盖，满足用户普通业务需求，根据覆盖、容量和干扰水平，室外宏基站同频组网部署典型站间距为 350～450m。室内站点用于补盲补热，满足用户大容量或低时延需求，一般按需部署。室内室分站点部署可能位于室外宏基站覆盖区域的远、中、近点，如图 5-13 所示。

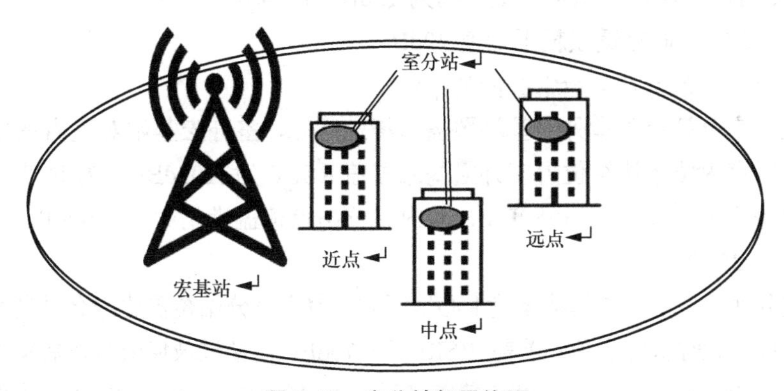

图 5-13 室分站部署位置

5.4.2.1 5G 室内外同频组网干扰性能评估

下面将通过理论分析研究和外场测试验证，在不同的预设条件和网络部署场景下，分析室内外同频干扰的水平。

1. 理论性能评估

如表 5-11 所示，根据如下理论分析研究可知，室内室分站对室外宏基站的用户几乎无干扰，这是由于室分站功率较低，且需要穿透墙体经历 15～25dB 不同程度的穿透损耗，对宏基站用户的干扰可忽略。但室外宏基站对室内室分站用户的干扰较大，尤其对小区中心位置影响严重。

表 5-11 5G NR 室内外干扰水平理论分析

	室外宏基站对室分站干扰分析研究			室分站对室外宏基站干扰分析研究		
	室外 RSRP 覆盖/dBm	室外覆盖室内 RSRP/dBm	室内外覆盖 RSRP 差值	室外 RSRP 要求/dBm	室内覆盖室外 RSRP/dBm	室外内覆盖 RSRP 差值
室分站部署室外宏基站覆盖边缘	−105	−125	25dB（参考值为−100dBm）	−100	−120	15dB（参考值为−105dBm）
室分站部署室外宏基站覆盖中心	−70	−90	−10dB（参考值为−100dBm）	−100	−120	50dB（参考值为−70dBm）

如表 5-11 所示，室内室分站网规网优参数满足边缘覆盖 RSRP>−100dBm 的要求，室外宏基站网规网优参数满足边缘覆盖 RSRP>−105dBm 的要求。外场测试验证，在 2.6GHz 频段，玻璃穿透损耗约为 15dB，普通墙体（非承重墙）穿透损耗约为 25dB，表 5-11 取穿透损耗平均值 20dB。

（1）室外宏基站对室内室分站的干扰

当室内室分站位于室外宏基站覆盖边缘地区时，室外宏基站对室内室分站干扰较低。此时室内覆盖边缘位置室外宏基站覆盖 RSRP 为−105dBm，穿过玻璃或墙体后室外覆盖室内 RSRP 为−125dBm，室内室分站点覆盖满足大于−100dBm，比室外覆盖室内高 25dB。

当室分站位于室外宏基站覆盖中心地区时，室内室分站覆盖边缘会受到室外宏基站的强干扰。此时室外宏基站覆盖 RSRP 为−70dBm，穿过玻璃或墙体后室外覆盖室内 RSRP 为−90dBm，室内室分站点覆盖满足大于−100dBm，比室外覆盖室内低 10dB。

（2）室内室分站对室外宏基站的干扰

当室内室分站位于室外宏基站覆盖边缘地区和室外宏基站覆盖中心位置时，对室外宏基站边缘覆盖干扰都较低。室内室分站覆盖 RSRP 为−100dBm，穿过玻璃或墙体后室内室分站覆盖室外 RSRP 为−120dBm，当室内室分站位于室外宏基站边缘地区时，室外宏基站覆盖满足 RSRP 大于−105dBm，比室内室分站泄露到室外的信号高 15dB；当室内室分站位于室外宏基站覆盖中心位置区时，室外宏基站覆盖满足 RSRP 大于−70dBm，比室内室分站泄露到室外的信号高 50dB。

综上，室外宏基站对室内室分站的干扰与室内室分站所处的位置相关。室内室分站位于室外宏基站覆盖中心时，受干扰较大；位于室外宏基站覆盖边缘时，受干扰较低。室内室分站对室外宏基站干扰较低，可忽略。

2．外场性能评估

通过外场测试验证分析室外宏基站对室内室分站的干扰。外场测试了室内外 RSRP 覆盖差对室内室分站性能的影响和室内室分站位于不同室外宏基站覆盖范围下的性能对比。测试场景内室外宏基站采用 64TR 设备，室内室分站采用 4TR Pico 设备，近点室分站部署距离宏基站约 50m、中点约 150m、远点约 250m，室外宏基站空载或模拟加载 50%。

测试结果如图 5-14 所示，室外宏基站负荷超过 50%时，室内室分站受干扰影响较大。室内站 RSRP 比宏基站 RSRP 高 15dB 时，速率对比无加扰损失约 20%；高 10dB 时，速率对比无加扰损失约 30%；高 5dB 时，速率对比无加扰损失约 45%。

室内室分站位于室外宏基站近中点处，干扰影响较大。宏基站加扰后，对比空扰，驻留室分站近点平均速率下降 34%，中点平均速率下降 13%，远点平均速率下降 7%。

理论分析研究和外场测试验证结论一致，室内外同频组网时，室内室分站受同频干扰影响较大，室外宏基站受同频干扰影响较小。

3．干扰影响因素分析

室外宏基站对室内室分站的干扰因素主要包括两部分：一是宏基站参考信号和控制信道干扰，包括 SSB 干扰和 CSI-RS/TRS 干扰；二是宏基站业务信道干扰，包括方向性的室外宏基站 PDSCH 数据信道干扰。

SSB 波束干扰的产生是由于室内外覆盖设备不一致，SSB 发射端口数和个数也不一致。如室外宏基站 64TR 设备采用 8 波束 SSB，室内室分站 2TR/4TR 设备采用 2 波束 SSB，室外宏基站的 8 波束干扰了室内室分站除了 2 波束 SSB 区域以外的

PDSCH 数据区域。室内室分站受到 SSB 的子带干扰会影响全带宽调度的 CQI，导致室内室分站速率性能下降。

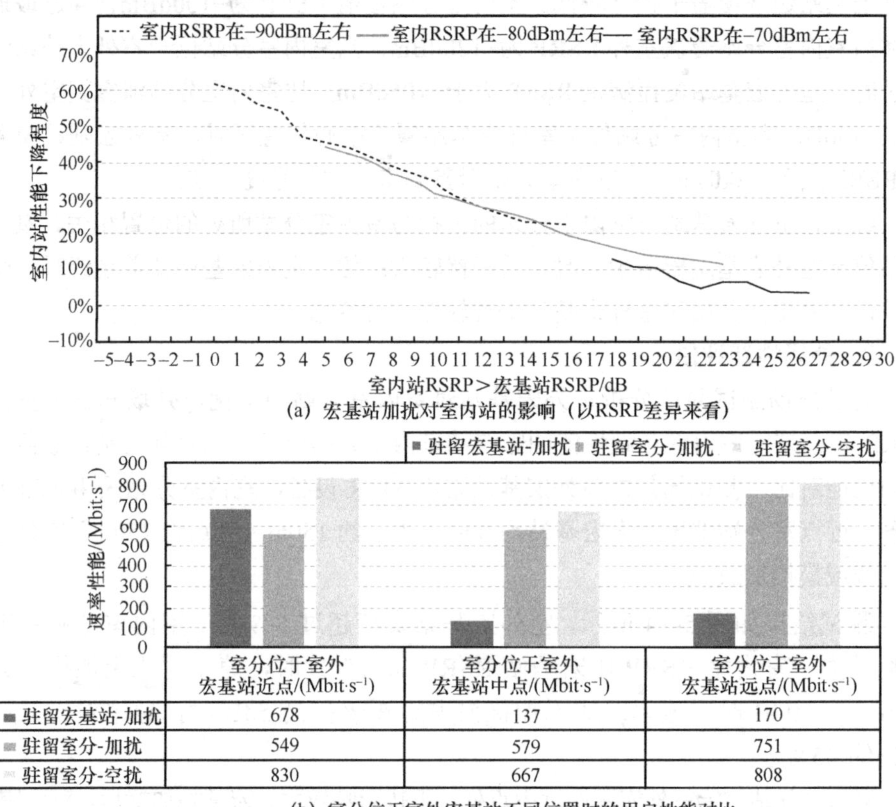

(a) 宏基站加扰对室内站的影响（以RSRP差异来看）

	室分位于室外宏基站近点/(Mbit·s^{-1})	室分位于室外宏基站中点/(Mbit·s^{-1})	室分位于室外宏基站远点/(Mbit·s^{-1})
驻留宏基站-加扰	678	137	170
驻留室分-加扰	549	579	751
驻留室分-空扰	830	667	808

(b) 室分位于室外宏基站不同位置时的用户性能对比

图 5-14　室内外同频组网对室内室分站的影响

CSI-RS/TRS 波束干扰和 SSB 干扰原因接近，室内外参考信号配置的位置不统一，导致室外宏基站参考信号对室内室分站业务信道产生了较严重的干扰。SSB 属于子带干扰，可以通过统一配置或子带调度算法解决，但 CSI-RS/TRS 为全频段配置参考信号，无法通过子带调度算法降低干扰，且 CSI-RS 配置灵活，统一配置难度较大。

方向性的室外宏基站 PDSCH 数据信道干扰，是当在室内室分站方向有室外宏基站用户时，室外宏基站通过波束成形为此用户提供服务，较大的成形增益和较强的方向性指示导致此方向受干扰明显，且业务信道干扰的随机性较强、干扰规律难获取，子带调度和统一配置的解决方案均不可用。

5.4.2.2 5G 室内外同频组网干扰解决方案

本节首先分析传统的降低室内外同频干扰的方案。与传统网络相比，5G 室内外因采用不同通道数和天线类型的设备，广播波束和业务波束间的干扰关系更为复杂，为此，作者团队创新性地提出天线波束优化降低室内外同频控制信道干扰的方案和基于边界感知的降低室内外同频业务信道干扰的方案。

1. 传统的降低室内外同频干扰的方案概述

传统的室内外同频组网干扰解决方案包括工程手段和技术手段。其中，工程手段主要通过调节下倾角等网络规划参数降低干扰，技术手段主要通过开启软件算法降低干扰，如频率选择性调度（以下简称频选调度）、干扰协调、干扰随机化等算法，具体如下。

工程手段，通过调整天线、功率等网络规划参数进行优化，如调整室外天线下倾角等工程参数、调整室内天线布放位置、调整室内外站点发送功率等。此方案属于常规方案，干扰抑制效果较好，但是对全网规划和性能影响较大。

频选调度算法，通过终端子带上报评估本小区不同频率资源上的干扰情况，避免调度干扰较大的资源。此方案终端实现难度较高，且会导致系统信令开销增加 10 倍以上，仅适用于子带宽干扰场景。

干扰协调算法，小区间在 Xn 接口交互调度或干扰信息，避免调度干扰较大的资源。此方案适用于同厂商存在互通 Xn 接口的场景，异厂商之间的 Xn 接口目前不能互通。且干扰评估时间较长，干扰信息交互较多，对接口传输压力较大，性能提升有限。

干扰随机化算法，基于小区的物理小区标识（PCI）模，不同的小区从不同的起始位置分配 PRB 资源。在网络负载较低和小包等业务场景中，可一定程度降低室内外干扰；但在中高负载时或大包业务场景中，几乎无增益。

2. 通过 SSB 波束配置优化降低室外同频控制信道干扰的方案

对于 SSB 波束干扰，现网中采用 SSB 统一配置，降低室外宏基站 SSB 控制信道对室内室分站数据信道的干扰，对比频选调度方案，实现更简单、开销更低、执行效果更好。

据测试数据分析，室外宏基站 SSB 的干扰引起室内室分站 PDSCH 偶数帧误码率提升，由 10%～20%提升至 50%～60%。商用网络采用 SSB 配置，当室外宏基站配置 8 个波束，室内室分站配置 2 个波束时，室外宏基站的后 6 个 SSB 波束将对室内室分站的数据信道造成强干扰，导致室内室分站偶数帧上存在高误码，单用户测试速率由 750～800Mbit/s 降低为约 650～700Mbit/s，约下降了 10%～20%，如表 5-12

所示。同理，当室外宏基站配置 8 个 SSB 波束，室内室分站配置 4 个 SSB 波束时，室外宏基站的后 4 个 SSB 波束将对室内室分站的数据信道造成强干扰，干扰原理如图 5-15 所示，宏基站 Cell11 的 SSB 对微基站 Cell2 的阴影位置的数据信道产生干扰，微基站采用全带宽 CQI 调度数据，该干扰导致数据信道的全带 CQI 下降约 8 阶。

表 5-12 商用场景下室内室分站受室外宏基站 SSB 干扰和降干扰后性能对比

	RSRP/dBm	SINR/dB	MCS	下行吞吐量/(Mbit·s^{-1})
室外 SSB 8 波束、室分 SSB 2 波束	−82	20	12	650～700
室外和室分 SSB 均为 8 波束	−77	23	20	750～800

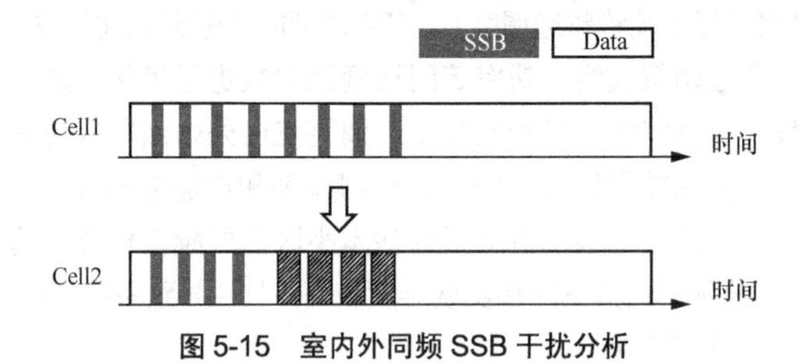

图 5-15 室内外同频 SSB 干扰分析

采用室内室分站与室外宏基站 SSB 相同配置，室内室分站在室外宏基站 SSB 资源上重复发送 SSB 或缺省不发送任何数据时，室内室分站的速率和误码率均恢复正常。

3. 基于边界感知的多频协同切换方案，降低室内外同频业务信道干扰

现有室内外同频干扰协调方案多数采用 Xn 接口交互信息实现干扰协调。但是现网异厂商之间无 Xn 接口，无法实现干扰协同。且通过 Xn 接口交互参数，需要交互所有邻区信息，按所有邻区信息配置本区参考信号，导致本区参考信息开销较大，另外，交互信息的实时性和数据量对传输接口要求也比较严格。

作者团队提出了无须信息交互的基于边界感知的室内外同频干扰解决方案，降低同频干扰对室分边缘用户的影响。首先，基站根据终端上报的测量邻区信息，判断终端是否处于室分边缘；然后，根据室分边缘是否部署无同频干扰的异频（如低频）的覆盖，若部署了异频的覆盖，则采用频段间基于边界感知的多频协同方案，实现无须基站间 Xn 接口信息交互的室内外同频干扰解决方案。

（1）技术原理

室外中高频宏基站判断用户是否处于室分边缘位置，若处于室分边缘位置，则触发基于边界感知的多频协同，如图 5-16 所示，下发低频 A5/A4 事件，获取室分

站低频覆盖情况，由于室内传统的基于单通道的室内分布系统（DAS）容量较低，且存在室外宏基站同频干扰，在有低频部署室分场景下，室内边缘用户可以驻留在室外低频系统，提升室分容量。

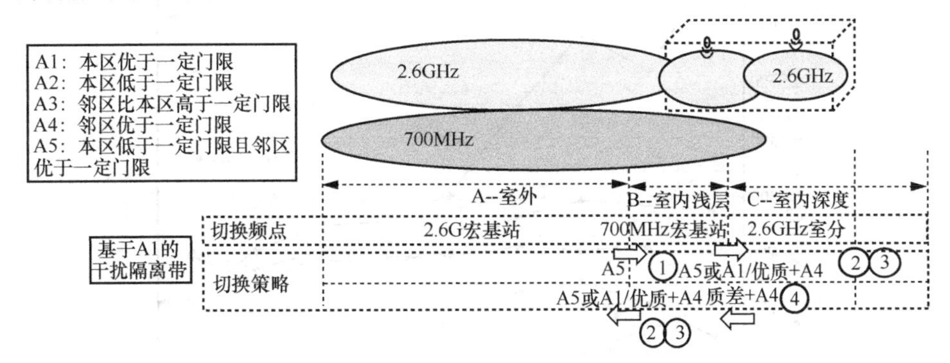

图 5-16　基于边界感知的多频协同方案

流程包括，室外中高频宏基站收到同频室分测量，启动低频测量，确保室内外边缘优先切换到低频。当低频信号质差时，接收室内外中高频的测量上报，根据邻区 RSRP 差值确定是否切换去中高频邻区；当低频信号质优或发生事件 A1 时，启动对中高频的测量，利用中高频大带宽。室内中高频室分站，质差时启动低频异频测量，确保终端可以切换至较好小区。

（2）测试环境

外场测试中，室外中高频宏基站与低频宏基站共站址覆盖，方位角相同。低频站址附近有 4～6 个同频站点，与商用网络组网部署接近。室外中高频宏基站距离室分同频站约 150m，站高 35m，干扰适中。室分站采用 1TR DAS，室内分布多点位室分站，室分小区合并为一个小区。宏基站中高频采用 64 通道收发（64TR）的设备，低频为 4 通道收发（4TR）的设备，终端中高频为 2 通道发 4 通道收（2T4R）的设备，低频为单通道发双通道收（1T2R）的设备。

测试过程中，用户从室分边缘往室内深度运动，每隔 1～3m 测试 2min，获取 RSRP/速率/SINR/MCS 等数据的平均值。对比用户驻留室内中高频无室外宏基站同频干扰、用户驻留室内中高频有室外同频干扰、用户驻留室外中高频无室内同频干扰、用户驻留室外中高频有室内同频干扰、用户驻留室外低频无室内同频干扰的性能。

（3）测试结果分析

测试结果显示，用户处于室内外同频干扰的室分边缘位置时，室内外同频干扰导致室内外上下行速率均降低约 50%，如图 5-17 所示。

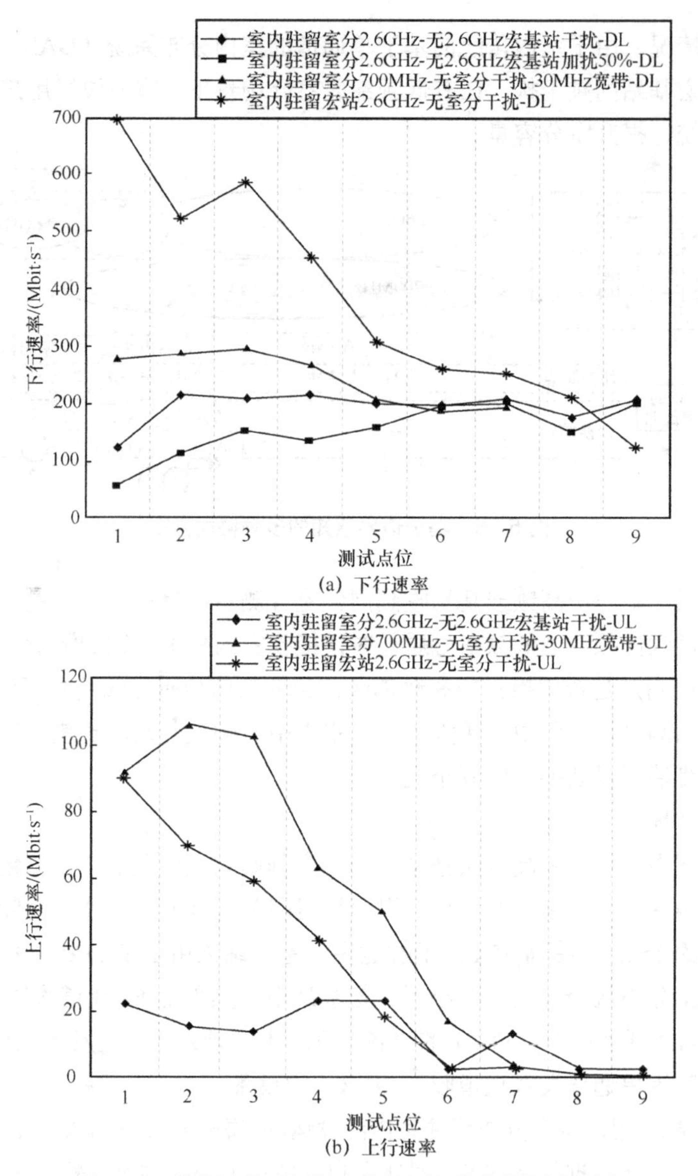

(a) 下行速率

(b) 上行速率

图 5-17　基于边界感知的多频协同切换外场测试结果

现有基于覆盖的切换，在室分边缘，用户获取中高频的同频 A3 时，不满足获取低频覆盖的条件，无法触发用户低频的测量报告，无法使切换用户到无室内同频干扰的低频网络。基于边界感知的多频协同切换，可以将室分边缘受干扰用户上下行速率提升 1～2 倍。

5.5 小结

本章针对 TDD 系统的基站终端间同频干扰问题，先从理论上进行了分析，给出了同频组网可行性的评估方法，然后分别阐述了基站终端间同频干扰问题及解决方案在 3G、4G、5G 中的实践。重点介绍了 3G TD-SCDMA 中的 N 频点方案，解决控制信道无法同频组网问题；4G TD-LTE 的控制信道增强设计，实现控制信道可同频组网；5G NR 的站间协同技术 CoMP，解决业务信道干扰问题，以及室内外 SSB 波束协同优化、多频协同切换解决室内外同频干扰问题。

参考文献

[1] 3GPP. Physical channels and modulation: TS 36.211[S]. 2012.
[2] 3GPP. Multiplexing and channel coding: TS 36.212[S]. 2012.
[3] 3GPP. Physical layer procedures: TS 36.212[S]. 2012.
[4] 3GPP. User equipment (UE) radio transmission and reception: TS 36.101[S]. 2012.
[5] 3GPP. Base station (BS) radio transmission and reception: TS 36.104[S]. 2012.
[6] 周娇，李新，邓伟，等. 5G NR 室内外同频干扰解决方案研究[C]//5G 网络创新研讨会论文集，2022.

第6章 TDD系统与其他系统间干扰原理及分析

除了大规模组网时产生的系统内干扰以外，TDD系统往往还面临着与其他系统之间的干扰，包括TDD系统与其他IMT系统间的干扰和TDD系统与其他非IMT系统间的干扰两种。非IMT系统可能包括MMDS、雷达系统、GNSS和其他系统。

TDD系统与其他系统间干扰可能体现为同频干扰或异频干扰。对于潜在的同频干扰，一般应在频谱规划及分配阶段尽早通过频谱管理机构协调解决；对于现网可能出现的偶发性同频干扰，通常只能通过频谱避让手段变同频为异频，从而进行缓解。而对于异频干扰的情况，根据干扰属性可以将其分为阻塞干扰、杂散干扰、谐波干扰和互调干扰等类型，产生上述干扰的主要因素包括频率因素、设备能力因素和工程因素。

因同频干扰往往在频谱分配阶段即得到规避解决，故异频干扰是TDD系统在大规模组网及运行阶段较为常见的干扰形式。当发生异频干扰时，需要通过分析、排查、规避等一系列方法，实现TDD系统与其他系统间的异频共存，使频谱利用效率最大化。因此，本章将主要介绍TDD系统与其他系统间异频干扰的相关理论，并兼顾同频干扰的理论。

TDD系统必须考虑与现网既有系统和未来可能新建系统之间的共存干扰问题。本章首先介绍系统间干扰分析的基本概念，即系统间干扰模型，并基于该抽象模型归纳该类干扰的关键指标；然后根据TDD系统与其他系统的频谱关系，利用确定性计算和仿真模拟两种分析方法，介绍对干扰进行定量分析的基本思路；最后，作者团队提出可行的干扰规避准则，并给出针对系统间干扰的常用排查方法。

6.1　系统间干扰模型

移动通信系统间的干扰模式分为基站间干扰、基站与终端间干扰和终端间干扰，如图 6-1 所示（以 TD-LTE 为例，其他系统相同）。

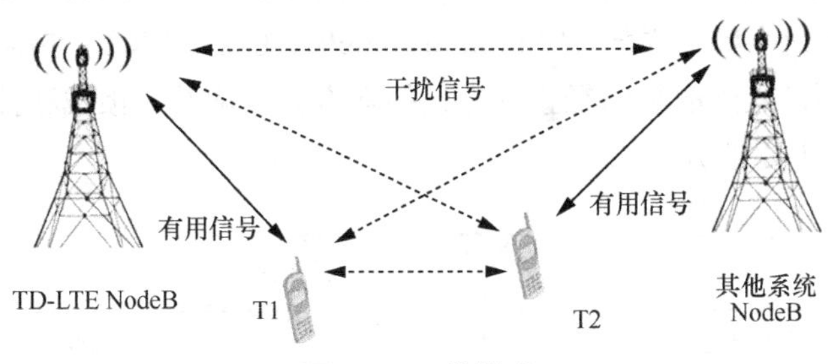

图 6-1　干扰模式

根据这些干扰模式，系统间干扰可以分为以下几种场景进行分析。

1．基站间干扰

基站间位置相对固定，发射功率高，通信持续时间长，天线位置一般较高，空间传播环境好，此类干扰更容易发生，而且相比于分散分布的终端受到的干扰，基站受到干扰的影响面更广（整个小区内的上行业务均受到影响），所以通常更注重基站间的干扰分析。基站间干扰分为共址干扰（共站址，相距较近，隔离度较小）和共存干扰（不共站址，但在同一片区域，相距较远，隔离度较大）两种。当前站址资源紧缺，导致多系统共站成为普遍部署方式，且共站址时的干扰更加严重，因此通常基站间干扰分析的假设场景为基站共址。

2．基站与终端间干扰

由于基站与终端的距离较远，如果施扰系统和受扰系统间频带相邻或有一定的保护频带，则不同系统的基站和终端间的干扰非常小，但需要基站和终端的邻道泄漏比（Adjacent Channel Leakage Ratio，ACLR）、杂散发射、邻道选择性（Adjacent Channel Selectivity，ACS）和阻塞等射频指标满足国际（3GPP）和国内（CCSA）标准保障异系统的和谐共存。

3. 终端间干扰

终端的发射功率较低，所以终端间的干扰一般来说没有基站之间的干扰严重；另一方面，由于体积和成本的限制，给终端加装高性能滤波器以提高邻道杂散抑制性能难度大，终端的带外辐射指标较差。另外，和位置固定且持续收发信号的基站不同，终端位置的随机性和业务的突发性都很大，相互间的空间隔离距离和路径损耗是变化的，因此干扰发生的概率很低，通常来讲无须特别关注。但是一旦出现两个终端相距很近且同时发生业务的情况，干扰也有可能会比较严重。对于这种情况，对基站进行资源调度和功率控制是抑制终端间干扰的一种手段。

以上 3 种场景均可抽象为图 6-2 所示的干扰分析模型，该模型包含施扰设备、受扰设备，以及最小耦合损耗（Minimum Coupling Loss，MCL，指施扰设备射频口到受扰设备射频口之间的总路径损耗，包括双方天线增益、馈线和接头损耗，以及空间损耗）3 个主要部分。

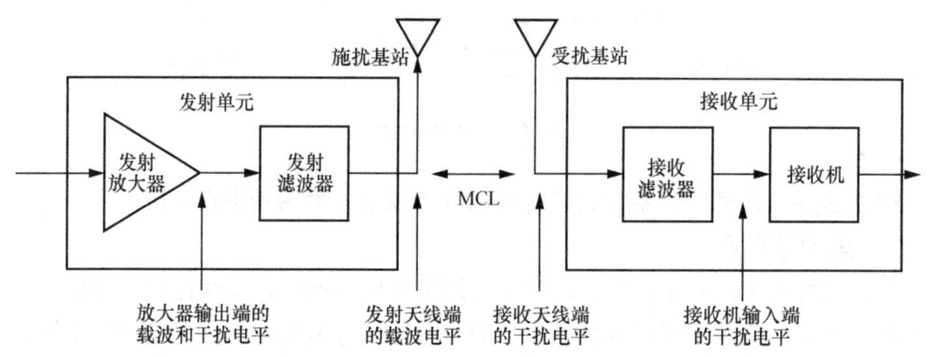

注：由于自 3G 以来基站全部采用 RRU 和 AAU 架构，射频单元和天线之间馈线和接头损耗变得很小，几乎可以忽略。但在有明显馈线损耗的情况下（如无源室分场景），其值也应包含在 MCL 中。

图 6-2 干扰分析模型

由图 6-2 所示的干扰分析模型可见，施扰基站的发射机、受扰基站的接收机，以及施扰基站与受扰基站之间的 MCL，是分析系统间干扰的关键因素，其中包含了进行干扰分析的关键指标。

作为干扰源的发射机，对干扰产生重要影响的指标包括 ACLR 和杂散发射。ACLR 是指发射机信号泄漏到相邻信道上的功率与发射信号本身功率的比值；杂散发射是指发射机泄漏到相邻信道以外频带的功率。

作为受扰的接收机，对其所受干扰有重要影响的指标包括 ACS 和阻塞。ACS 是指接收机抵抗邻道干扰信号的能力，用接收机接收到有用信号的功率与接收到相邻信道上的无用功率的比值表示；接收机阻塞指标反映了当相邻信道以外的其他频率上接收到较强功率时，接收机在其有用信号频带内的性能。

邻频干扰的大小受受扰系统接收机的 ACS 和干扰系统发射机的 ACLR 两方面因素的影响。当不同的系统工作在相邻的频率时，工程上采用邻道干扰比（Adjacent Channel Interference Ratio，ACIR）综合 ACLR 和 ACS 的作用，ACIR 与 ACLR 和 ACS 的关系如下（式（6-1）中均为线性值）。

$$\frac{1}{\text{ACIR}}=\frac{1}{\text{ACLR}}+\frac{1}{\text{ACS}} \tag{6-1}$$

MCL 是系统间干扰模型的重要组成部分，在绝大部分干扰计算中均会涉及，当施扰设备和受扰设备的天线增益确定后，利用天线间的空间距离进行隔离也是工程上常用的手段。天线隔离通常有水平隔离、垂直隔离和组合梯形隔离 3 种方式。根据电磁波的空间传播特性、天线增益和辐射方向图，不同隔离方式的隔离度经验计算式如下。

水平隔离：

$$I_{\text{h}}(\text{dB})=22+20\lg(d_{\text{h}}/\lambda)-G_{\text{tx}}-G_{\text{rx}} \tag{6-2}$$

垂直隔离：

$$I_{\text{v}}(\text{dB})=28+40\lg(d_{\text{v}}/\lambda) \tag{6-3}$$

组合梯形隔离：

$$I_{\text{e}}(\text{dB})=I_{\text{h}}+(I_{\text{v}}-I_{\text{h}})[2\tan(d_{\text{v}}/d_{\text{h}})/\pi] \tag{6-4}$$

其中，d_{h} 为天线水平方向间距（m），d_{v} 为天线垂直方向间距（m），G_{tx} 为发射天线在信号辐射方向上的增益（dB），G_{rx} 为接收天线在信号辐射方向上的增益（dB），λ 为载波波长（m）。注意，当干扰类型为杂散干扰时，λ 为受扰系统的载波波长，当干扰类型为阻塞干扰时，λ 为施扰系统的载波波长。

在实际环境中，由于天线参数、安装朝向的差异，以及周围物体和建筑物结构的影响，建立一个准确预测天线增益和路径损耗的数学表达式很难。因此在实际工程中，我们建议通过采用典型天线进行外场测试的方法评估出相对准确的天线间距和天线间隔离度的关系。

根据现网部署经验，我们将共址场景下天线间的摆放位置大致分为 6 种，如图 6-3、图 6-4 所示。

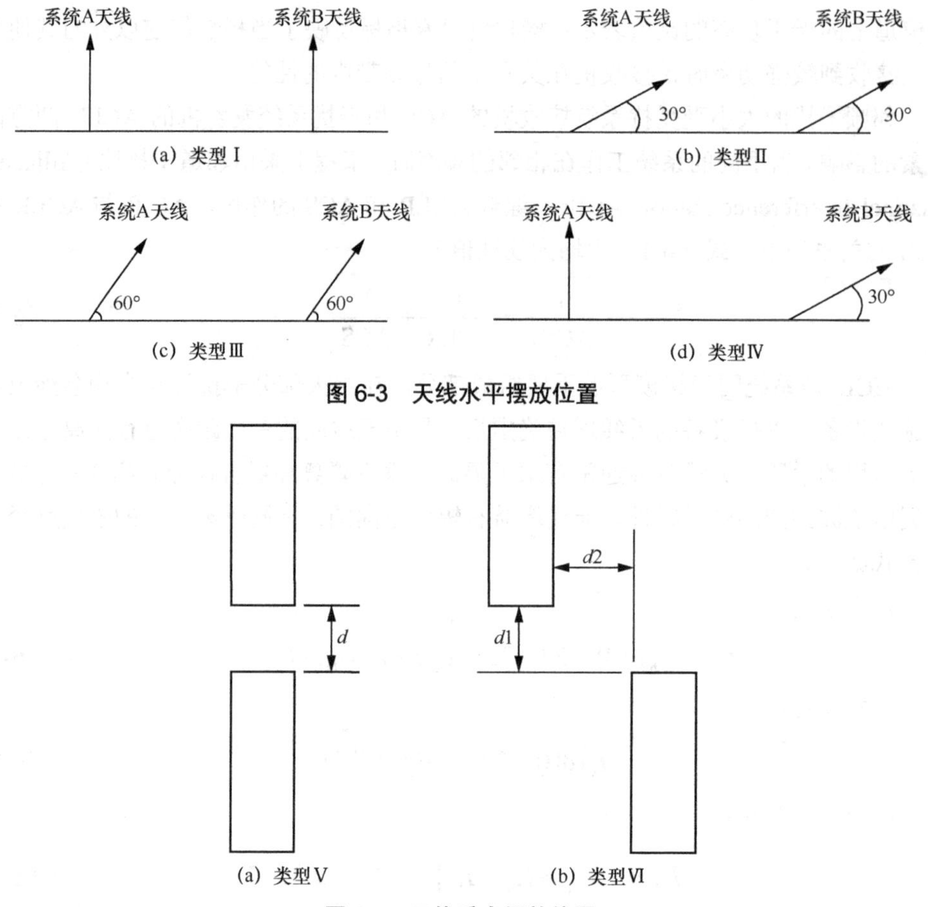

图 6-3　天线水平摆放位置

图 6-4　天线垂直摆放位置

以 Band3 与 Band39 两个频段的典型天线为例，根据上述 6 种场景进行天线隔离度的测试。各场景下，天线间距参数见表 6-1。

表 6-1　不同场景下天线间距参数

场景类型	天线间距/m
Ⅰ	0.5, 1, 2, 3, 4, 5, 10
Ⅱ	0.5, 1, 2, 3, 4, 5, 10
Ⅲ	0.5, 1, 2, 3, 4, 5, 10
Ⅳ	0.5, 1, 2, 3, 4, 5, 10
Ⅴ	0.5, 1, 2, 5, 10
Ⅵ	$d2$=1, 2；$d1$=0.5, 1, 2, 5, 10

天线隔离度测试结果见表 6-2。

表 6-2　Band3 与 Band39 天线隔离度

天线间距/m	共址场景 I/dB	共址场景 II/dB	共址场景 III/dB	共址场景 IV/dB	共址场景 V/dB	共址场景 VI-1/dB	共址场景 VI-2/dB
0.5	49.8	48.7	48.3	54.3	72.3	74	73.7
1	55.4	58.1	58.1	65.8	74	75	72.5
2	60.5	59.1	63.9	70.8	75.1	74.9	75.1
3	62.2	59.4	60.6	67.8	N/A	N/A	N/A
4	63.4	60.2	62.1	68.6	N/A	N/A	N/A
5	61.1	55.9	63.2	68.2	75.9	76.4	76.2
10	68.3	65.7	66.4	72.3	75.8	76.6	75.9

共址场景 I 在天线间距不同时，天线间 MCL 可以满足 50dB 的要求；共址场景 II 和 III 下，只要天线间距超过 1m，天线间 MCL 可以满足 55dB 的要求；共址场景 IV，只要天线间距超过 1m，天线间 MCL 可以满足 65dB 的要求；共址场景 V 和 VI 下，所有天线间距下的天线间 MCL 可以满足 70dB 的要求。

除了共址场景 IV，MCL 随天线间距增大的变化不明显，其他 5 种场景，MCL 随天线间距增大而增大。另外，共址场景 VI 的隔离度与水平距离的相关性不大。

6.2　系统间干扰的分析方法

系统间干扰最主要的分析方法包括确定性计算方法和仿真模拟方法。本节将分别介绍这两种方法。

6.2.1　确定性计算方法

确定性计算方法也被称为 MCL 计算方法，简单易行，常用于基站间和终端间干扰的分析，是制定不同频段基站之间、终端之间的共存杂散指标和阻塞指标的主要参考依据。

以基站间干扰为例，两个不同频段的 LTE 基站间的干扰主要可分为杂散干扰和阻塞干扰。考虑施扰与受扰的 LTE 基站共站址的情况，通常认为二者间的 MCL 为 30dB。假设 LTE 基站接收机的噪声系数为 5dB，其底噪功率谱密度为 $-174 + 10\lg(10^6) + 5 = -109$dBm/MHz，按照最大允许降敏 0.8dB 准则，其可容忍的最大干扰比底噪低 7dB，即−116dBm/MHz。因此施扰基站在受扰基站频段的杂散干扰门限可通过此方法求得：杂散干扰门限=基站干扰容限+MCL = −116+ 30= −86dBm/MHz。

考虑 LTE 宏基站的发射功率通常为 46dBm，则受扰基站在干扰基站频段所需的抗阻塞能力可通过此方法求得：阻塞干扰门限=干扰基站发射功率–MCL = 46 – 30 = 16dBm。

以上便是 3GPP 标准中定义的共站杂散和阻塞指标所采用的方法（参见 3GPP TS 36.104）。以目前的设备实现能力，若要达到上述指标，两个不同频段的 LTE 基站间需要拥有足够的频率隔离。然而在某些情况下，不同的频段间无法提供充足的隔离，例如，图 6-5 所示的 Band3 基站将对紧邻频的 Band39 基站产生干扰，且 Band39 基站将对紧邻频的 Band1 基站产生干扰。

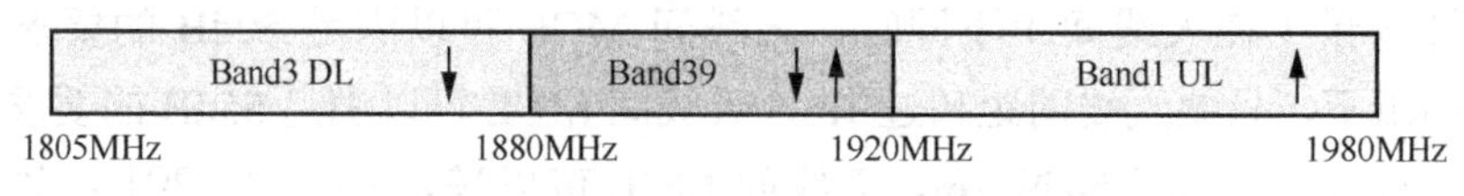

图 6-5　Band 39（F 频段）附近频谱示意图

为保证这几段频谱的可用性，国家无线电管理委员会在 2012 年年末发文对该频段的基站的杂散和阻塞指标进行了规定：要求在预留保护带的情况下（默认为 1880～1885MHz 及 1915～1920MHz），Band3 在 1885MHz 及以上、Band39 在 1920MHz 及以上的杂散指标达到−65dBm/MHz；且 Band39 在 1880MHz 及以下、Band1 在 1915MHz 及以下的抗阻塞指标达到−5dBm/MHz。该指标比 3GPP 中规定的共址指标略低，主要是因为：一方面考虑了 5MHz 频率隔离下设备的可实现性，另一方面基站间的 MCL 采用了 50dB，该 MCL 经过实际外场测试验证是合理有效的，而 3GPP 中默认的基站间 30dB 的 MCL 在 2GHz 频率附近过于严格。但当系统间频率保护带足够大时，我们依然采用 3GPP 的基站共址指标，以应对更加极端的部署场景（如天线内向夹角），以及为多系统间干扰保留足够的余量。

6.2.2　仿真模拟方法

蒙特卡罗模拟是干扰共存研究中广泛应用并且行之有效的经典研究方法。该方法将对基站和移动台的发射功率、基站的负载等情况进行仿真，将整个系统的运转区间划分为若干个间隔，每两个间隔之间为一个快照取样时刻，将所有快照时刻的取样结果进行记录，用统计方法加以分析，产生所需要的结果，所以这种方法又被称为静态快照方法。

由于允许一定概率的最恶劣干扰情况发生，所以仿真模拟方法的结果比确定性计算方法的结果乐观，常用于分析系统邻频（邻频一般指相距两个信道带宽以内的情况）共存/共址场景下基站和终端为避免干扰所需的射频指标 ACLR 和 ACS，以及不同频率配置方法对网络性能的影响等。

相邻两个 TDD 系统间干扰包括同步干扰和异步干扰，目前 3GPP 定义的 ACLR 和 ACS 指标均是在假设同步场景下通过仿真分析得到的。同步场景是指两系统之间 TDD 配置相同，即两者同时为下行或同时为上行，不存在一个系统为上行、另外一个系统为下行的场景。此外 3GPP 也开展过两个 TDD 系统之间非同步状态的交叉链路感染（Cross Link Interference，CLI），具体参见 TR 38.828。

本节介绍两个 TDD 系统同步和异步干扰仿真场景，具体如下。

（1）同步干扰包括下行干扰下行（即基站对终端干扰）和上行干扰上行（即终端对基站的干扰），其中下行干扰比上行干扰情况更为严重。

（2）异步干扰包括下行干扰上行（即基站干扰基站）和上行干扰下行（即终端干扰终端）。考虑共址场景下，施扰基站将会对同频段相邻频点的受扰基站产生严重的邻道泄漏和阻塞干扰，因此异步仿真场景中不考虑两系统共址场景。

1．干扰仿真步骤

以同步场景和异步场景为例，干扰仿真步骤如下。

TDD 同步场景下，下行干扰下行（即基站干扰终端）的仿真步骤如下，初始阶段快照数为 0。

（1）按照同步假设配置施扰网络和受扰网络（一般各 57 个蜂窝小区），确保所有施扰网络基站均处于发射状态，受扰网络终端处于接收状态。其中施扰系统与受扰系统之间的部署关系包括如下几种场景。

1）施扰网络与受扰网络共址部署。

2）施扰网络与受扰网络同区域部署，施扰基站与受扰基站间隔可以为 3×小区半径 R，如图 6-6 所示。

（2）在整个系统覆盖范围内随机均匀分布终端，使每个小区内分布终端数目相同。

（3）用户根据参考信号接收功率准则选择服务小区。

（4）对于每个小区，首先根据调度准则（采用随机轮询方法）选择一个被调度的终端，从没有被调度的 RB 中取出 X 个 RB 分配给该终端，并将这 X 个 RB 标记为“已调度”。通常情况下 X 取值为当前载波最大 RB 配置数量除以当前小区同时调度的终端数目。

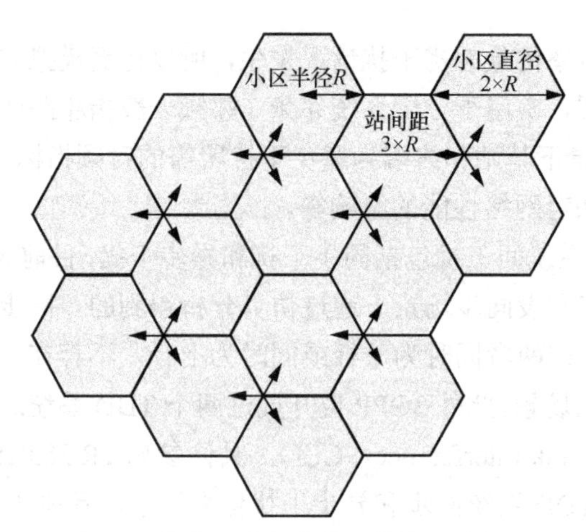

图 6-6 施扰网络与受扰网络同区域部署

（5）对于每个被调度的终端，根据功率控制算法设置发射功率，重复上述过程，直到所有 RB 都被标记为“已调度”。

（6）对每一个终端计算实际的系统内/系统间干扰，以得到实际的载干比，并根据修正后的香农公式映射为吞吐量。

（7）调整邻频共存的 ACIR 参数，使外系统干扰导致的系统平均吞吐量损失小于 5%。

（8）快照数+1。

（9）重复步骤（2）～步骤（8）直到快照数达到要求，如快照数为 1000。

TDD 异步场景，下行干扰上行（即基站干扰基站）的仿真分析主要步骤如下，初始阶段快照数为 0。

（1）按照异步假设配置施扰网络和受扰网络，确保所有施扰网络基站均处于发射状态、受扰网络基站处于接收状态，其中施扰系统与受扰系统之间的部署关系包括如下几种场景。

1）施扰网络与受扰网络同区域部署，施扰基站与受扰基站间隔可以为 $\sqrt{3}\times$小区半径，如图 6-6 所示。

2）施扰网络与受扰网络通过挖空方式进行部署，隔离距离等于最中心点与距离最近的小区边缘之间的距离，如图 6-7 所示。

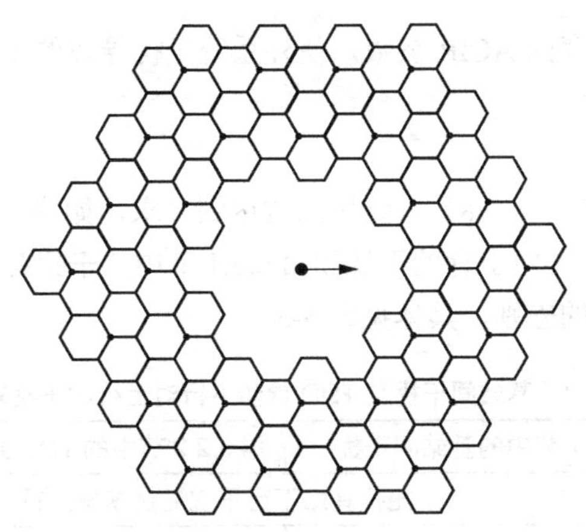

图 6-7　施扰网络与受扰网络采用挖空部署场景

3）施扰网络与受扰网络通过隔离距离方式进行部署，隔离距离等于两个网络覆盖范围内最近的两个点之间的距离，如图 6-8 所示。

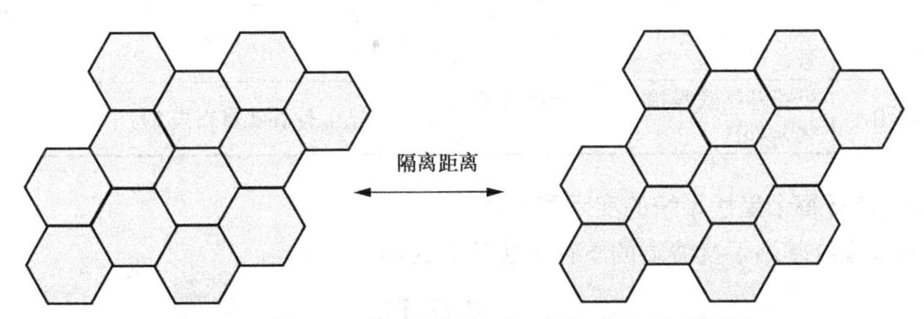

图 6-8　施扰网络与受扰网络采用隔离距离的部署场景

（2）在整个系统覆盖范围内随机均匀分布终端，使每个小区内分布终端数目相同。

（3）用户根据参考信号接收功率准则选择服务小区。

（4）对于每个小区，首先根据调度准则（采用随机轮询方法）选择一个被调度的终端，从没有被调度的 RB 中取出 X 个 RB 分配给该终端，并将这 X 个 RB 标记为“已调度”。通常情况下 X 取值为当前载波最大 RB 配置数量除以当前小区同时调度的终端数目。

（5）对于每个被调度的终端，根据功率控制算法设置发射功率，重复上述过程，直到所有 RB 都被标记为“已调度”。

（6）对每一个基站计算实际的系统内/系统间干扰，以得到实际的载干比，并根据修正后的香农公式映射为吞吐量。

（7）调整邻频共存的 ACIR 参数，使外系统干扰导致的系统平均吞吐量损失小于 5%。

（8）快照数+1。

（9）重复步骤（2）～（8）直到快照数达到要求，如快照数为 1000。

此处 TDD 异步下行对上行的干扰和第 6.2.1 节中的干扰都属于基站对基站的干扰，但它们存在明显的差别，具体见表 6-3。

表 6-3　基站间干扰及 TDD 异步下行对上行的干扰对比

	第 6.2.1 节中的基站间干扰	第 6.2.2 节中的 TDD 异步下行对上行的干扰
干扰关系	施扰基站下行干扰受扰基站上行	
分析方法	确定性分析，单站对单站	仿真分析，单站对多站和多站对单站，考虑集总效应
频率关系	异频段非邻频，滤波器可借助保护带提供额外隔离度	同频段邻频点（也适用于同频点），无滤波器提供额外隔离度
基站间位置关系	仅分析共址场景即可，非共址场景（即共存）干扰远低于共址场景，可忽略	仅分析非共址场景（即共存）即可，共址场景干扰太大，无法部署
干扰门限	受扰基站底噪抬升（即灵敏度恶化）XdB	受扰基站上行吞吐量损失 5%

2．计算每个受扰系统的实际载干比

同步系统基站干扰终端的下行干扰计算式如下。

$$\mathrm{SINR}_i=\frac{P_{k,i}G_{k,i}\mathrm{PL}_{k,i}}{\sum\limits_{\substack{m\neq k\\ m=1}}^{N^{\mathrm{intra}}}P_{m,i}G_{m,i}\mathrm{PL}_{m,i}^{\mathrm{intra}}+\sum\limits_{n=1}^{N^{\mathrm{inter}}}P_{n,i}G_{n,i}\mathrm{PL}_{n,i}^{\mathrm{inter}}+N_0} \tag{6-5}$$

其中，SINR_i表示用户 i 上的接收信噪比，$P_{k,i}$表示基站 k 发给用户 i 的发射功率，$P_{m,i}$表示本系统内基站 m 发给用户 i 的干扰发射功率，$P_{n,j}$表示外系统基站 n 发给用户 j 的干扰发射功率，$G_{k,i}$表示用户 i 与基站 k 之间的收发天线增益之和，$G_{m,i}$表示本系统内基站 m 与用户 i 之间的收发天线增益之和，$G_{n,i}$表示外系统基站 n 中用户 i 之间的收发天线增益之和，$\mathrm{PL}_{k,i}$ 表示用户 i 与基站 k 之间的路径损耗，$\mathrm{PL}_{m,i}^{\mathrm{intra}}$ 表示本系统或者当前运营商网络内基站 m 与用户 i 之间的路径损耗，$\mathrm{PL}_{n,i}^{\mathrm{inter}}$ 表示外系统或者异运营商网络内基站 n 与用户 i 之间的路径损耗，N_0 表示环境中的热噪声，N^{intra} 表示本系统内基站数量或者当前运营商网络内的基站数量，N^{inter} 表示外系统内基站数量或者异运营商网络内的基站数量。

异步系统基站干扰基站的下行干扰计算式如下。

$$\mathrm{SINR}_i = \frac{P_{k,i}G_{k,i}\mathrm{PL}_{k,i}}{\sum_{m=1}^{N_{\mathrm{UE}}^{\mathrm{intra}}} P_{m,i}G_{m,i}\mathrm{PL}_{m,i}^{\mathrm{intra}} + \sum_{n=1}^{N_{\mathrm{gNB}}^{\mathrm{inter}}} P_{n,i}G_{n,i}\mathrm{PL}_{n,i}^{\mathrm{inter}}\mathrm{ACIR} + N_0} \tag{6-6}$$

其中，SINR_i 表示基站 i 上的接收信噪比，$P_{k,i}$ 表示用户 k 发给基站 i 的发射功率，$P_{m,i}$ 表示本小区内用户 m 发给基站 i 的干扰发射功率，$P_{n,i}$ 表示外系统基站 n 发给基站 i 的干扰发射功率，$G_{k,i}$ 表示基站 i 与用户 k 之间的收发天线增益之和，$G_{m,i}$ 表示本小区内用户 m 与基站 i 之间的收发天线增益之和，$G_{n,i}$ 表示外系统基站 n 中基站 i 之间的收发天线增益之和，$\mathrm{PL}_{k,i}$ 表示基站 i 与用户 k 之间的路径损耗，$\mathrm{PL}_{m,i}^{\mathrm{intra}}$ 表示本小区内用户 m 与基站 i 之间的路径损耗，$\mathrm{PL}_{n,i}^{\mathrm{inter}}$ 表示外系统或者异运营商网络内基站 n 与基站 i 之间的路径损耗，N_0 表示环境中的热噪声，$N_{\mathrm{UE}}^{\mathrm{intra}}$ 表示本小区内终端数量，$N_{\mathrm{gNB}}^{\mathrm{inter}}$ 表示外系统内基站数量或者异运营商网络内的基站数量。

6.3 常见频段的系统间干扰分析

6.3.1 F 频段的系统间干扰分析

1880～1920MHz 在国际标准化组织 3GPP 的 TD-SCDMA 标准中的频段编号为“F”，在 TD-LTE 标准中的频段编号为 Band39，在 NR 标准中的频段编号为 n39，通常简称为 F 频段。

该频段所处位置较为特殊，与其他多个 IMT 频段构成紧邻频关系，故 F 频段 TD-LTE 系统存在与 LTE FDD Band1、Band3（同时也用于 GSM1800）、Band8（同时也用于 GSM900）等 IMT 系统间的互扰，这些干扰性质包括邻频干扰和非邻频干扰，且涵盖了阻塞干扰、杂散干扰、谐波干扰和互调干扰等多种机制。

另外，2011 年以前的一个时期，我国曾经存在过个人手持电话系统（PHS，后称：小灵通），该系统当时占用了 1900～1915MHz 频段。因此当 PHS 尚未完成退频时，现网中存在 F 频段与 PHS 频段的同频干扰。来自 PHS 频段的同频干扰会显著影响 TD-LTE 的上行速率、上行覆盖和接入成功率，必须通过努力推动 PHS 尽快退频来解决。

F 频段与其他 IMT 频段的干扰情况分析如下。

6.3.1.1 LTE FDD（Band1）系统

根据我国 IMT 频谱的分配，中国电信的 LTE FDD（Band1）系统的上行频段为 1920～1940MHz，当与 F 频段的 TD-LTE 系统距离较近时，会受到 TD-LTE 基站下行杂散信号的干扰。

根据目前设备实现能力，在与 LTE FDD（Band1）满足共存或满足欧洲邮电管理委员会（CEPT）要求的情况下，F 频段的 TD-LTE 需要回退 5MHz 作为滤波器的过渡带（即 1915～1920MHz 需要用作过渡带）。

6.3.1.2 LTE FDD（Band3）系统

LTE FDD（Band3）基站前端双工器的频段多为 1805～1880MHz，共 75MHz，与 F 频段的 TD-LTE 系统邻频。两系统基站距离较近时，会对 TDD 基站的上行链路造成阻塞干扰、杂散干扰和三阶互调干扰。

1. 阻塞干扰

TD-LTE 基站接收滤波器的非理想性，导致其在接收有用信号的同时，还将接收到来自邻频的 1805～1880MHz 频段 LTE FDD（Band3）基站的发射信号，造成 TD-LTE 基站接收机灵敏度损失，严重时甚至无法工作，造成这种现象的干扰被称为阻塞干扰。当 LTE FDD（Band3）基站使用 1865～1880MHz 频率，且 F 频段 TD-LTE 基站的抗阻塞能力不足时，将产生严重的阻塞干扰。现网测试结果显示，当 LTE FDD（Band3）使用 1865～1872MHz 频率时会对 F 频段 TD-LTE 系统的覆盖和吞吐量造成很大影响。

- 对覆盖的影响：TD-LTE 系统邻小区不加载时（以下简称 TD-LTE 系统空载），上行干扰提升 16～30dB；TD-LTE 系统邻小区加载后（以下简称 TD-LTE 系统加载），上行干扰提升 3.5～15dB。
- 对吞吐量的影响：TD-LTE 系统空载时，小区上行吞吐量在 1Mbit/s 以下，严重时终端甚至无法建立连接；TD-LTE 系统加载时，与空载相比，影响有一定降低，但仍较大。

2. 杂散干扰

LTE FDD（Band3）基站发射滤波器的非理想性，导致其在工作频段发射有用信号的同时，还将在邻频的 1880～1920MHz 频段产生一定程度的带外辐射，造成 TD-LTE 基站接收机灵敏度损失。出现 LTE FDD（Band3）杂散干扰的主要原因是 LTE FDD（Band3）双工器带宽为 75MHz（覆盖 Band3 下行 1805～1880MHz 频段），对 F 频段杂散抑制不足。

现网测试结果显示，当 LTE FDD（Band3）基站杂散指标较差时，在与 F 频段 TD-LTE 基站共站建设或天线对打等恶劣情况下，将会产生一定的杂散干扰。

3. 三阶互调干扰

当两个或多个 LTE FDD（Band 3）基站使用 1850～1880MHz 频率时，或同时使用 1805～1830MHz 和 1850～1880MHz 频率时（即满足 $2f1-f2$ 或 $2f2-f1$ 落在 F 频段），将可能在 1880～1920MHz 频段产生强度较高的三阶互调产物，造成 TD-LTE 基站接收机灵敏度损失，严重时甚至无法工作。互调干扰强度主要与 LTE FDD（Band3）基站双工器在 F 频段的滤波能力及 LTE FDD（Band3）天线在 F 频段的互调能力有关。

6.3.1.3 LTE FDD（Band8）系统

LTE FDD（Band8）系统的二次谐波和二阶互调会落在 F 频段范围之内，对 F 频段 TD-LTE 系统产生干扰，造成 TD-LTE 基站灵敏度损失。

现网测试结果显示，当 LTE FDD（Band8）基站与 F 频段 TD-LTE 共站或天线对打时，若 LTE FDD（Band8）天线的互调指标不达标，将会出现二次谐波或者二阶互调干扰。

6.3.2 E 频段的系统间干扰分析

2300～2400MHz 在国际标准化组织 3GPP 的 TD-SCDMA 标准中的频段编号为 E，在 TD-LTE 标准中的频段编号为 Band40，在 NR 标准中的频段编号为 n40，通常简称为 E 频段。

E 频段目前在国内主要应用于室内覆盖。中国移动目前拥有 E 频段的 2320～2370MHz。

E 频段 TD-LTE 系统不仅存在与其他 IMT 系统之间的共存干扰风险，而且与工作在工业、科学和医疗免授权频段 2400～2483.5MHz 的 WLAN 系统频率相邻，相互之间将产生干扰。TD-LTE 与 WLAN 均为 TDD 系统，且两系统的上下行时隙无法对齐，因此存在复杂的干扰关系，具体包括 TD-LTE 基站与 WLAN 接入点（Access

Point，AP）间的干扰、TD-LTE 基站与 WLAN 终端间的干扰、TD-LTE 终端与 WLAN AP 间的干扰、TD-LTE 终端与 WLAN 终端间的干扰。其中影响较大的是 TD-LTE 基站与 WLAN AP 间的干扰，主要干扰机制为阻塞干扰和杂散干扰。

TD-LTE 工作于 E 频段时，其基站与其他 FDD 系统和非同步的 TDD 系统基站（包括 GSM900/1800、WCDMA、cdma2000 等）之间的干扰分析，均可使用本章所介绍的确定性计算方法。

通过确定性计算方法，计算得到解决它们间的互干扰所需的 MCL 汇总，见表 6-4。

表 6-4 TD-LTE 工作于 E 频段时与其他系统的互干扰所需的 MCL

系统	GSM900 GSM1800	TD-SCDMA （非邻频）	WCDMA	CDMA 800MHz 和 2.1GHz	WLAN
所需 MCL/dB	46	30	33	33	86
室外天线间距 （垂直/水平隔离）/m	0.4/2	0.17/0.4	0.2/0.5	0.5/1.6	—
室内共用室分的 合路器要求/dB	46	30	33	33	>70（采用末端合路）
室分天线间距/m	<0.1	<0.1	<0.1	<0.1	1（采用末端合路）

注：（1）由于历史原因，某些系统与干扰相关的标准指标过于宽松，如 GSM、cdma2000 等，但其实际产品的性能远优于标准文本的要求。表 6-4 数值基于实测数据计算所得。（2）室内采用室分系统和吸顶天线，增益 2dB；室外采用定向天线，增益 18dBi，平行放置。

我国 E 频段目前只能应用于室内部署，且除 WLAN 外，其他系统与 E 频段频率隔离较大，因此，空间干扰较容易规避。当 E 频段与其他移动通信频段通过异频合路器进行合路时，在合路器及射频线缆接头处会发生无源互调干扰。奇数阶数（主要为 3 阶和 5 阶）的无源互调干扰一般容易落入通信频带内。一般可通过优化合路器和射频线缆接头的无源互调指标对此类干扰进行有效抑制。当 TD-LTE 与 WLAN 共用室分系统时，所用异频合路器的频段间隔离度加上系统间室分系统插损满足表 6-4 中的 MCL 值即可。

当 WLAN 采用 AP 放装方式部署而不与 TD-LTE 共室分天线时，其干扰可能较大。这是由于 2.4GHz WLAN 频段与 E 频段频率邻近，会产生相互的杂散和阻塞干扰。其中由于 WLAN AP 的阻塞指标较差，干扰主要为 TD-LTE 基站对 WLAN AP 的阻塞干扰，这将影响 WLAN AP 的上行速率。为得到实际所需的隔离距离，我们采用现网测试方法进行了验证，具体结果见表 6-5。

表 6-5　E 频段 TD-LTE 与 WLAN 基站间干扰测试结果

<table>
<tr><th>干扰方式</th><th>WLAN 干扰 TD-LTE</th><th colspan="2">TD-LTE 干扰 WLAN</th></tr>
<tr><td rowspan="3">AP 放装</td><td rowspan="3">TD-LTE 采用室分天线，馈线损耗减弱了杂散和阻塞干扰影响，基本无干扰</td><td>TD-LTE 使用高频点（2350～2370MHz）</td><td>TD-LTE 使用低频点（2320～2340MHz）</td></tr>
<tr><td>测试地点 1：间距 1m 吞吐量下降 14%，间距 3m 无干扰</td><td>未测试</td></tr>
<tr><td>测试地点 2：间距 1m 吞吐量下降 64%，间距 3m 下降 17%</td><td>测试地点 2：间距 3m 无干扰</td></tr>
<tr><td>共室分</td><td colspan="3">由于采用 90dB 隔离度的合路器，两系统间基本无干扰</td></tr>
</table>

注：干扰程度与 WLAN AP 部署方式和型号、TD-LTE 室分天线口功率和 TD-LTE 使用的频点有关。

6.3.3　D 频段的系统间干扰分析

2570～2620MHz 在国际标准化组织 3GPP 的 TD-SCDMA 标准中的频段编号为 D，在 TD-LTE 标准中的频段编号为 Band38，在 NR 标准中的频段编号为 n38。而 2496～2690MHz 频段范围，在 TD-LTE 标准中的编号为 Band41，在 NR 标准中的频段编号为 n41。由于我国已将 n41 中的大部分频谱，即 2515～2675MHz，分配给 TDD 系统（包括 TD-LTE 和 5G NR），故通常也将 2496～2690MHz 频谱统一简称为 D 频段。

D 频段周边的频谱使用情况也较为复杂。D 频段 TDD 系统与 2500MHz 以下的 WLAN 系统、北斗卫星导航系统，与 2690MHz 以上的无线电导航和气象雷达系统，以及与 2535～2599MHz 频段范围内的广播电视多路微波分配系统（Multichannel Microwave Distribution System，MMDS）之间，均可能存在干扰。其中，与带内的 MMDS 主要构成同频干扰，与其他系统之间均为邻频干扰，主要干扰机制为阻塞干扰和杂散干扰。

此外，当 D 频段内存在多家 TDD 运营商时，各家运营商之间也可能存在干扰，属于与其他 IMT 系统间的干扰。规避多家运营商间干扰的最佳方案是由国家要求频段内的多家运营商的 TDD 网络间保持同步，并采用统一上下行时隙配比，从而有效提升频谱资源利用率，降低对设备和网络建设的要求。

D 频段 TD-LTE 与其他非 IMT 系统（包括带内 MMDS、带外 WLAN 系统、北斗卫星导航系统）间的干扰共存，以及频段内与其他 IMT 系统间的干扰共存分析如下。

6.3.3.1 频段外与非移动通信系统的干扰

在我国，2483.5～2500MHz 频段已划分给卫星无线电测定业务下行（卫星发送，地面终端接收），目前我国北斗卫星导航系统在该频段运营。另外，2700～2900MHz 频段为航空无线电定位和导航雷达及气象雷达使用。TD-LTE 系统需要满足一定的射频指标以保证与这些相邻频率系统的共存。

若 TD-LTE 和 5G NR 使用 2500MHz 附近频率，与 WLAN AP 共站建设情况下将存在较严重的阻塞和杂散干扰风险：由于 WLAN AP 抗阻塞能力较差，存在 TD-LTE/5G NR 基站的阻塞干扰，影响 WLAN 上行速率；由于 WLAN AP 杂散较差，存在对 TD-LTE/5G NR 基站的杂散干扰，影响 TD-LTE/5G NR 的上行速率。

6.3.3.2 频段内与非移动通信系统的干扰

目前我国 D 频段内存在射电天文系统和 MMDS，与 TD-LTE 和 5G NR 使用的频率存在同频干扰。其中，MMDS 仅限于农村地区使用且不再新建，射电天文系统设备均位于偏远山区，与 TD-LTE 和 5G NR 的干扰可通过双方协调解决。此外，现网中还可能存在某些电子设备非法使用 D 频段频谱资源的情况，导致频段内同频干扰。对于这些情况，需要结合现场扫频和分析来确定，并尽快协调相关电子设备的频谱清退。

6.3.3.3 频段外移动通信系统间的干扰

关于 D 频段的划分，国际上的主流分配方式为欧洲的 Band38 + Band7 方案与我国和美国的全 TDD 方案两种，其中 Band38 + Band7 方案如图 6-9 所示。可见，TD-LTE 制式的 Band38 全频谱与 LTE FDD 制式的 Band7 全频谱之间，没有任何隔离带。这是邻频共存中最为严苛的情况，一般均需要在频段内划分一定宽度的隔离带，才能达到有效的干扰规避效果。而与 3GPP 其他频段间的共存，因通常有较大的频段外隔离带的存在，故干扰更小，容易实现共存。

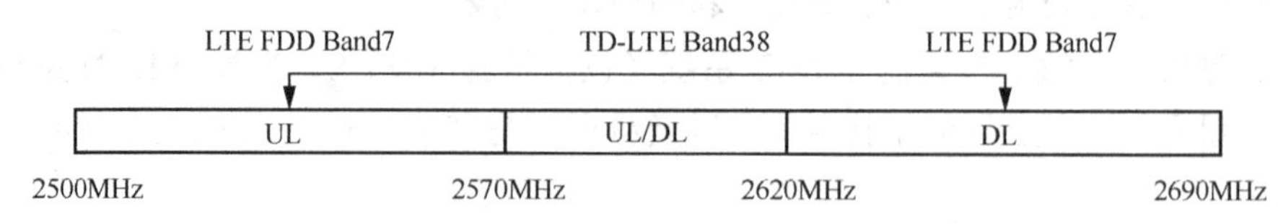

图 6-9 2.6GHz 欧洲频谱分配方案

为保证 LTE FDD 和 TD-LTE 系统间的共存，二者必须要满足一定的射频指标要求。根据国际标准，截至 2012 年年底，存在如图 6-10 所示的 3 种共存指标。

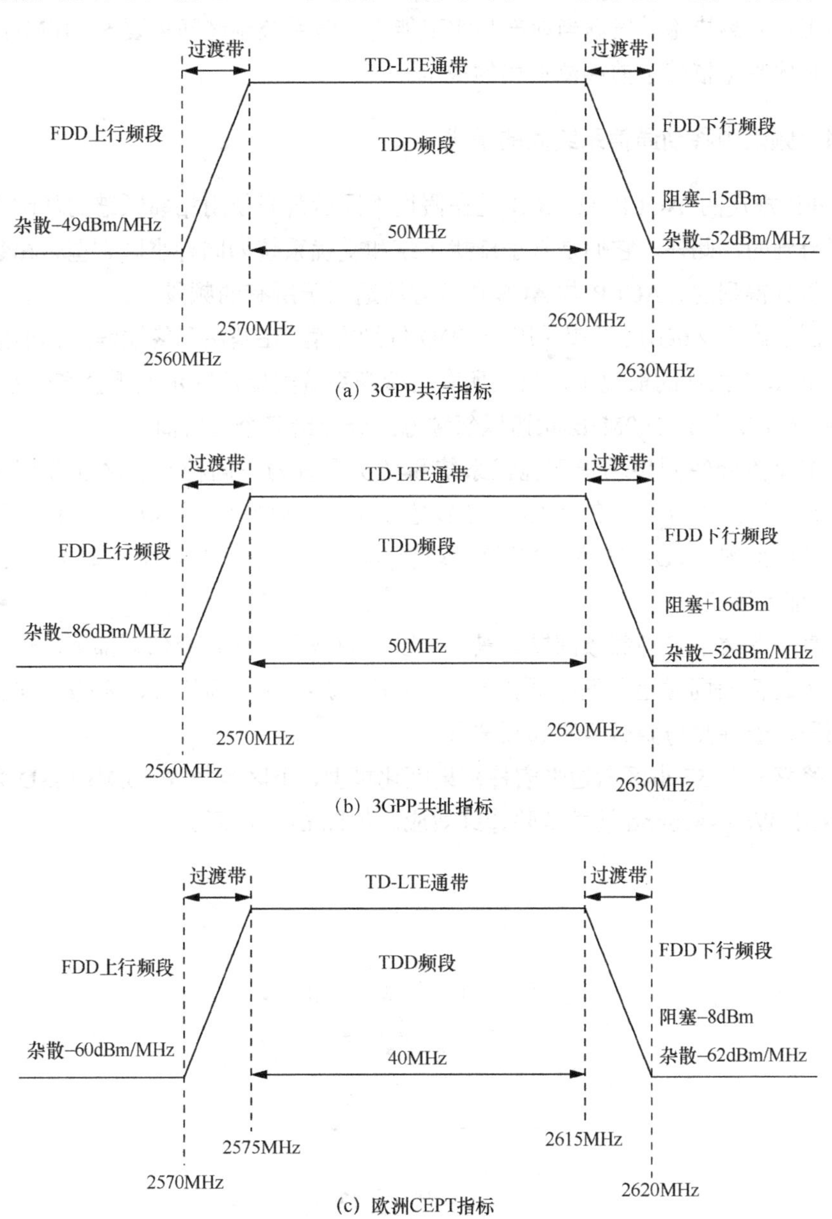

图 6-10　邻频共存指标类型

为了兼顾频谱利用率、现网部署难度和产品实现能力，一般 TD-LTE D 频段和 FDD LTE 频段间倾向于满足欧洲 CEPT 指标即可（或相近的指标），同时保证较为严格的工程隔离措施。根据当前产品实现能力，两系统频谱间需要 5～10MHz 的过渡带，具体带宽依赖于前端滤波器的成本。

6.3.3.4 频段内移动通信系统间的干扰

3GPP 规定的 ACLR 与 ACS 是在假设不同运营商使用相邻频谱的基础上，通过仿真得到的，此外，它们是基于施扰系统和受扰系统为同种小区类型、相邻频点情况下仿真得到的。ACLR 与 ACS 仿真方法适用于所有的频段。

我国已确定 2.6GHz 频谱采用全 TDD 规划方案，在基站和终端满足标准规定的 ACLR 和 ACS 指标的前提下，只要所有运营商系统间保持同步就不会产生互干扰。美国将 2.6GHz 共计 190MHz 频谱以邻频方式分配给多个运营商。

本节重点介绍同步场景下施扰系统和受扰系统为不同种类小区邻频部署时的干扰共存仿真结果分析，包括 LTE TDD 宏蜂窝与宏蜂窝邻频部署、TDD 宏蜂窝与微蜂窝邻频部署、TDD 宏蜂窝与微微蜂窝邻频部署场景下的共存仿真分析实践。

1. 部署场景

仿真中考虑了多种邻频部署场景（可以认为是两个运营商邻频部署，也可以认为是一个运营商同时运营两个频点），宏蜂窝与宏蜂窝邻频部署、宏蜂窝与微蜂窝邻频部署、宏蜂窝与微微蜂窝邻频部署。

宏蜂窝采用 57 小区六边形宏蜂窝扇区化模型，小区半径 R=ISD/3（ISD 为站间距），采用 Wrap-Around 技术消除边缘效应。如图 6-11 所示。

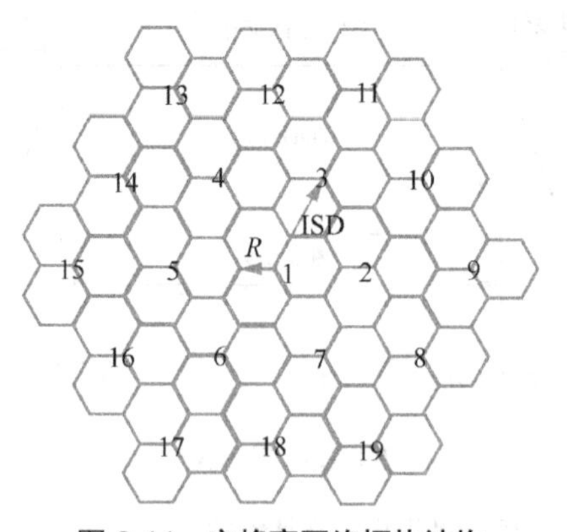

图 6-11 宏蜂窝网络拓扑结构

微蜂窝采用曼哈顿街区模型，如图 6-12 所示，方块表示街区，方块之间的空白表示街道，仿真中采用街区宽度为 75m，街道宽度为 15m。图 6-12 中黑点表示微小区基站，采用全向天线。仿真中，移动台在街道范围内随机均匀分布，不可以落在街区内。

共存研究中，统计微蜂窝系统受到的干扰时，只需要考虑图 6-12 中标号为 T 的 6 个基站。

图 6-12　微蜂窝网络拓扑结构

图 6-13 给出了宏蜂窝与微蜂窝在同一地理区域共存（系统间地理偏移为 D=0，图 6-11、图 6-12 叠加）的网络结构。

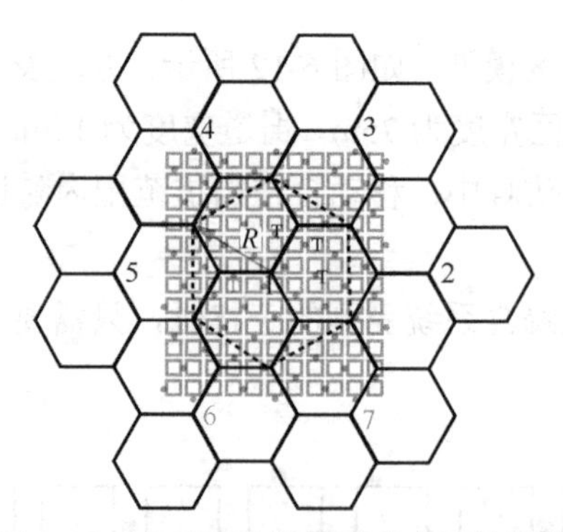

图 6-13　宏蜂窝和微蜂窝共存网络结构

微微蜂窝小区采用 UMTS 30.03 建议的室内模型。该室内模型为 3 层楼结构，楼层高度为 3m，每层的总面积为 5000m^2，单层楼俯视图如图 6-14 所示，分房间和走廊两部分，房间尺寸为 10m×10m×3m，走廊尺寸为 100m×5m×3m。

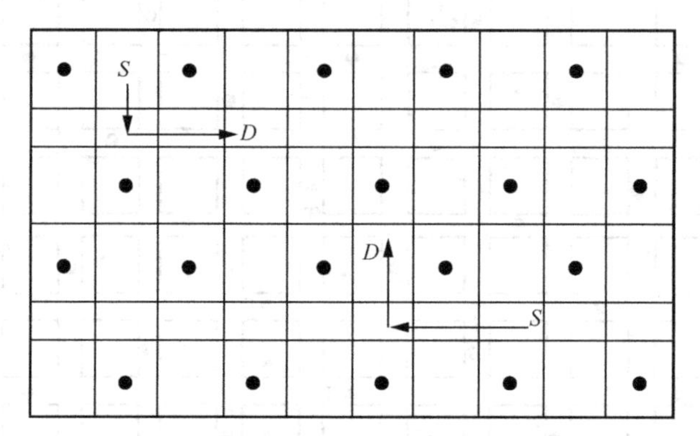

图 6-14　微微蜂窝小区单层楼俯视图

在仿真中移动台位于房间内的概率为 0.85，为消除边缘效应，只统计中间层的数据。图 6-15 是宏蜂窝小区和微微蜂窝小区共存交叉部署场景的网络结构，其中矩形表示微微蜂窝小区 3 层楼房模型。微微蜂窝小区可以位于箭头方向上的不同位置，以考查不同系统间距对共存性能的影响，系统间距可以为 0。

2．仿真结果

本节将分别给出 TD-LTE 宏蜂窝与宏蜂窝邻频共存、宏蜂窝与微蜂窝邻频共存，以及宏蜂窝与微微蜂窝邻频共存的仿真结果。其中，对于宏蜂窝与宏蜂窝邻频共存的情况，将给出小区平均吞吐量损失和小区边缘用户吞吐量损失仿真结果。

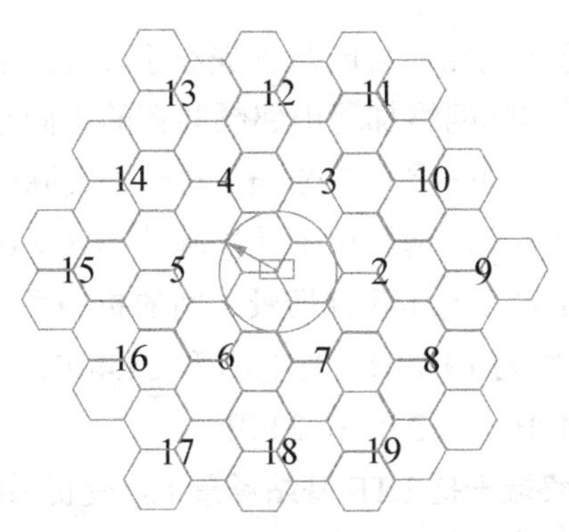

图 6-15 宏蜂窝和微微蜂窝交叉覆盖结构

（1）宏蜂窝终端干扰宏蜂窝基站

图 6-16 是 LTE 终端干扰 LTE 基站场景下，受扰系统上行平均相对吞吐量损失情况（结果普适于 LTE 终端干扰 LTE 基站，下文相关的描述类同，不再特殊说明）。对于同一种功控参数，随着两系统基站相对地理偏移的增大，干扰系统小区边缘的用户逐渐靠近受扰系统基站。小区边缘用户信道条件差，经过功率控制后发射功率较高，所以随着两系统基站相对地理偏移的增大，干扰系统终端对受扰系统基站的干扰也增大。对于相同的系统间距，使用功率控制配置 1（图 6-16 中的 PC set1：完全路径损耗补偿）比使用功率控制配置 2（图 6-16 中的 PC set2：部分路径损耗补偿）时，功率控制后干扰源 UE 的发射功率要高，干扰相对严重，上行相对吞吐量损失相对较高。

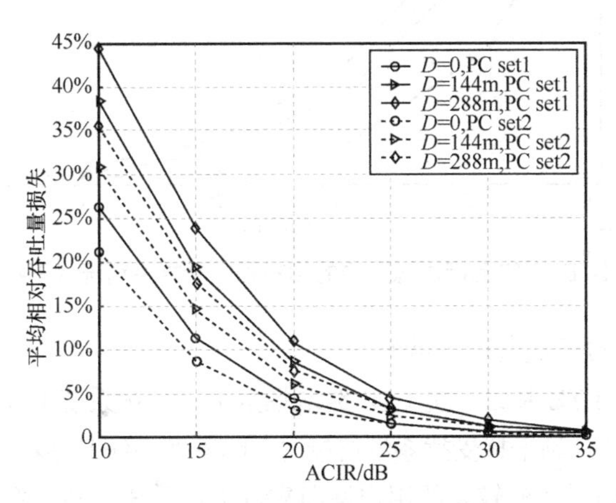

图 6-16 10MHz LTE 系统上行平均相对吞吐量损失情况（干扰源：LTE 终端）

为保证受扰系统上行平均相对吞吐量损失小于 5%，当两个系统中心基站之间的距离分别为 0（对应于实际网络部署中邻频共存的不同运营商的基站共站址部署情况，此时基站之间干扰最为严重）、288m（对应于实际网络部署中同一运营商或不同运营商邻频段共存的干扰源基站位于受扰基站小区边缘情况，此时基站与终端之间干扰最为严重）、144m（上述两种场景之间的折中场景）时，如果使用功率配置 1，所需 ACIR 至少分别为 19.4dB、23.2dB 和 24.4dB；如果使用功率配置 2，所需 ACIR 至少分别为 18.4dB、21.3dB 和 23dB。

图 6-17 所示是 LTE 终端干扰 LTE 基站场景下，受扰系统上行边缘用户的相对吞吐量损失情况。其中，功控参数使用功率配置 1。当 ACIR 值较小时，边缘用户吞吐量损失大于系统平均水平；随着 ACIR 增大，边缘用户吞吐量损失逐渐下降并接近系统平均水平。为保证受扰系统上行平均相对吞吐量损失小于 5%，当两个系统中心基站间距分别为 0、144m 和 288m，所需 ACIR 至少分别为 20.5dB、24.6dB 和 26.5dB。

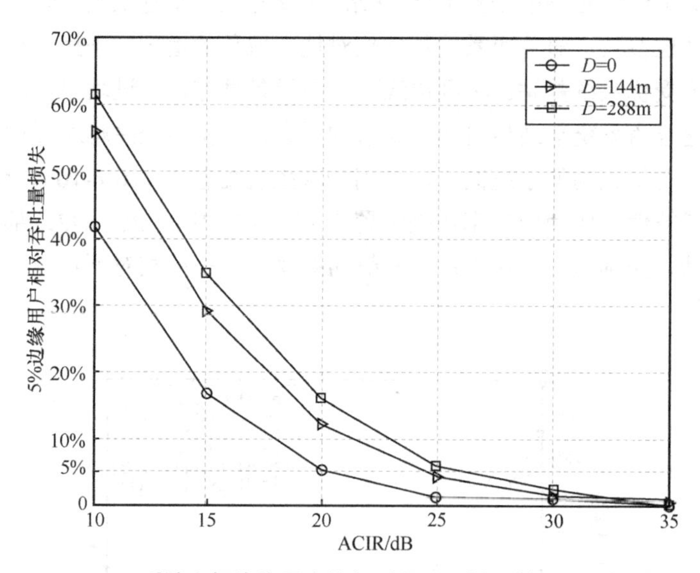

图 6-17　10MHz LTE 系统上行边缘用户的相对吞吐量损失情况（干扰源：LTE 终端）

（2）宏蜂窝基站干扰宏蜂窝终端

图 6-18 所示是 LTE 基站干扰 LTE 终端场景下，受扰系统下行平均相对吞吐量损失情况。当干扰系统基站干扰受扰系统终端时，随着两系统基站相对地理偏移的增大，受扰系统小区边缘信道条件较差的用户逐渐靠近干扰系统基站，受到的干扰也随之增大。为保证受扰系统下行平均相对吞吐量损失小于 5%，当两个系统中心基站间距分别

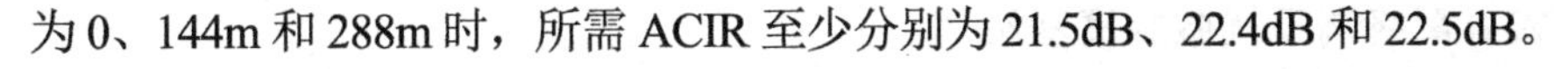
为 0、144m 和 288m 时，所需 ACIR 至少分别为 21.5dB、22.4dB 和 22.5dB。

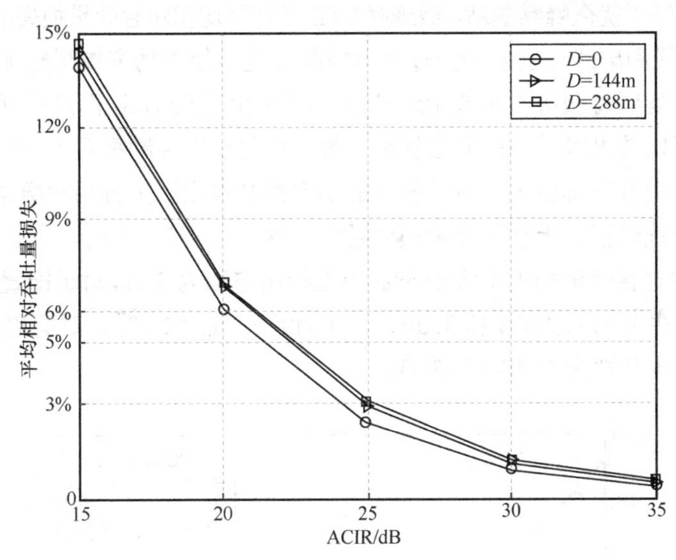

图 6-18　10MHz LTE 系统下行平均相对吞吐量损失情况（干扰源：LTE 基站）

图 6-19 所示是 LTE 基站干扰 LTE 终端场景下，受扰系统下行边缘用户的相对吞吐量损失情况。对于相同的 ACIR 值，边缘用户吞吐量损失明显大于系统平均水平。为保证受扰系统下行平均相对吞吐量损失小于 5%，当两个系统中心基站间距分别为 0、144m 和 288m 时，所需 ACIR 至少分别为 38.7dB、41.3dB 和 47.7dB。

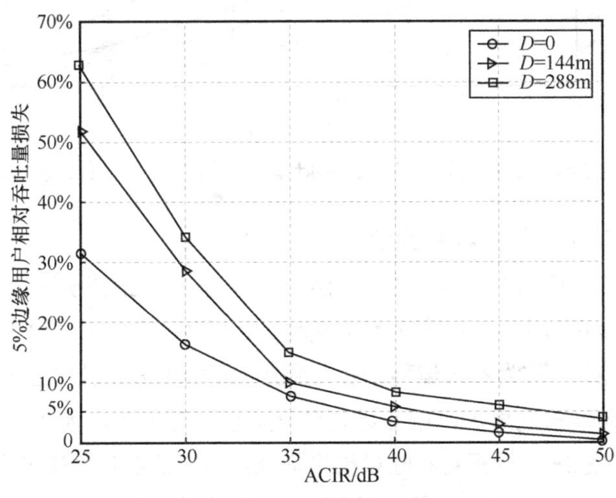

图 6-19　10MHz LTE 系统下行边缘用户的相对吞吐量损失情况（干扰源：LTE 基站）

（3）宏蜂窝终端干扰微蜂窝基站

宏蜂窝终端干扰微蜂窝基站，微蜂窝 LTE 上行平均相对吞吐量损失情况如图 6-20 所示。其中实线和虚线分别表示上行功率控制过程中使用功率控制配置 1 和配置 2，且系统中上行均同时服务 5 个或 10 个用户，图 6-20 曲线对比了 10 个用户与 5 个用户的区别。可以看出对于同样的上行用户数，使用功率控制配置 1 时相对配置 2 对微蜂窝系统的上行干扰更大；对于相同的功率控制参数，上行用户数越多，微蜂窝系统受到的干扰越强，上行吞吐量损失越大。

为保证相对吞吐量损失不大于 5%，当上行用户数为 5 时，对于配置 1 和配置 2，所需 ACIR 至少分别为 46dB 和 39dB；当上行用户数为 10 时，对配置 1 和配置 2，所需 ACIR 至少分别为 50dB 和 43dB。

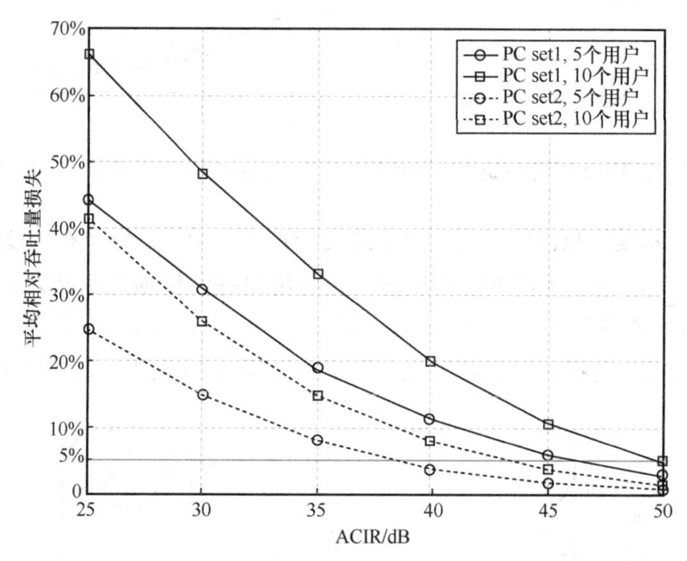

图 6-20 微蜂窝 LTE 上行平均相对吞吐量损失情况（干扰源：宏蜂窝终端）

（4）宏蜂窝基站干扰微蜂窝终端

宏蜂窝基站干扰微蜂窝终端，在不同系统中心基站间距情况下，下行平均相对吞吐量损失情况如图 6-21 所示。*D* 表示整个曼哈顿街区模型的中心与 19 个宏小区的中心基站之间的相对偏移，称为系统偏移。曼哈顿街区模型中只统计中心 6 个 BS 服务的用户数据，随着系统偏移的增大，中心逐渐靠近宏小区的边缘，因此，受到的干扰也逐渐减小，使微蜂窝系统下行相对吞吐量损失降低。为保证吞吐量损失不大于 5%，当系统偏移分别为 0、144m 和 288m 时，所需 ACIR 至少分别约 13.3dB、12.8dB 和 10dB。

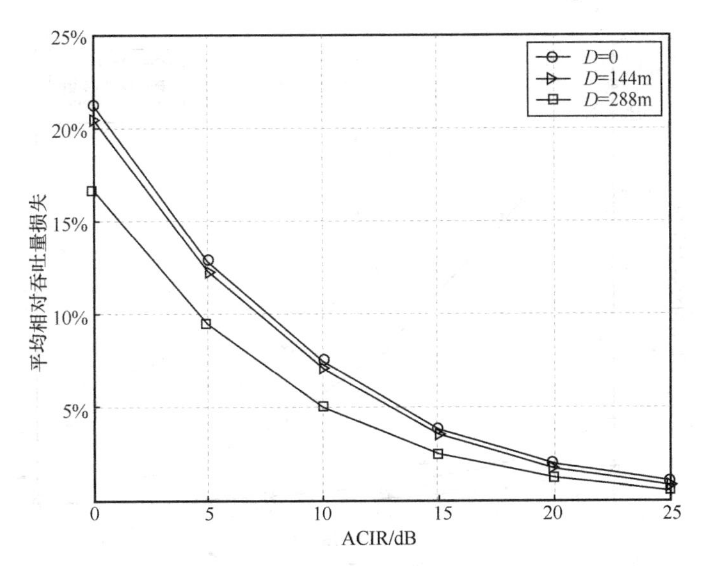

图 6-21　微蜂窝 LTE 下行平均相对吞吐量损失情况（干扰源：宏蜂窝基站）

（5）宏蜂窝基站干扰微微蜂窝终端

图 6-22 中，*D* 为微微蜂窝 3 层楼房结构模型的中心与 19 小区宏蜂窝模型的中心之间的相对偏移，称为系统偏移。*D*=0 表示微微蜂窝网络模型位于宏蜂窝网络中心小区的中心位置；*D*=288m 表示微微蜂窝网络位于宏蜂窝网络中心小区的边缘位置。随着系统偏移的增大，微微蜂窝系统下行相对吞吐量损失逐渐降低，为保证微微蜂窝系统下行相对吞吐量损失小于 5%，当系统偏移为 0 时，所需 ACIR 至少为 18dB；当系统偏移为 144m，所需 ACIR 至少为 5dB；而当系统偏移为 288m，即微微蜂窝网络位于宏蜂窝网络中心小区的边缘时，由于远离宏蜂窝 BS，微微蜂窝系统受到的下行干扰非常小，相对吞吐量损失在任何情况下都小于 5%。

（6）宏蜂窝终端干扰微微蜂窝基站

从图 6-23 中可以看出，对于相同的功率控制参数，随着系统偏移的增大，微微蜂窝系统上行平均相对吞吐量降低；对于相同的系统偏移，使用功率控制配置 2 比使用功率控制配置 1 时，微微蜂窝系统的上行平均相对吞吐量要大。当使用配置 1 时，功率控制后 UE 的发射功率要高于使用配置 2 时的情况，因此干扰也较严重。为保证微微蜂窝系统上行平均相对吞吐量大于 95%，当系统偏移分别为 0、144m 和 288m 时，如果使用功率控制配置 1，所需 ACIR 至少分别为 18dB、21dB 和 23dB；如果使用功率控制配置 2，所需 ACIR 至少分别为 7dB、10dB 和 12dB。

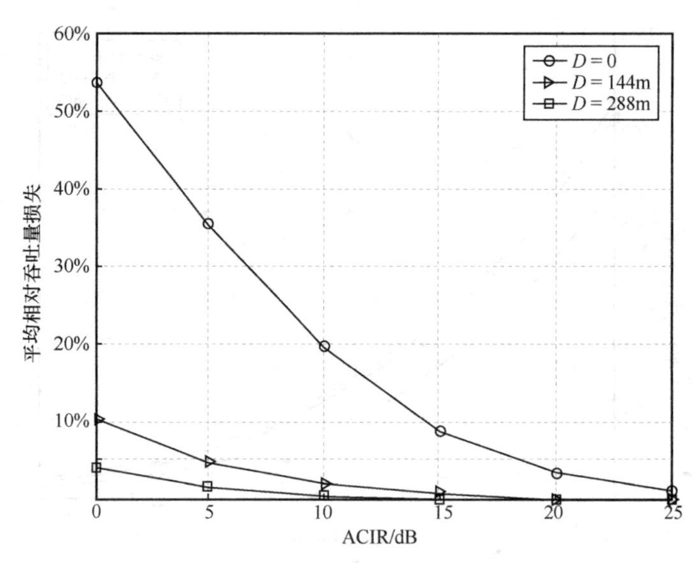

图 6-22　微微蜂窝 LTE 下行平均相对吞吐量损失情况（干扰源：宏蜂窝基站）

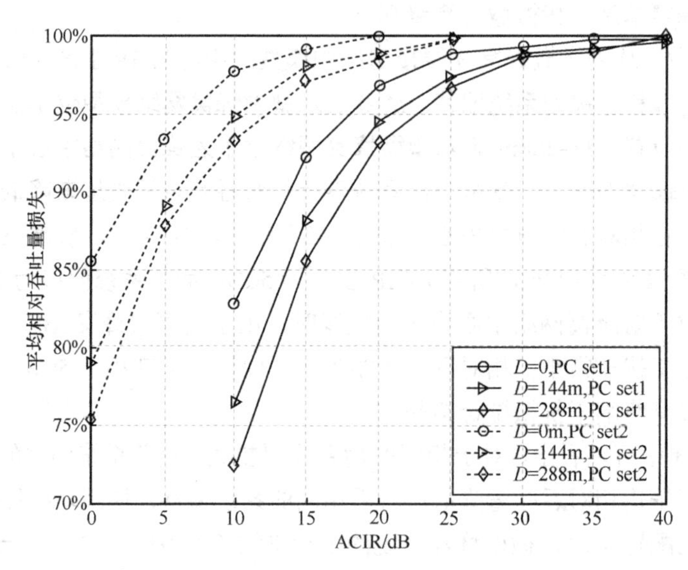

图 6-23　微微蜂窝 LTE 上行平均相对吞吐量损失情况（干扰源：宏蜂窝终端）

3．仿真结果

表 6-6、表 6-7 和表 6-8 分别给出了宏蜂窝场景、宏蜂窝和微蜂窝场景、宏蜂窝和微微蜂窝场景的仿真结果。

表 6-6　宏蜂窝场景仿真结果

<table>
<tr><th rowspan="2" colspan="2">干扰场景</th><th colspan="6">平均吞吐量损失达到 5%所需 ACIR 值/dB</th></tr>
<tr><th colspan="2">两个系统中心基站间距为 0</th><th colspan="2">两个系统中心基站间距为 144m</th><th colspan="2">两个系统中心基站间距为 288m</th></tr>
<tr><td rowspan="4">终端干扰基站</td><td></td><td>PC set1</td><td>PC set2</td><td>PC set1</td><td>PC set2</td><td>PC set1</td><td>PC set2</td></tr>
<tr><td>所需隔离</td><td>19.4</td><td>18.4</td><td>23.2</td><td>21.3</td><td>24.4</td><td>23</td></tr>
<tr><td>基本隔离</td><td>29.8</td><td>29.8</td><td>29.8</td><td>29.8</td><td>29.8</td><td>29.8</td></tr>
<tr><td>额外隔离</td><td>0</td><td>0</td><td>0</td><td>0</td><td>0</td><td>0</td></tr>
<tr><td rowspan="3">基站干扰终端</td><td>所需隔离</td><td colspan="2">21.5</td><td colspan="2">22.4</td><td colspan="2">22.5</td></tr>
<tr><td>基本隔离</td><td colspan="2">32.7</td><td colspan="2">32.7</td><td colspan="2">32.7</td></tr>
<tr><td>额外隔离</td><td colspan="2">0</td><td colspan="2">0</td><td colspan="2">0</td></tr>
</table>

如表 6-6 所示，在宏蜂窝场景下，为保证受扰系统上行平均相对吞吐量损失小于 5%，基站干扰终端和终端干扰基站情况下都不需要额外保护。

表 6-7　宏蜂窝和微蜂窝场景仿真结果

<table>
<tr><th>干扰场景</th><th colspan="6">平均吞吐量损失达到 5%所需 ACIR 值/dB</th></tr>
<tr><td rowspan="3">宏蜂窝终端干扰微蜂窝基站</td><td colspan="3">PC set1</td><td colspan="3">PC set2</td></tr>
<tr><td colspan="2">5 个用户</td><td>10 个用户</td><td>5 个用户</td><td colspan="2">10 个用户</td></tr>
<tr><td colspan="2">46</td><td>50</td><td>39</td><td colspan="2">43</td></tr>
<tr><td rowspan="2">宏蜂窝基站干扰微蜂窝终端</td><td colspan="2">系统偏移 0</td><td colspan="2">系统偏移 144m</td><td colspan="2">系统偏移 288m</td></tr>
<tr><td colspan="2">13.3</td><td colspan="2">12.8</td><td colspan="2">10</td></tr>
</table>

如表 6-7 所示，在宏蜂窝和微蜂窝场景下，宏蜂窝终端干扰微蜂窝基站所需的 ACIR 值在 39～50dB。为保证微蜂窝系统下行平均相对吞吐量损失小于 5%，宏蜂窝基站干扰微蜂窝终端所需的额外隔离在 10～13.3dB。

表 6-8　宏蜂窝和微微蜂窝场景仿真结果

<table>
<tr><th rowspan="2">干扰场景</th><th colspan="6">平均吞吐量损失达到 5%所需 ACIR 值/dB</th></tr>
<tr><th colspan="2">系统偏移 0</th><th colspan="2">系统偏移 144m</th><th colspan="2">系统偏移 288m</th></tr>
<tr><td rowspan="2">宏蜂窝终端干扰微微蜂窝基站</td><td>PC set1</td><td>PC set2</td><td>PC set1</td><td>PC set2</td><td>PC set1</td><td>PC set2</td></tr>
<tr><td>18</td><td>7</td><td>21</td><td>10</td><td>23</td><td>12</td></tr>
<tr><td>宏蜂窝基站干扰微微蜂窝终端</td><td colspan="2">18</td><td colspan="2">5</td><td colspan="2">0</td></tr>
</table>

上述仿真结果表明，宏蜂窝基站干扰微蜂窝终端时除了需要满足现有的 ACLR 和 ACS 指标外，还需要 10～13dB 的额外隔离度。此外，其他场景现有 ACLR 与 ACS 可满足要求，即可以进行邻频部署。

6.4 系统间干扰的排查方法

当目标系统面临的干扰情况比较复杂时，就需要进行干扰排查，确定干扰的类型和产生原因，以便选取合适的规避方案来解决干扰，保证系统正常工作。从上面的分析可以看出，实际移动通信网络中不同系统间的干扰主要为基站之间的干扰，即施扰基站的下行发射对受扰基站的上行接收产生的干扰，这是我们干扰排查和规避的主要目标。常规排查方法一般从查看受扰基站上行业务时隙上的干扰数据入手，结合全网干扰快速筛查和单站干扰精确定位两种手段进行干扰排查。但该方法较为费时费力且需要关闭周边大面积内的所有宏基站，否则会影响判断准确度。针对此问题，一种新型干扰排查方法是利用 TDD 系统特殊子帧中的 GP 时间或 UpPTS 时间，检测受扰基站接收到的干扰信号，这种方法更加方便快捷，准确度高，而且对大规模网络没有影响。

6.4.1 常规排查方法

常规排查方法通常结合全网干扰快速筛查和单站干扰精确定位两种手段进行干扰排查。

首先利用全网干扰快速筛查方法，批量查看受扰基站上行业务时隙上的干扰数据，定位受干扰区域或站点，因干扰源较为复杂，不能通过该方法定位和区分所有干扰源的站点；再进行单站干扰精确定位。全网干扰快速筛查手段适用于大规模、全网拉网式排查，速度快、效率高，能短时间内找出可能受到干扰的站点；单站干扰精确定位手段适用于精确定位干扰类型及干扰源（全人工），并有针对性地找到解决方法。

以某城市为例，共有 1000 个站点，通过半自动定位发现 100 个站点存在明显干扰，且能初步判断出干扰类型；除此之外还有 10 个站点的干扰情况复杂，以至于不能判断干扰的种类，可对这 10 个站点进行单站干扰精确定位。

本书第 7 章将以 F 频段（Band39）干扰排查方法为例，详细介绍全网干扰快速筛查和单站干扰精确定位这两种干扰排查方法。

6.4.2 创新检测方法

在上述常规的全网干扰快速筛查过程中，需要基站在上行业务时隙检测干扰信号强度和时频域特征，如果此时周围宏基站仍处于正常工作状态，则在受扰基站的上行时隙中仍会收到邻小区用户的正常上行干扰信号，这属于系统内干扰，它会和系统间干扰叠加在一起，导致我们无法分辨出系统间干扰信号特征，从而无法准确检测出系统间干扰。在单站干扰精确定位过程中，需要用手持仪表（频谱分析仪或扫频仪）+定向天线（八木天线或对数周期天线）登上基站天线处扫描上行干扰来源，如果此时周围宏基站仍处于正常工作状态，则由于 TDD 系统上行和下行信号共频段，在下行时隙会收到周边基站的下行信号，而早期的仪表无法区分上行和下行时隙，周边基站超强的下行信号会完全淹没受扰基站收到的上行干扰信号，导致在仪表上无法识别出干扰信号。因此在进行上面的干扰检测和排查时，需要把周围 2～3 层（约 2km）内的宏基站全部关闭以避免它们的上下行信号对受扰基站干扰排查工作的影响，但这样的操作在 TDD 网络试验网阶段或建网调试期尚可实现，而对一个已经规模商用的 TDD 网络影响巨大，对用户而言，如此大范围、长时间的网络退服是不可接受的。

为了解决常规全网干扰快速筛查中的 TDD 基站上行干扰检测问题，可以采用一种创新的检测方法，它通过在特殊子帧中的 GP 时间或 UpPTS 时间里，检测基站接收到的信号功率，可以在无须关闭周边的同频 TDD 基站的情况下，实时准确地检测基站受到系统间干扰的强度和时频域特征。

方案一（以 TD-LTE 为例，5G NR 类似）：在 GP 时间里进行检测

（1）由于在特殊时隙的 GP 时间里，8 通道的 TD-LTE 基站还会进行周期性的天线校准工作，在进行干扰检测时，需要避开天线校准的工作时间。因此，首先基站需要确认在当前的 GP 时间里不需要进行天线校准的工作。

（2）由于在特殊时隙的 GP 时间里，TD-LTE 基站可能收到远方其他的 TD-LTE 基站发射的下行信号，此时，TD-LTE 基站可能会错误地把系统内其他基站发射的下行信号当成系统间的干扰信号。为了解决此问题，可以采用以下 4 种解决方案。

1）在原本的特殊时隙的基础上，舍弃刚开始的 GP 符号，选择靠近 UpPTS 的 GP 符号，即选择靠后的 GP 时间。例如，通常在 F 频段，为了保证与 TD-SCDMA 对齐，TD-LTE 系统选择特殊子帧配置 5，即 GP 有 9 个 OFDM 符号时间长度。我们可以舍弃刚开始的 3 个 OFDM 符号，而选择从第 4 个 OFDM 符号开始检测，此时，目标 TD-LTE 基站只会收到大约 63km 外的其他 TD-LTE 基站发射的下行信号。一般而言，此种情况下的远端基站的信号功率已经非常小，基本在底噪之下，不对系统间的干扰检测产生影响。这种方法的优点在于可以不影响当前的业务，但缺点在于如果特殊时隙中 GP 的时间较短，如 D 频段（Band41）所用的特殊时隙配置 7，

GP 只有 2 个 OFDM 符号时间，此时，第 2 个 OFDM 符号存在被远端基站干扰的风险。

2）增大 GP 时间长度。如果在 D 频段（Band41）上进行干扰检测时，为了确保检测可靠，排除远端基站干扰的影响，我们可以在进行干扰检测的时间里，暂时改变特殊子帧配置，采用长 GP 的特殊子帧。如采用 F 频段的特殊子帧配置 5。需要注意的是，如果改变特殊子帧配置，需要把一个区域里的基站的特殊子帧配置都改变，一般而言，在实际中可能需要整体改变一个城市区域里的所有基站。这种方法的优点在于可以消除远端基站干扰的风险，但缺点在于改变特殊时隙配置需要重启所有的小区，对现网业务会有短暂的中断，而且大 GP 的特殊时隙配置也会略微降低下行性能。

3）根据现网 TD-SCDMA 的配置情况，结合使用步骤 1）和步骤 2）的方法。在 TD-SCDMA 系统中，GP 的宽度是 75μs，恰好和 TD-LTE 系统中 1 个 OFDM 符号的时间长度类似。在 TD-SCDMA 系统中，为了解决 GP 长度比较短而可能导致的远端基站干扰的问题，引入了 Up-Shifting 的技术，即 TD-SCDMA 系统不将 TS1 时隙作为业务时隙，而是作为 UpPTS 时隙的扩展。因此，我们可以参考现网 TD-SCDMA 中的配置，如果与 TD-LTE 所在区域共站或相邻的 TD-SCDMA 系统未配置 Up-Shifting，则可以选用步骤 1）的方案，因为此时可以认为有 75μs（约 1 个 OFDM 符号时间）就可以保证无远端基站干扰；反之，如果 TD-SCDMA 系统配置了 Up-Shifting，即 75μs 不能保证消除远端基站干扰，此时则选用步骤 2）的方案，增大 GP 时间长度。

4）在 GP 里进行时域功率检测，确定远端基站干扰消失的时间起始点。一般地，远端基站干扰信号的时间特征是随着时间流逝的，其功率逐渐减小。例如，通常在 D 频段，TD-LTE 系统选择特殊子帧配置 7，即 GP 有 2 个 OFDM 符号时间长度。如果我们舍弃第 1 个时间符号，即从第 2 个 OFDM 符号开始检测，此时，目标 TD-LTE 基站只会收到大约 21km 外的其他 TD-LTE 基站发射的下行信号。此时，在某些特殊情况下，第 2 个 OFDM 符号仍有受到一定程度远端基站干扰的风险。但如果配合时域功率检测，即从 GP 的第 1 个 OFDM 符号时间开始，进行连续时间采样，如果可以观察到，接收到的信号功率在时域上，从第 1 个 OFDM 符号开始是逐渐下降的，而到第 2 个 OFDM 符号时间里基本保持稳定，那么基本可以判断，此时远端基站的干扰基本消失，在第 2 个 OFDM 符号时间里进行干扰检测是可靠的。

（3）TD-LTE 基站在 DwPTS 结束后，在 GP 时间里立刻打开上行接收机，并在选择的 GP 符号时间里进行干扰检测，即基站在时域上进行采样接收信号，在频域上进行谱分析。由于在 GP 时间里，本小区和相邻小区的终端不会发送上行信号，而选择的 GP 符号时间里又排除了远端基站的下行信号，因此，不会受到系统内信号的干扰，此时收到的信号全部是系统间的干扰信号。基于此接收信号的时频域分析特征，可以人工或机器分析、定位干扰的来源、种类等，如是二次谐波干扰或是阻塞干扰等。此分析方法属于干扰检测分析的方法范畴，此处不再赘述。

（4）为了保证检测可靠，上述操作可以重复多次，即可以采样连续多个 GP 时间的接收信号，进行平均或时域滤波后，再进行频域谱分析。

方案二：在 UpPTS 时间里进行检测

在 UpPTS 时间里的检测流程和思想与在 GP 时间里的检测方法类似，都是 TD-LTE 基站在时域进行采样后，在频域进行谱分析。但不同之处在于，在 UpPTS 时间里，可以确定不会有远端基站干扰，但此时相邻小区的用户可能会发送 LTE 系统中的上行信道探测参考信号（SRS）和随机接入信道（RACH）信号，这些上行信号会影响干扰检测的准确度。因此，为了避免此问题，在进行干扰检测的时间里，我们需要特殊配置 SRS 和 RACH 信号，让其避开 UpPTS 时间。例如，对于 RACH 信号，可以将其配置在普通的上行子帧里，而在 UpPTS 上不进行配置。而对于 SRS，一种方法是，周期性地在 UpPTS 时隙上间隔进行配置，如以 10ms 为周期进行配置，即每 2 个 UpPTS 时隙中都有 1 个 UpPTS 时隙是空闲的；另一种方法是，考虑对 D 频段和 F 频段的特殊时隙配置（分别是配置 7 和配置 5），UpPTS 都有 2 个 OFDM 符号，我们可以只将 SRS 配置在其中一个符号上，另一个符号保持空闲，如果把 SRS 配置在第 1 个 OFDM 符号上，则我们可以在第 2 个 OFDM 符号上进行干扰检测。同样地，这种配置是要以一个大范围的区域为单位进行的，如以一个城市里的所有基站整体配置。

为了解决常规单站干扰精确定位中的手持仪表上行干扰检测问题，经过产业推动，仪表厂商已经推出可支持锁定上行时隙检测的手持频谱分析仪和扫频仪。对于不支持该能力的仪表，可以搭配中国移动通信有限公司研究院研发的“扫频伴侣”模块进行上行干扰排查，即可实现对任意 GP、UpPTS 和 PUSCH（上行业务）时隙的锁定检测。

6.5 系统间干扰的规避准则和隔离措施

为了保证受扰系统能够正常工作，根据干扰产生的机理和效果，通常需要遵守以下 3 条规避准则。

（1）杂散干扰规避准则

受扰基站天线口接收的杂散干扰功率应比接收机底噪低 7dB（灵敏度恶化 0.8dB）；受扰终端天线口接收的杂散干扰功率应不高于接收机底噪（降敏 3dB）。

（2）互调干扰规避准则

在受扰基站生成的三阶互调干扰电平比它的接收机底噪低 7dB（降敏 0.8dB）。

（3）阻塞干扰规避准则

受扰基站从干扰基站接收到的总载波功率应比接收机的 1dB 压缩点低 5dB。由于 1dB 压缩点为接收机射频电路部分的指标，而非整机指标，不易评估，通常情况下我们直接采用受扰基站的接收阻塞指标作为干扰门限即可。根据国际和国内标准，在阻塞指标对应的干扰信号输入受扰接收机射频口时，其接收灵敏度恶化 3～6dB，可等同于底噪抬升 3～6dB，但目前主流设备厂商的基站产品有较大的抗阻塞余量，灵敏度恶化在 1dB 以内。

如果满足了这些隔离度要求，受扰基站的接收机灵敏度只下降 1dB，这对于绝大多数系统都是可以接受的。

为了减小系统间的干扰，工程实施和网络规划时常用的干扰隔离措施有如下几种。

（1）发射和接收天线保证足够的空间隔离，二者必须在距离上保持足够远。

（2）合理利用建筑物、山体等阻挡或使用隔离板。

（3）调整施扰或受扰基站天线的倾角或水平方向角，或使用高前后比的天线。

（4）在施扰基站发射口增加外部带通滤波器，但这会增加额外的插损和故障点，同时会增加成本，降低前向覆盖。

（5）降低干扰基站的发射功率，但这会降低前向覆盖。

（6）在受扰基站的接收端增加带通滤波器，但这会增加接收机的噪声系数，降低灵敏度，降低反向覆盖。

（7）修改频率规划，使干扰系统的下行频率和受扰系统的上行频率之间保留足够的保护带，但这会降低频率使用率。

6.6 小结

系统间的干扰问题是在实际网络部署过程中必然出现的，严重时会影响系统性能，甚至使系统无法工作。提前预见干扰问题的存在是网络规划和建设者需要具备的素质，合理有效的射频规范能够降低甚至消除干扰风险，面向干扰避免的网络规划策略可以指导网络优化部署，高效的干扰排查方法能够大大减少网络优化人员的工作量。未来随着移动通信系统频率数量的迅速增长，系统间的干扰问题将更加复杂，相应的干扰研究和技术方案也将更加受到网络运营商的重视。

参考文献

[1] 啜钢, 等. CDMA 无线网络规划与优化[M]. 北京: 机械工业出版社, 2004.

[2] 工业和信息化部. 工业和信息化部关于发布 1800 和 1900 兆赫兹频段国际移动通信系统基站射频技术指标和台站设置要求的通知[R]. 2012.

第7章

TDD系统与其他系统间干扰解决方案实践

TDD 系统与其他系统间的干扰问题能否得到妥善解决，直接决定了 TDD 系统大规模网络建设和运营的质量，我们必须予以足够重视。本章首先介绍了 F 频段和 E 频段 TD-LTE 与其他系统间的干扰解决实践，包括干扰排查和规避的方法。其次介绍了 D 频段 TD-LTE 及 NR 与其他系统间的干扰解决实践，虽然 D 频段在我国被分配给 TD-LTE 及 NR 两种制式，但因其均属于 TDD 制式，故在与其他系统间干扰分析与干扰解决方面不存在本质区别。在 D 频段的干扰解决中，重点选择了现网较为典型的两例案例，体现了在遇到不明干扰时外场扫频排查工作的重要性；同时详细介绍了共存仿真方法的实践工作。再次，介绍了 3.5GHz 频段 NR 与其他系统间的干扰研究。

7.1 F频段TD-LTE与其他系统间的干扰解决方案实践

1880～1920MHz 在国际标准化组织 3GPP 的 TD-SCDMA 标准中的频段编号为 F，在 TD-LTE 标准中的频段编号为 Band39，在 NR 标准中的频段编号为 n39，通常简称为 F 频段。

本节将介绍 F 频段 TD-LTE 与其他 IMT 系统间的干扰共存排查和规避措施。

7.1.1　干扰排查方法

F 频段干扰情况较为复杂，可能引起 F 频段 TD-LTE 系统受到干扰的因素很多，且同一 F 频段 TD-LTE 基站可能受到多种系统的共同干扰。因此，一方面需要在全网内快速排查出潜在受扰的 F 频段 TD-LTE 基站，另一方面需要准确定位干扰的类型以便采用相应的方法规避干扰。

通过后台统计工具收集干扰初始数据，筛查出干扰较为严重的站点并初步判断干扰类型。然后采用半自动数据库表格工具或天线在线互调检测等方法，进一步确定干扰类型和干扰产生的原因。其中，常用的后台统计工具包括 F 频段 TD-LTE 系统上行干扰检测工具和 Band3/Band8 在线互调干扰检测工具。数据库分析工具包括 F 频段 TD-LTE 基站带外阻塞能力数据库分析工具、Band3 基站在 F 频段带外杂散指标数据库分析工具、Band3 天线三阶互调性能数据库分析工具和 Band8 天线二阶互调性能数据库分析工具等。

通过以上方法选取一定数量的典型站点后，进一步采用单站干扰排查方法精确定位干扰类型。通常单站干扰排查需要的设备包括扫频仪（或便携式频谱分析仪）、便携式无源互调仪、受扰/施扰频段的带通滤波器、TD-LTE LMT、TD-LTE 测试终端等。

下面将以现网中某个受到干扰比较严重的 TD-LTE 站点为例，具体介绍实际站点的干扰排查方法。未排查干扰前，小区初始上行干扰功率为−92.4dBm/15kHz，平均上传速率只有 3.3Mbit/s 左右。

1．全网干扰快速筛查

步骤 1　后台上行干扰检测，判定受干扰站点。

通过后台上行干扰检测，发现此站点上行底噪在整个信道带宽内均超过−110dBm/100kHz，干扰较为严重。

步骤 2　干扰相关初始数据收集及干扰类型初步预判。

通过统计共站址信息可知，共站的 GSM1800 小区使用了 1850MHz 以上的频点，其广播控制信道（BCCH）使用了 796 号频点（1862MHz），业务信道（TCH）使用频点编号为 781、814、822、828、835、845、849（最高到 1872.6MHz）。

某站点 TD-LTE 小区 2 的上行干扰功率变化如图 7-1 所示。通过上行干扰的测量和分析，得到每个 RB（180kHz）的上行干扰功率，如图 7-1 中“初始干扰”曲线所示。

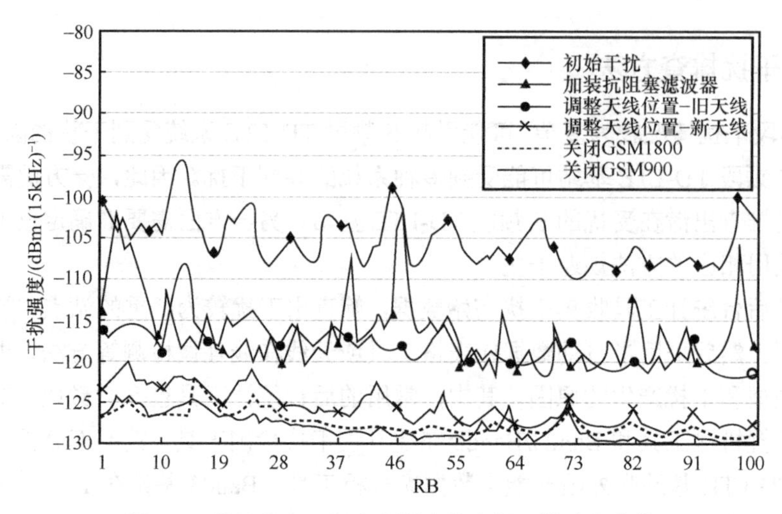

图 7-1　某站点 TD-LTE 小区 2 的上行干扰功率变化

根据 1.8GHz 施扰基站发射的干扰信号的频点位置、带宽、强度等特征，在 F 频段受扰基站上检测到的阻塞干扰曲线表现为上行信号在 100 个 RB 上都有所抬升，且从左到右缓慢下降；杂散干扰表现为前 30 个左右 RB 有所抬升，且表现为明显左高右低的形状；互调干扰表现为有窄带脉冲式形状，这部分 RB 明显超出平均底噪；如果 RRU 出故障，会表现为整体底噪很平且超过理论底噪。另外还有一些其他类型的干扰，干扰曲线呈现不同的形状。例如 900MHz（Band8）的二次谐波干扰曲线表现为窄带脉冲式形状，且干扰信号频点符合施扰基站下行发射信号的二次谐波/二阶互调关系；干扰器或直放站的同频干扰曲线表现为比较平坦的整体底噪抬升；小灵通的同频干扰曲线表现为窄带脉冲式形状，带宽约为 300kHz，且频率位置符合小灵通的网络配置。总之，某些干扰类型表现特征相似，特征不同的多个干扰也可能同时发生，干扰曲线相互交叠覆盖，这就需要我们通过更多的信息和细微的差别来识别出各类干扰，例如，该站址还有哪些基站部署、发射信号的频点和制式是什么、周边是否存在可能使用了干扰器的考场，有时还需要借助时域（多个时隙或时段）上的特征辅助判断干扰类型。

从本实例的测量结果可以看出，全频段干扰功率整体抬升，且从左到右缓慢下降，符合 1.8GHz 基站阻塞干扰类型，且有部分脉冲式干扰，符合互调干扰类型。

2. 单站干扰精确定位

在对该受扰基站点的干扰类型有充分预期的情况下，再登上基站进行精确的干扰定位。上站后，发现 GSM1800 小区的天面在 TD-LTE 小区 1 和 TD-LTE 小区 2

之间，与 TD-LTE 小区 2 的距离更近，水平距离不到 1.5m，且没有垂直隔离距离，某站点天面分布如图 7-2 所示。

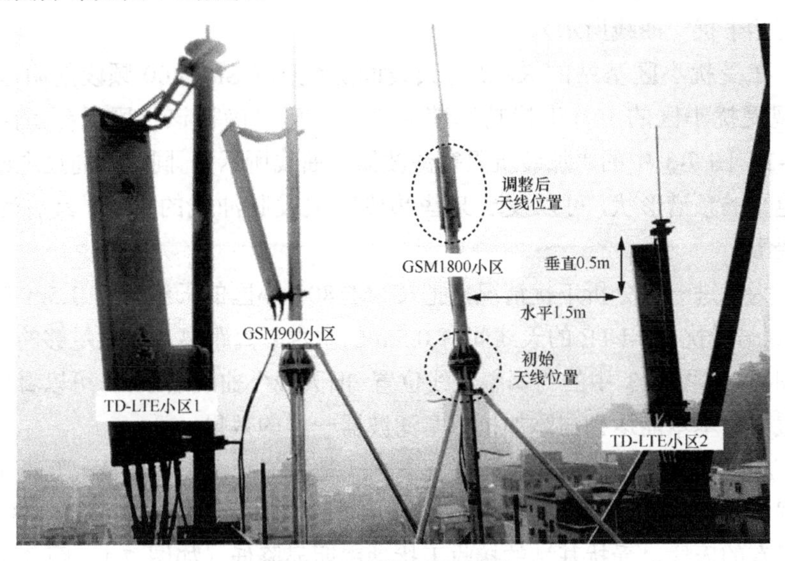

图 7-2　某站点天面分布

对该站点 TD-LTE 小区 2 进行排查，采用不同措施时，某站点所接收 NI 干扰电平和上行吞吐量变化情况如图 7-3 所示。

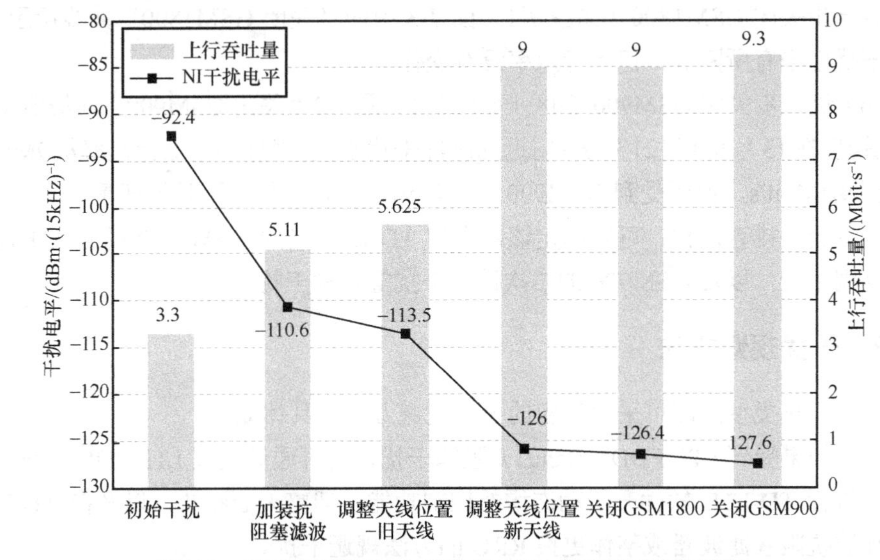

图 7-3　某站点所接收 NI 干扰电平和上行吞吐量变化情况

（1）首先，观察受扰小区基于 RB 的上行干扰功率变化情况，发现整体干扰功率全部提升，因此，该站点可能受到了 GSM1800 小区的阻塞干扰（如图 7-1、图 7-3 中的“初始干扰”曲线所示）。

（2）在受扰小区基站的 RRU 与天线间加装抗 GSM1800 频段的阻塞滤波器后，发现受扰小区的上行干扰功率整体降低，可以确认该小区受到了阻塞干扰（如图 7-1、图 7-3 中的“加装抗阻塞滤波器”曲线所示）。同时，通过观察基站接收干扰电平的频谱形状，可以发现某些频段有突发脉冲式的干扰，具有受到互调干扰的特征。

（3）为了进一步分析干扰情况，把 GSM1800 小区的天线升高 1.5m 左右，使 GSM1800 与受扰 TD-LTE 的天线间有 0.5m 的垂直隔离距离，提供足够的空间隔离度（如图 7-1、图 7-3 中的“调整天线位置-旧天线”曲线所示）。可以看出，调整天线位置后，基本能达到与添加抗阻塞滤波器一样的效果。

（4）考虑还存在 GSM1800 的互调干扰（基站的互调指标优良，互调干扰通常是由天线或跳线引起的无源互调干扰），使用一面具有高互调性能的 GSM1800 天线替换掉已有的天线，受扰基站的接收干扰功率明显降低（如图 7-1、图 7-3 中“调整天线位置-新天线”曲线所示），上传业务吞吐量也达到 9Mbit/s。可以确认，该小区受到了共站的 GSM1800 的互调干扰。

（5）继续观察，看到接收干扰电平中还有突发的脉冲，仍然存在互调干扰的特征，进一步关闭 GSM1800（如图 7-1、图 7-3 中的“关闭 GSM1800”曲线所示），发现干扰电平有所降低，但上行速率没有变化。

（6）进一步关闭 GSM900 小区（如图 7-1、图 7-3“关闭 GSM900”曲线所示），可以看到，在 13 号 RB 和 21 号 RB 附近的脉冲干扰消失，受扰小区上行速率从 9Mbit/s 提升到 9.3Mbit/s，说明受到 GSM900 的二次谐波干扰，但并不是很严重。

经过上述排查过程，可以确定该站点的 TD-LTE 受到 GSM1800 的阻塞干扰和三阶互调干扰，以及 GSM900 的二次谐波干扰等多种干扰。

7.1.2 干扰规避方法

确定干扰类型后即可采用相应的干扰规避方法，具体如下。

（1）如果受到 LTE FDD（Band3）阻塞干扰，则可通过调整 LTE FDD（Band3）频点、进行 TD-LTE 软件升级动态增益控制功能、调整天面布放，以及在 TD-LTE 基站加装抗阻塞滤波器或整体更换 RRU 的方法规避干扰。

（2）如果受到LTE FDD（Band3）杂散干扰，则可通过调整天面布放和在LTE FDD（Band3）基站加装杂散抑制滤波器的方法规避干扰。

（3）如果受到LTE FDD（Band3）互调干扰，则可通过调整LTE FDD（Band3）频点、升级Band3天线互调抑制能力，以及调整天面布放的方法规避干扰。

（4）如果受到LTE FDD（Band8）二次互调或谐波干扰，则可通过调整天面布放和升级Band8天线二次互调谐波抑制能力的方法规避干扰。

（5）LTE FDD（Band3）系统的杂散指标和F频段TD-LTE的抗阻塞指标应严格遵守该频段的射频指标管理规定，以有效降低干扰存在的风险；若仍旧存在干扰，可采用调整天面布放的方法加以规避。

（6）为了避免干扰LTE FDD（Band 1）系统，F频段TD-LTE设备需要严格遵守原国家无线电管理委员会发布的该频段射频管理要求，对于现网设备可通过调整天面布放、加装杂散抑制滤波器等方法规避干扰。

7.2　E频段TD-LTE与其他系统间的干扰解决方案实践

2300～2400MHz在国际标准化组织3GPP的TD-SCDMA标准中的频段编号为E，在TD-LTE标准中的频段编号为Band40，在NR标准中的频段编号为n40，通常简称为E频段。

7.2.1　干扰排查方法

目前，E频段在国内主要应用于室内覆盖，中国移动拥有E频段的2320～2370MHz部分。

本节将介绍E频段TD-LTE与其他IMT及非IMT（即WLAN）系统间的邻频干扰共存排查方法和规避措施。

通过WLAN后台统计与TD-LTE共覆盖区域一定时间内的丢包率、重传率、信道利用率和MCS等级，将其与无TD-LTE共覆盖区域的统计进行对比。若发现与TD-LTE共覆盖区域的WLAN网络指标变差，则该区域有可能受到TD-LTE系统的干扰或该区域为弱覆盖。

E频段单站干扰排查流程如图7-4所示。当圈定了一部分可能受扰基站的区域后，可以通过图7-4所示的单站干扰精确定位方法进一步确定受扰基站及干扰类型。

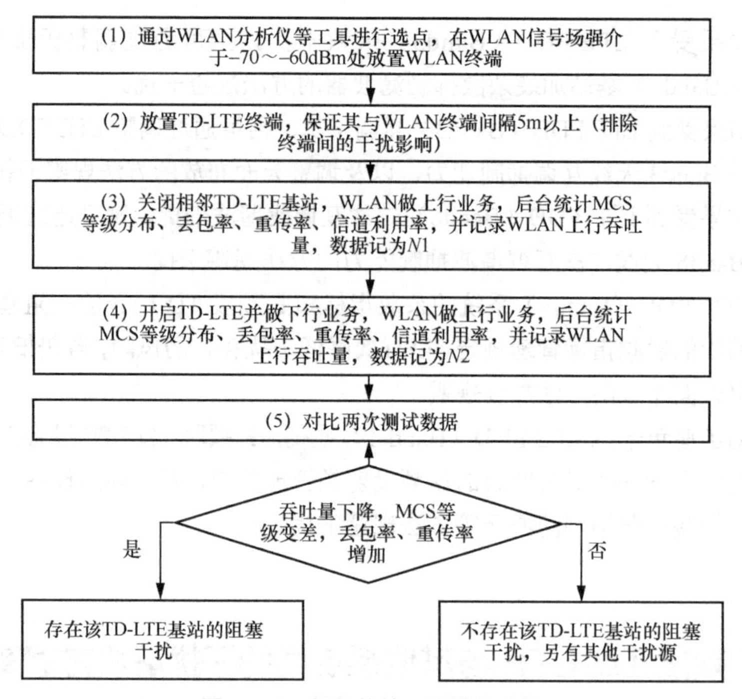

图 7-4　E 频段单站干扰排查流程

7.2.2　干扰规避方法

E 频段的干扰主要为 TD-LTE 系统对 WLAN 系统的干扰，主要的干扰规避方案有以下几种。

（1）频率隔离

优先选用 E 频段中的低频点部署 TD-LTE，降低对 WLAN AP 阻塞能力和工程隔离的要求。

（2）工程隔离

为避免 TD-LTE 室分系统对 WLAN AP 的干扰，需要保证 TD-LTE 室分天线和 WLAN AP 天线间有 4m 以上的隔离距离。

（3）提高 WLAN AP 阻塞指标

将 WLAN AP 阻塞指标提高至可抵抗-24dBm/20MHz 的干扰信号时，能够保证 TD-LTE 室分系统与 WLAN 放装型 AP 在间距 2m 时无干扰。

此外，当 E 频段与其他移动通信频段通过异频合路器进行合路时，针对合路器和射频线缆接头产生的无源互调干扰，一般通过优化合路器和射频线缆接头的无源互调指标进行抑制。或者通过增加室分系统数量，将容易产生无源互调干扰的频段分配于不同的室分系统中，也可以有效规避，但会增加额外的部署成本。

7.3　D 频段 TD-LTE 及 NR 与其他系统间的干扰解决方案实践

2570～2620MHz 在国际标准化组织 3GPP 的 TD-SCDMA 标准中的频段编号为 D，在 TD-LTE 标准中的频段编号为 Band38，在 NR 标准中的频段编号为 n38。而 2496～2690MHz 频段范围，在 TD-LTE 标准中的编号为 Band41，在 NR 标准中的频段编号为 n41。由于我国已将 n41 中的大部分频谱，即 2515～2675MHz，分配给 TDD 系统（包括 TD-LTE 和 5G NR），故通常也将 2496～2690MHz 频谱统一简称为 D 频段。

本节除了介绍 D 频段 TD-LTE 或 NR 系统与其他非 IMT 系统间的干扰规避方法，还将分别介绍无线网桥和 ATM 红外感应模块导致的 D 频段带内同频干扰案例。

7.3.1　干扰规避方法

在 D 频段部署 TD-LTE 或 NR 系统之前，需要进行全频段的扫频，确认区域内是否有微波多路分配系统（MMDS）干扰。

与 MMDS、射电天文系统共存，可通过双方协调使用频率方法解决干扰问题。

与 2500MHz 以下的北斗卫星导航系统和 2690MHz 以上的无线电定位导航及气象雷达系统共存，可通过加严 TD-LTE/5G NR 系统的杂散指标和其他系统的阻塞指标规避干扰。

与 WLAN 系统共存的规避方法可参考 E 频段 TD-LTE 的方法。

7.3.2　干扰解决案例

D 频段系统与其他 IMT 系统间的干扰，一般可以通过系统仿真、确定性计算方法、标准化指标定义、软/硬件设计等技术方案得到良好的解决和规避。而 D 频段系统与其他合法的带内外非 IMT 系统（包括 WLAN 系统、北斗卫星导航系统、无线电导航和气象雷达系统、MMDS 等）间的干扰一般也可以提前预知，并做好频谱规划和协调，从而实现系统间安全可靠的共存。因此，现网中难以预测、突发影响大、需要针对性分析解决的，往往是某些电子设备非法使用 D 频段频谱资源的情况。本节将就该种情况，介绍中国移动在 5G NR 网络实际运营中遇到的两个干扰解决案例。

7.3.2.1　无线网桥导致的带内同频干扰

某市 D 频段 NR 室分小区自开通后就存在较强的上行干扰。首先分析干扰波形，发现主要集中在 2535～2555MHz 频段的 PRB，干扰带宽约 20MHz，而且全天全时段都存在干扰。经核查，该区域站点无时钟类告警，且该频段内 4G/5G 帧偏配置均正常，故安排运维人员前往现场扫频。干扰波形及各小时干扰均值如图 7-5 所示。

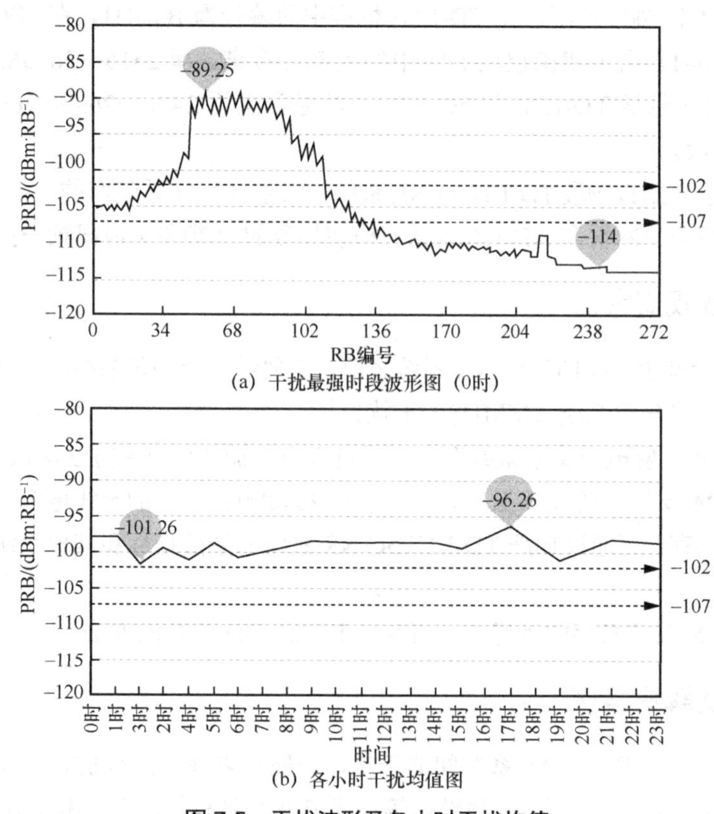

图 7-5　干扰波形及各小时干扰均值

运维人员前往现场后，在该物业大楼的两部电梯扫频时均发现了类似的干扰波形，现场扫频发现的干扰波形如图 7-6 所示。联系工作人员打开电梯机房，发现此处无线监控系统使用的是某公司设备，电梯机房中发现的无线监控系统如图 7-7 所示。

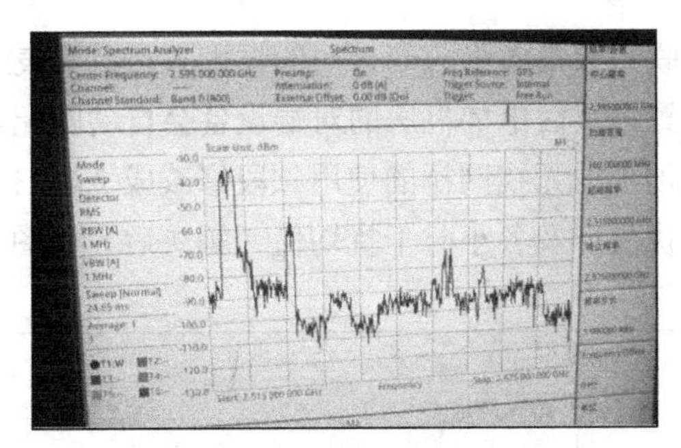

图 7-6 现场扫频发现的干扰波形

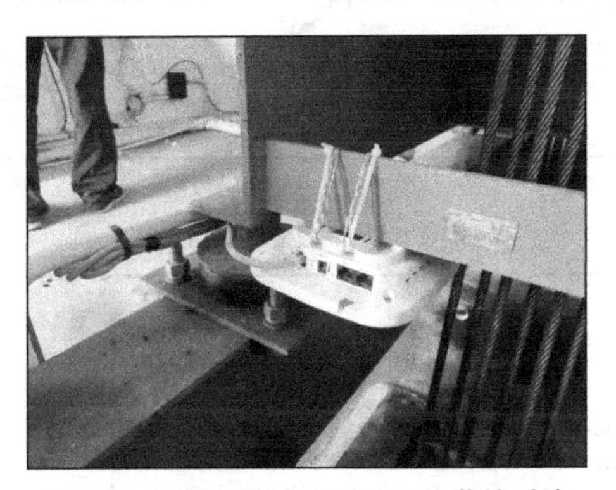

图 7-7 电梯机房中发现的无线监控系统

运维人员协调监控安装公司人员现场对设备进行改频操作，连接上无线网桥之后发现它们使用的频段是 2.542GHz 频段，无线网桥使用 2.542GHz 频段如图 7-8 所示，位于 D 频段带内，而且正好与问题小区受干扰最严重的 2535～2555MHz 频段重合。

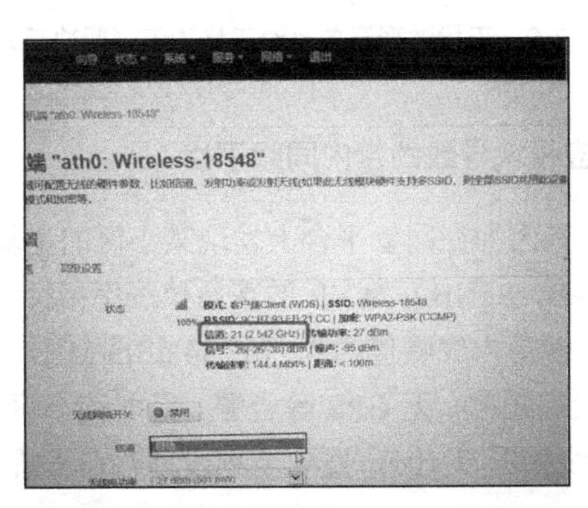

图 7-8 无线网桥使用 2.542GHz 频段

随后，运维人员联系该设备供应商公司的技术人员，其表示需要修改安装在电梯轿厢顶部的设备设置，然后电梯机房的对端设备会自动匹配。协调电梯维护公司人员打开电梯将轿厢顶部的无线网桥的使用频段修改成 2.4GHz。修改完成后，问题小区的干扰消除（干扰波形及各小时干扰均值（解决后）如图 7-9 所示）。

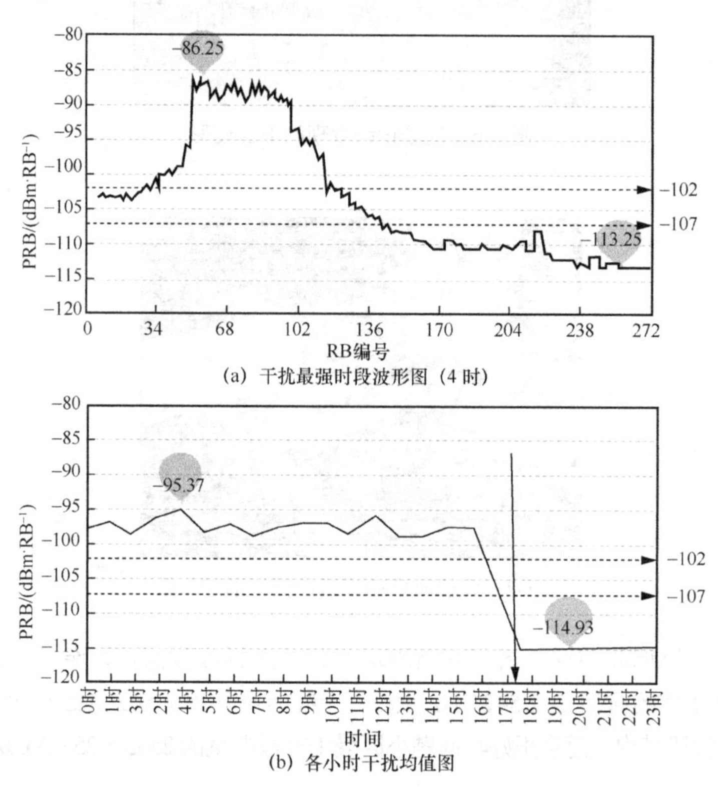

图 7-9　干扰波形及各小时干扰均值（解决后）

7.3.2.2　ATM 红外感应模块导致的带内同频干扰

该问题最初暴露，是因为在网管平台上发现某小区的主辅小区变更成功率和辅基站（Secondary gNodeB，SgNB）为 NR 的基站掉线率指标较差，因此提取了网管平台上的带内底噪，发现带内底噪值约为−107.34 dBm/MHz。

经检查，该基站状态正常，无 GPS 等告警。提取该小区的 PRB 底噪曲线（受扰小区的 PRB 底噪曲线如图 7-10），发现全频段都存在干扰，部分 PRB 异常凸起升高，为不常见形态。

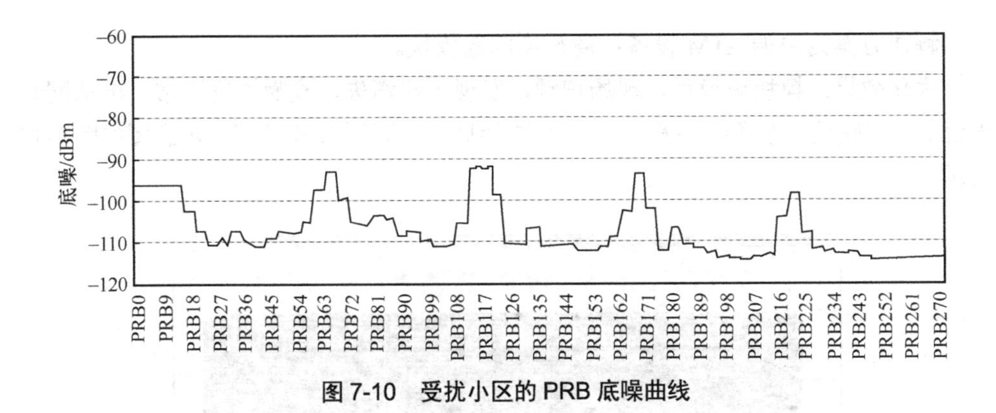

图 7-10　受扰小区的 PRB 底噪曲线

现场初步扫频，在周边并未发现明显干扰源。而当扫频仪的天线正对某银行 ATM，对 ATM 进行扫频时发现明显干扰如图 7-11 所示，因此怀疑 ATM 中的某个模块对 D 频段系统产生干扰。由于存在银行设备的协调问题，提交当地无线电监测中心处理。

图 7-11　对 ATM 进行扫频时发现明显干扰

当地无线电监测中心人员现场协调后，ATM 厂商人员现场配合定位，发现 ATM 设备断电后干扰即消失。经逐个模块排查，发现 ATM 设备上的取款键盘处的红外感应模块使用频率为 2.5～2.8GHz 如图 7-12 所示，怀疑该设备对 5G 产生干扰。单独关闭红外感应模块后现场扫频，发现干扰消失，因此定位干扰为 ATM 上红外感应模块对 5G 产生的干扰。

图 7-12　ATM 设备上的取款键盘处的红外感应模块使用频率为 2.5～2.8GHz

解决方案为协调 ATM 设备厂商替换问题模块。

优化效果：模块更换后，现场扫频，发现干扰消失，底噪恢复正常。再从网管平台上提取底噪图形确认干扰消失。模块更换后，底噪正常，干扰消失示意图如图 7-13 所示。

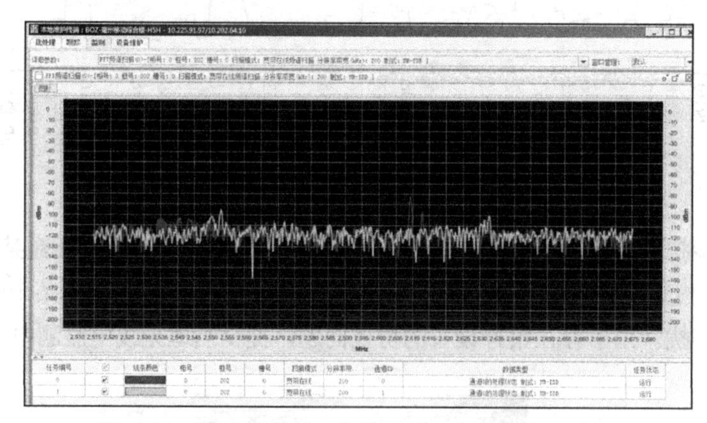

图 7-13　模块更换后，底噪正常，干扰消失示意图

干扰关闭后站内主辅小区变更成功率由 99.77%提升至 99.88%，SgNB 掉线率由 0.30%降低至 0.21%。

7.4　3.5GHz 频段 NR 与其他系统间的干扰解决方案实践

为满足 ITU 愿景，5G 系统的使用将包括高、中、低频段，即统筹考虑全频段，其中 3～6GHz 频段相对于高频段有较好的传播特性，相对于低频段有更宽的连续带宽，可以实现覆盖和容量的平衡，满足 5G 某些特定场景的需求。ITU 将 3400～3600MHz 频段标识用于 IMT，该频段逐渐成为全球协调统一频段。国内在将 3400～3600MHz 频段用于 5G 部署之前，必须考虑与固定卫星业务（空对地）系统之间的邻频兼容性共存问题，在确保完成干扰协调后，才可开展正式的 5G 商用部署。本节重点介绍 3.5GHz 5G 系统与固定卫星地面站之间的干扰共存仿真研究。

7.4.1　干扰原理

对于 3400～3600MHz 部署 5G 系统，具体干扰场景如下。

（1）对卫星固定业务地球站同频干扰。

（2）对卫星固定业务地球站带外干扰。

（3）对卫星固定业务地球站饱和干扰。

7.4.2　仿真方法

5G 系统与卫星固定业务共存研究的仿真参数如下。

根据建议书 ITU-R M.2101 和报告书 ITU-R M.2292，3～6GHz 频段 5G IMT 系统参数、部署模型建议，即用于共存的 5G 系统参数见表 7-1。

表 7-1　用于共存的 5G 系统参数

参数	郊区宏基站	城区宏基站
小区半径/km	0.6	0.3
ISD/km	0.9	0.45
天线高度/m	25	20
扇区化	3 扇区	3 扇区
下倾角	6°	10°
频率复用因子	1	1
天线模型	ITU-R M.2101	
每根天线增益/dBi	5	
单天线的水平和垂直的 3dB 瓣宽	65°	
水平和垂直方向的前后抑制比/dB	30	
天线极化	线性±45°	
极化损耗/dB	3B	
天线结构	8×8	
欧姆损耗/dB	3	
传导功率（每个天线）	32dBm / 100MHz	
平均激活率	50%（部署面积超过 50km^2 的取 20%）	
用户密度/km^{-2}	2.13	3
ACLR/dB	45	
用户最大功率/dBm	23	
天线增益/dBi	−4	
人体损耗/dB	4	
与其他系统间的传播模型	ITU-R P.452	
仿真方法	ITU-R M.2101	

用于仿真的 5G 卫星固定业务地面站的参数见表 7-2。

表 7-2　5G 卫星固定业务地面站的参数

参数	取值	
工作频段/MHz	3400~4200、4500~4800	
干扰门限	I/N=−12.2dB（ITU-R S.1432−1）	
饱和电平	−60dBm@100MHz	
仰角	15°/30°/45°	
天线方向图	ITU-R S.465/S.580	
噪声温度/K	100	
接收机噪声电平/(dBm·MHz^{-1})	−118.6（10lgKTB）	
接收机保护门限/(dBm·MHz^{-1})	−130.8	
天线直径/m	2.4（城区）	1.8（郊区）
天线高度/m	10（城区）	3（郊区）
天线增益/dBi	38.2（城区）	35.7（郊区）

仿真方法共包括 3 种，分别是带外干扰、饱和干扰和同频干扰，对应的仿真方法如下。

1．带外干扰

IMT 基站共 7 层，隔离距离固定为 50m、100m，传播模型采用自由空间传播，地球站仰角为 15°、30°、45°，方位角随机，每个快照计算出 IMT 基站对卫星地球站的集总干扰，各快照间取集总干扰均值。邻频仿真方法部署如图 7-14 所示。

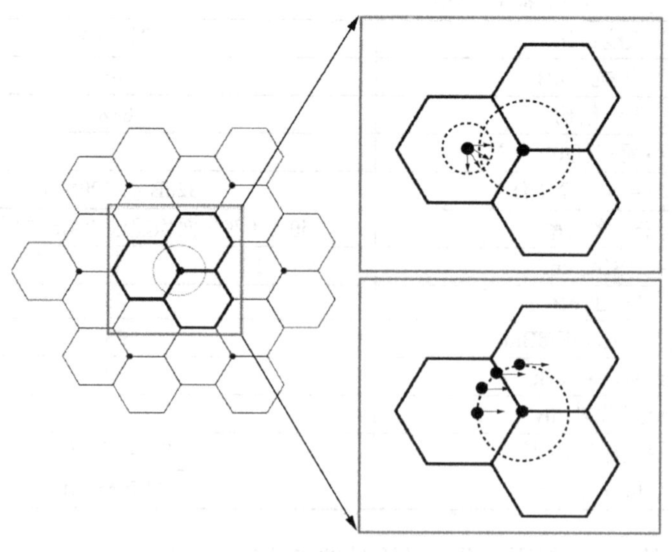

图 7-14　邻频仿真方法部署

需要注意的是，单次快照中，如果基站在地球站±5°净空角范围内（锥形），则删除此快照，因为 IMT 基站不会建筑在卫星地球站的净空区域内。

2. 饱和干扰

IMT 基站共 7 层，隔离距离固定为 50m、100m，传播模型采用自由空间传播，地球站仰角为 15°、30°、45°，方位角随机，每个快照计算出 IMT 基站对卫星地球站的集总干扰，各快照间取集总干扰均值。具体施扰和受扰系统部署方式与带外干扰一致，如图 7-14 所示。

需要注意的是，单次快照中，如果基站在地球站±5°净空角范围内（锥形），则删除此快照，因为 IMT 基站不会建筑在卫星地球站的净空区域内。

3. 同频干扰

（1）IMT 基站共 7 圈，卫星地球站位于拓扑中心，隔离距离固定为 1km、5km。仿真圈数和快照数为 5000～10000 次，每次快照计算集总干扰值，快照间取均值或做 CDF 曲线。5G 系统宏基站部署场景如图 7-15 所示。

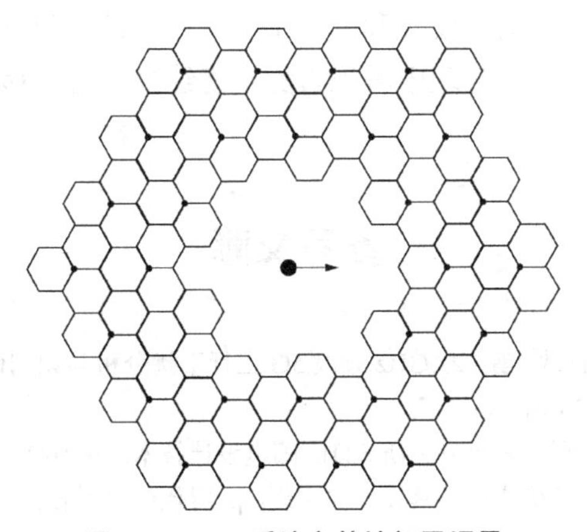

图 7-15　5G 系统宏基站部署场景

（2）传播模型为 P452：地点概率随机，时间概率为 50%。

综上总结如下。

1. 带外干扰

两系统隔离距离为 50m 时，需要增加 24.3～33.2dB 的额外隔离度满足共存条件；隔离距离为 100m 时，需要增加 18.1～27dB 的额外隔离度满足共存条件。

2. 饱和干扰

在饱和电平为−60dBm，隔离距离为 50m 时，需要增加 17.9～34dB 的额外隔离度满足共存条件；隔离距离为 100m 时，需要增加 17.7～28.4dB 的额外隔离度满足共存条件。

3．同频干扰

两系统隔离距离为 1km 时，需要增加 37.3～45.8dB 的额外隔离度满足共存条件；隔离距离为 5km 时，需要增加 33.9～41.2dB 的额外隔离度满足共存条件。

上述隔离度实现的具体方法包括制定基站侧杂散指标、卫星固定站抗阻塞指标，必要时可以考虑为卫星固定地面站加装滤波器。

7.5 小结

TDD 系统在现网部署和运行中，及时解决各种干扰问题，是保障大规模商用网络质量的重要环节。本章着重介绍的 TDD 系统的干扰解决实践案例中，无论是外场勘察和扫频操作，还是后台统计和分析工具，以及共存仿真方法和模型，均为多年来在 TDD 系统现网运营管理中所积累的丰富经验，对于移动通信运营商有着宝贵的借鉴意义。

参考文献

[1] 宋心刚, 张冬晨, 李行政, 等. 2.6GHz 频段 5G 上行干扰分析与识别研究[J]. 电信工程技术与标准化, 2021, 34(4): 74-81.

[2] 陈凯. 5G 干扰特征识别及解决方案研究[J]. 邮电设计技术, 2021(4): 34-39.

[3] 韩文冬. 5G 基站上行干扰分析工具设计与实现[J]. 现代信息科技, 2021, 5(4): 53-55, 59.

[4] SCHMIDHUBER J. Deep learning in neural networks: an overview[J]. Neural Networks, 2015(61): 85-117.

[5] LU L Q, YI Y H, HUANG F L, et al. Integrating local CNN and global CNN for script identification in natural scene images[J]. IEEE Access, 2019(7): 52669-52679.

[6] HE K M, ZHANG X Y, REN S Q, et al. Deep residual learning for image recognition[C]// Proceedings of 2016 IEEE Conference on Computer Vision and Pattern Recognition. Piscataway: IEEE Press, 2016: 770-778.

第8章 干扰控制的技术演进方向

本书的第3章～第7章主要围绕TDD超大规模组网干扰理论及在3G/4G/5G的实践展开阐述。本章将面向未来，阐述TDD超大规模组网后续可能面临的问题及相关的干扰控制的技术方向。

8.1 未来移动通信中可能出现的干扰问题

TDD频谱是5G的主力频谱，时分双工是5G在TDD频谱上的主要工作模式，传统的以下行时隙为主的TDD无法有效满足工业互联网应用场景中的极致低时延和高可靠需求，亟须双工模式的变革助力行业的数字化转型升级。

传统的toC业务以eMBB为主，通常对下行速率和容量有较高的要求，因此5G公网的TDD帧结构中下行时隙占比较大。然而，toB应用尤其是工业互联网场景对5G的时延能力提出了极致要求，例如，在智慧工厂、智慧港口等工业互联网场景中，5G应用开始从行业辅助生产环节向核心生产环节延伸，行业核心生产环节涉及机器运动控制、机器间协同、机器视觉AI检测等应用。据统计，在所有工业控制协议中，约15%要求端到端时延不高于1ms，约35%要求端到端时延不高于4ms，约30%要求端到端时延不高于10ms，留给空口传输的时延更低，这就要求5G-Advanced空口需要具备极致低时延和高可靠能力以支持工业互联网的实时应用，推动工业网络向无线化演进。另外，有些toB应用也会自下而上产生海量数据，将大量的人和机器的信息传递上云，提出了大上行的传输需求。

如第 4 章所述，5G 可实现一定灵活性的帧结构配置，在不同的业务需求区域，采用不同的帧结构配置，以满足不同场景的业务传输需求，获得差异化的上行和下行能力。但帧结构配置都是相对固定的，因受限于基站内及基站间等干扰问题，无法实时动态帧结构配置。时频统一全双工（Unified Time and Frequency Division Duplex，UDD）技术，攻克了基站侧上下行自干扰、基站间或终端间的子带间交叉链路干扰、终端侧的上下行自干扰等复杂干扰，实现了全新时频复用模式，一网多能支持低时延高可靠与大上行或大下行业务的高效共存，满足运营商的中长期部署需求。本书将在第 8.2 节详细阐述 UDD 技术。

随着 AI 算法的不断成熟和通信基础设施算力的快速提升，AI 正在各个领域展现出越来越大的作用，在移动通信网络的干扰识别、排查和解决领域也有着巨大的发挥空间。

在 4G 网络时代，现网干扰识别一般需要通过专家系统的方式分析干扰源类型和位置，准确度和效率较为低下。随着 5G 商用的大规模部署和应用，基站维护也将面临更严峻的挑战，从而影响用户体验。目前基于 AI 的干扰识别系统已逐步成熟，可以有效地提高识别准确度和效率、节约人力成本。将性能管理北向数据转为二维图像数据后，可利用 AI 图像识别算法实现对干扰类型的分类，实现网络干扰自查能力，论证了 AI 算法在现网的可行性。本书将在第 8.3.1 节详细阐述基于图像识别技术的 5G 干扰识别。

仅识别出干扰类型还不够，现网还需要进行实地干扰排查，找到确切的干扰源，即现网运维人员抵达实地后，通过手持式频谱分析仪或扫频仪进行现场检测，基于人工经验分析基站周围干扰强度，再确定干扰源位置。这些对于干扰排查来说处理效率低，且十分依赖扫频人员的经验积累。为了解决移动场景下识别效率低的情况，需要在算力受限的前提下，使 AI 模型具备识别精度高、计算开销小且兼具较强泛化的能力，这样就可以实现户外实时智能检测干扰的目的。

为了实现上述需求，运行速度变得更加重要，而原始一维数据在内存占用和处理维度上比二维图像具有更优的处理特性，因此，本章基于基站原始数据本位（类似语义）设计了基于多尺度特征金字塔的 AI 网络结构，算法精度通过现网数据验证，运行效率通过分析算法参数进行验证，可满足现网实际需求能力。本书将在第 8.3.2 节详细阐述基于类语义的复合干扰识别。

MIMO 系统小区内和小区间干扰状态复杂且动态变化，用传统的专家知识难以获得系统优化问题的闭式解和良好的干扰消除效果，引入 AI 和机器学习技术是非常有必要的。本书将在第 8.3.3 节介绍物理层 AI 中非常关键的 MIMO 信道估计与预测技术，基于精确的发射端信道信息，多用户 MIMO 的预编码方案可以更精确地消除用户间和小区间的干扰，显著提升系统的性能。

8.2　时频统一全双工技术

数智化将会渗透生产和生活的方方面面，而 5G 是未来构建千亿物联的重要载体。万物智联时代，可穿戴设备、智慧城市摄像机、云存储、数字孪生等机器视觉相关业务将自下而上地产生海量数据；工业互联网中的生产控制、机器协作也对时延提出了更高的要求。构建千兆上行和低时延通信能力，是未来 5G 网络使能数智化升级的共性需求。在 5G 现网中，已经涌现了在智慧港口、智慧钢铁和智慧矿山等工厂行业专网场景中部署大上行网络的需求。

当前无线通信系统的主流双工模式包括 TDD 和 FDD 两种制式。其中，FDD 制式虽然能够满足低时延需求，但由于 5G FDD 频谱带宽受限，因此难以满足大上行需求；而传统的 TDD 制式为了适配公网的大下行业务特点，通常采用下行较多的上下行时隙配比，其上行传输时长受限，导致上行边缘速率受限、空口时延较大，难以满足大上行和低时延需求。因此需要进行双工技术演进，以满足行业专网中的大上行需求。

8.2.1　5G 新型双工演进技术

8.2.1.1　TDD 宏微异时隙

针对 5G 现网中已经涌现的行业专网的大上行通信需求，国内运营商正在考虑和尝试让公网和专网在 4.9GHz TDD 频谱上采用不同的上下行时隙配比的组网方式（简称 TDD 宏微异时隙组网），以适配公网和专网对上下行速率的差异性要求。TDD 宏微异时隙组网如图 8-1 所示，在 TDD 宏微异时隙组网方式下，公网下行时隙多，专网上行时隙多，在部分时隙上，存在交叉链路干扰（Cross-link Interference，CLI）。在现有的 5G 协议中，只针对终端间 CLI（UE-to-UE CLI）问题提出了包括 CLI 测量和上报在内的相关技术解决方案，但没有解决基站间 CLI（gNB-to-gNB CLI）问题，导致商用部署面临挑战。

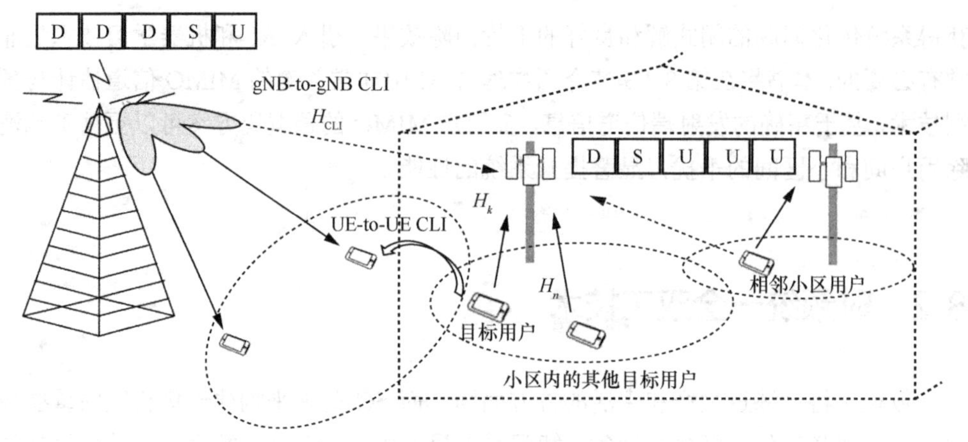

图 8-1　TDD 宏微异时隙组网

8.2.1.2　UDD 及子带不重叠全双工组网

为了迎合未来数智化升级所需的千兆上行和低时延通信能力，还需要进一步挖掘 TDD 频谱潜力，解锁全双工组网潜力。时频统一全双工（UDD）开辟了全新时频复用模式，可以利用单载波提供“0”等待时延，并可以有效提升上行覆盖，一网多能支持低时延高可靠与大上行或大下行业务的高效共存，满足运营商的中长期部署需求。如图 8-2 所示，UDD 技术包含双载波 UDD 技术和单载波 UDD 技术两种。

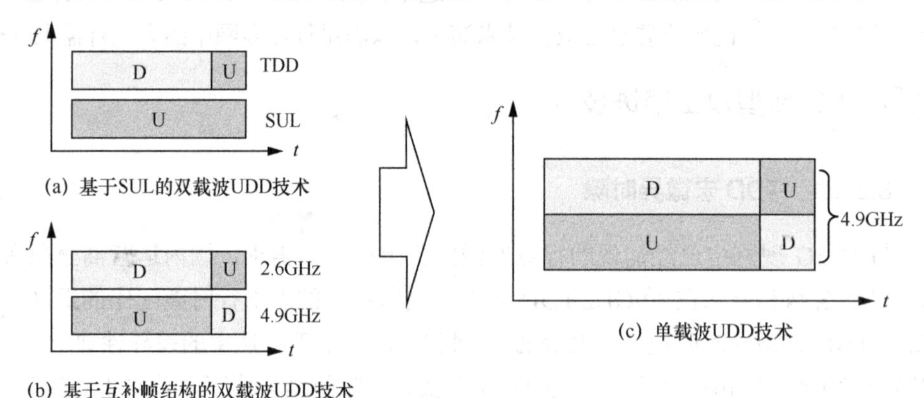

图 8-2　时频统一全双工

双载波 UDD 技术又分为补充上行（Supplementary Uplink，SUL）和双载波互补帧结构两种方式，时频统一全双工如图 8-2（a）所示，时频统一全双工如图 8-2（b）所示。基于 SUL 的双载波 UDD 技术通过将一个单独载波作为全上行配合 TDD 载波使用，可以极大提升上行的覆盖和降低时延。基于互补帧结构的双载波 UDD 技术在两个 TDD 载波上配置互补的上下行时隙配比，可以实现在任何时刻都既有上行传输机会也有下行传输机会，从而提供极致低时延的能力，但是需要终端具备载波聚合的能力。

单载波 UDD 技术如图 8-2（c）所示，即子带不重叠全双工（Sub-band Non-overlapping Full Duplex）技术，在一个载波内将不同的子带配置为不同的传输方向，通过自干扰消除、子带间干扰抑制等关键技术，使用单载波就可实现任何时刻的上下行传输，满足 1ms 以内的极致低时延需求，并可通过上下行带宽灵活调整，有效匹配大上行或大下行需求。同时，由于上行传输的机会相比传统 TDD 模式大大增加，因此可以通过上行重复传输等手段大大提升上行覆盖能力。

在 2021 年 12 月召开的 RAN#94-e 会议上，3GPP Rel-18 成功立项 NR 双工演进研究课题（Study on Evolution of NR Duplex Operation），探讨在 TDD 频谱上应用基站侧子带不重叠全双工技术的可行性，而终端侧仍然采用 TDD 技术的全新双工制式。基站侧子带不重叠全双工制式与 TDD 制式对比如图 8-3 所示，从基站侧看，在 TDD 频谱的同一个时隙里既有上行传输也有下行传输，但上下行传输的时频资源不重叠；从终端侧看，其仍然采用 TDD 制式，但不同终端可能看到不同的 TDD 帧结构配置。

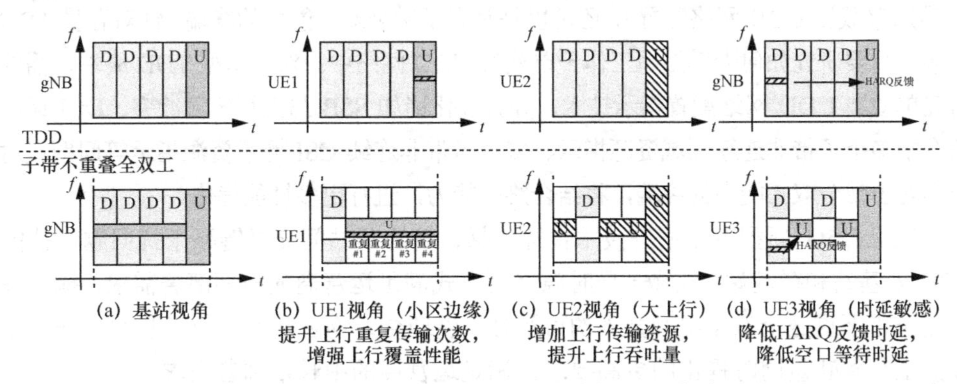

图 8-3 基站侧子带不重叠全双工制式与 TDD 制式对比

与 TDD 制式相比，基站侧子带不重叠全双工制式可以显著增强上行覆盖性能，提升上行吞吐量，并降低用户空口时延，如图 8-3（b）所示，对于小区边缘 UE1，其上行重复传输次数提升了 4 倍，因此可显著增强网络上行覆盖性能；图 8-3（c）中，对于有大上行传输需求的 UE2，可以为其配置更多的上行传输资源，因此可提升上行吞吐量；图 8-3（d）中，对于时延敏感 UE3，可以为其配置较短的 TDD 帧结构周期，以此降低 HARQ 反馈时延和空口等待时延，满足工业互联网低时延要求，同时还有助于提升用户感知吞吐量。

UDD 需要解决复杂严峻的干扰问题，尤其是单载波时频统一全双工，包括基站侧的上下行自干扰、基站间或终端间的子带间交叉链路干扰甚至终端侧的上下行自干扰等新的干扰类型，关键技术包括以下几种。

（1）基站侧自干扰抑制技术：包括天线域、射频域和数字域自干扰抑制技术。其中，天线域可以采用收发分离天线架构，并在收发天线之间增加一些隔离板或金属栅栏，以增加干扰隔离度；射频域可以采用频率固定或频率可调的子带模拟滤波器，或模拟射频自适应滤波器，在射频域削弱上下行子带间的干扰，避免低噪声功率放大器（Low Noise Amplifier，LNA）或模数转换器（Analog-to-digital Converter，ADC）饱和；最后，可以在基带采用先进的数字域干扰删除算法，进一步删除残余干扰。

（2）基站间/终端间的子带间交叉链路干扰抑制技术：子带间交叉链路干扰为非线性干扰，需要定义新的干扰测量量以及相应的测量和上报机制，进行针对性的干扰检测和抑制。

（3）资源分配和系统设计：单载波 UDD 网络中，终端形态灵活多样，既可以是存量 TDD 终端（不能感知单载波 UDD 网络配置），也可以是新型 TDD 终端（可以感知单载波 UDD 网络配置），还可以是具有子带全双工能力的终端。针对存量 TDD 终端，需要研究如何无感知地工作于单载波 UDD 网络中；对于新型 TDD 终端，需要研究单载波 UDD 网络配置指示技术，并且优化诸如 SSB 与上行传输冲突、DCI 调度信令中多个子带非连续频域资源指示、多个子带非连续 CSI 测量资源指示等问题；对于具有子带全双工能力的终端，将结合终端能力，进行更多性能优化。

综上，5G 新型双工演进技术目标包括：解决基站间交叉链路干扰问题，使能 TDD 宏基站和微基站（宏微）异时隙组网方式满足运营商的短期部署需求；探讨基站侧子带不重叠全双工组网技术的可行性，以迎合万物智联和工业互联网对低时延和大上行吞吐量同时提出的更高要求，满足运营商的中长期部署需求。

8.2.2 潜在部署场景和干扰情况分析

8.2.2.1 TDD 宏微异时隙组网

5G 行业专网中不断涌现大上行通信需求，以智慧工厂为例，超高清视频检测和监控的大规模应用需要上行大容量数据传输。对于室内工厂的网络覆盖，典型的解决方案是部署微基站，终端通过微基站接入网络，为满足工厂场景大上行的需求，可以通过提高室内工厂上行可用时隙提高上行的容量，即微基站配置上行占比多的 TDD 帧结构。然而，部署在工厂外部的宏基站主要用于满足移动宽带无线接入，以下行业务为主，典型配置是下行占比多的 TDD 帧结构，这会导致宏基站和微基站出现异时隙配比的情况。

宏基站和微基站异时隙配比会导致宏基站下行对室内微基站上行的干扰，这种干扰可称为同信道基站间的子带内交叉链路干扰（Co-channel Intra-subband gNB-to-gNB CLI），或简称为基站间 CLI（gNB-gNB CLI）；同时，还存在室内微基站上行对宏基站下行的干扰，这种干扰可称为同信道邻小区终端间的子带内交叉链路干扰（Co-channel Intra-subband UE-to-UE CLI for Inter-cell UEs），或简称为终端间 CLI（UE-UE CLI）。在 TDD 宏微异时隙组网场景中，gNB-gNB CLI 和 UE-UE CLI 这两种干扰都产生于室内和室外设备之间，因存在穿透损耗，可显著降低对 CLI 干扰抑制能力的要求。

8.2.2.2　子带不重叠全双工组网

基站侧子带不重叠全双工技术可能在低频段（FR1）或高频段（FR2）部署，其潜在部署场景包括城区宏蜂窝、城区微蜂窝、室内热点场景、异构网场景和中继场景等。在一些部署场景中，可能还存在全双工网络与同运营商 TDD 网络同信道共存（Co-channel Coexistence）和异运营商 TDD 网络相邻信道共存（Adjacent-channel Coexistence）等情况。下文将讨论一些重点部署场景及其干扰情况。

（1）同运营商组网场景

同运营商组网场景又包括 3 类子场景，分别如下。

场景 1　所有基站都升级支持子带不重叠全双工制式，且采用相同的子带资源配置，以避免出现较强的子带内交叉链路干扰（Intra-subband CLI）问题。

场景 2　所有基站都升级支持子带不重叠全双工制式，但不同基站可能采用不同的子带资源配置，以适配不同应用场景中差异化的上下行速率要求。

场景 3　部分基站升级支持子带不重叠全双工制式，而部分未升级的基站仍然采用传统的 TDD 制式，这可能出于运营商成本考虑，也是基站功能升级的必经部署阶段。

场景 1 示意图如图 8-4 所示。在场景 1 中，所有基站都升级支持子带不重叠全双工制式，且采用相同的子带资源配置。与传统的 TDD 网络相比，场景 1 引入了 3 种新的干扰类型，分别是①基站侧的自干扰（Self-interference，SI）；②同信道基站间的子带间 CLI（Co-channel Inter-subband gNB-to-gNB CLI）；③同信道同小区或邻小区终端间的子带间 CLI（Co-channel Inter-subband UE-to-UE CLI for Inter/Intra-cell UEs）。

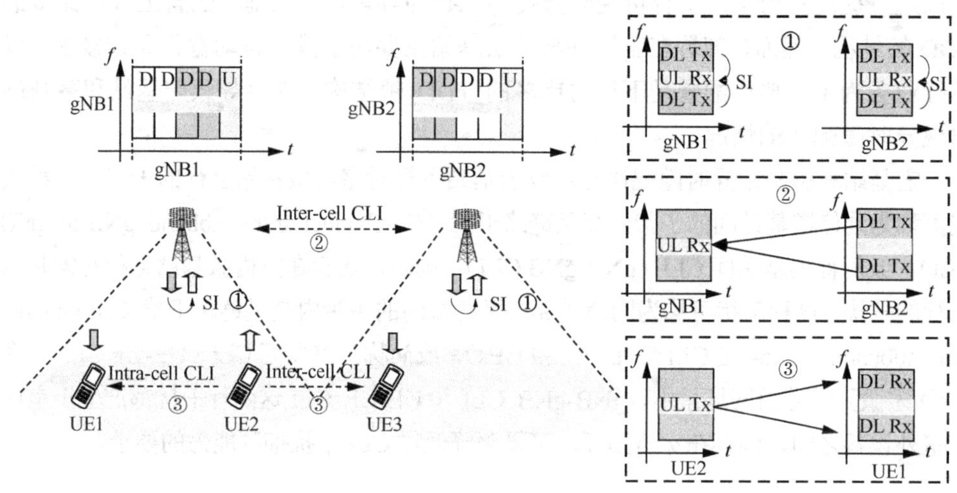

图 8-4　场景 1 示意图

场景 2 示意图如图 8-5 所示，场景 3 示意图如图 8-6 所示。在场景 2 中，所有基站都升级支持子带不重叠全双工制式，但不同基站可能采用不同的子带资源配置。在场景 3 中，部分基站升级支持子带不重叠全双工制式，而部分未升级的基站仍然采用传统的 TDD 制式。与场景 1 相比，场景 2 和场景 3 额外引入两种干扰类型，分别是：④同信道基站间的子带内 CLI 干扰（Co-channel Intra-subband gNB-to-gNB CLI）；⑤同信道邻小区终端间的子带内 CLI 干扰（Co-channel Intra-subband UE-to-UE CLI for Inter-cell UEs）。

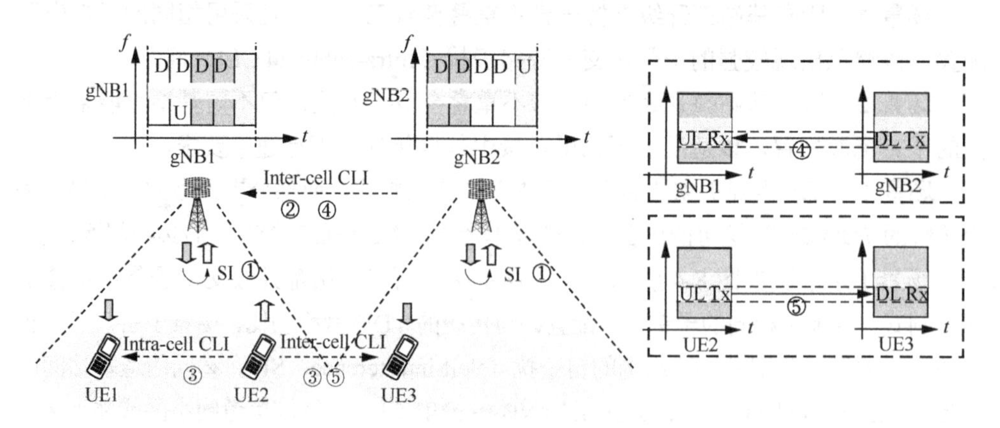

图 8-5　场景 2 示意图

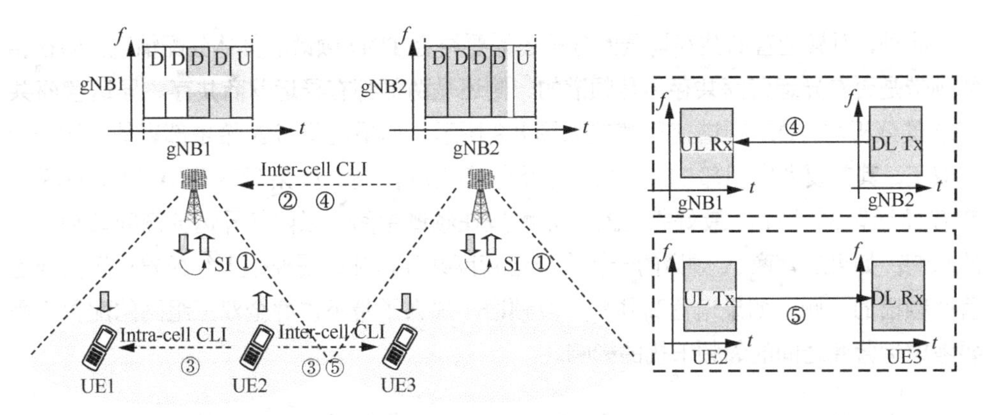

图 8-6　场景 3 示意图

（2）异运营商共存场景

异运营商共存场景为场景 4，场景 4 示意图如图 8-7 所示，在异运营商基站邻频共存场景中，一家运营商的基站升级支持基站侧子带不重叠全双工制式，而另一家运营商仍然采用传统的 TDD 制式。在本场景中，除了基站侧的 SI（第①类干扰）之外，还需要关注第⑥类干扰，即相邻信道基站间 CLI（Adjacent-channel gNB-to-gNB CLI）和第⑦类干扰，即相邻信道终端间 CLI（Adjacent-channel UE-to-UE CLI）的影响。

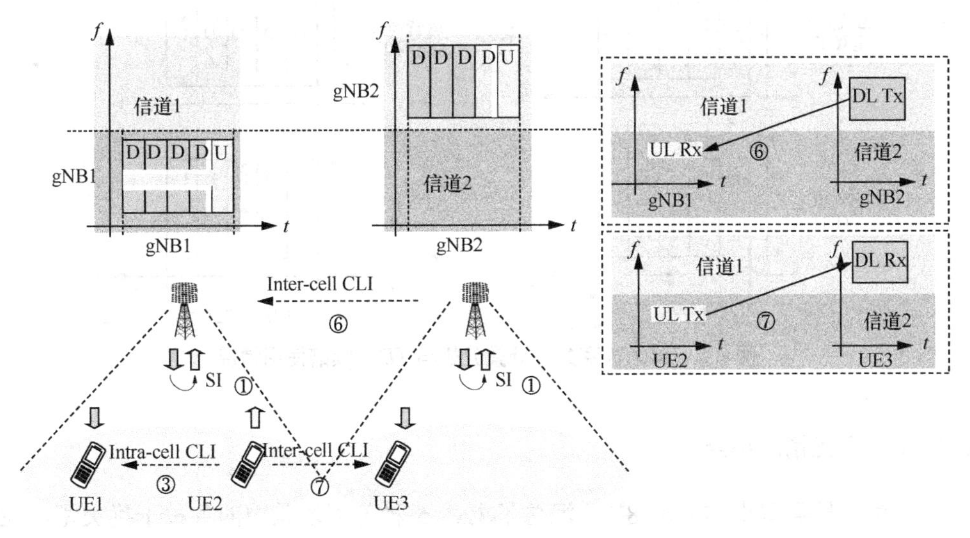

图 8-7　场景 4 示意图

此外，对异运营商共存场景的分析还需要结合 TDD 频谱的具体分配情况，即在相邻频带是否有异运营商共存，是频谱的一侧还是两侧都有异运营商共存。异运营商共存场景分析与 TDD 频谱使用情况如图 8-8 所示，如果运营商 A 希望部署基站侧子带全双工，其需要考虑相邻 TDD 频谱是否有其他运营商。如果运营商 A 频谱的两侧都有异运营商共存，最好把上行子带配置在频谱中间，以降低异运营商间邻频干扰的影响；如果运营商 A 频谱的一侧有异运营商共存，那么需要把上行配置在远离异运营商频谱的一侧。如果运营商独享一段频谱，那么子带不重叠全双工组网的配置不需要考虑运营商之间的邻频干扰的影响。

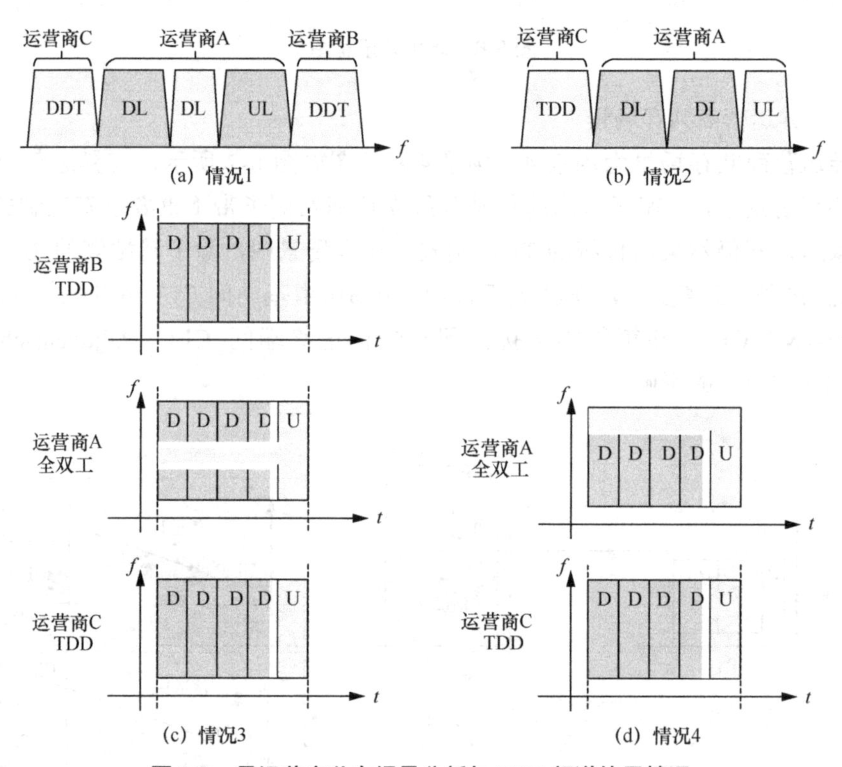

图 8-8　异运营商共存场景分析与 TDD 频谱使用情况

8.2.2.3　干扰情况小结

干扰信号类型小结见表 8-1，汇总了上述 5 种部署场景中的各种干扰类型。注意到在基站侧子带不重叠全双工组网场景中，多个基站可能都部署在室外（如在城区宏蜂窝和城区微蜂窝中），或者都部署在室内（如在室内热点场景中），或者部分基站部署在室外而另外部分基站部署在室内（如在异构网场景中）。

表 8-1　干扰信号类型小结

类型	场景 0：TDD 宏微异时隙组网	场景 1：所有子带不重叠全双工基站采用相同的子带资源配置	场景 2：子带不重叠全双工基站采用不尽相同的子带资源配置	场景 3：子带不重叠全双工基站与传统 TDD 基站同信道共存	场景 4：异运营商共存场景
第①类干扰：基站侧的 SI		√	√	√	√
第②类干扰：同信道基站间的子带间 CLI		√	√	√	√
第③类干扰：同信道终端间的子带间 CLI		√	√	√	√
第④类干扰：同信道基站间的子带内 CLI	√		√	√	
第⑤类干扰：同信道邻小区终端间的子带内 CLI	√		√	√	
第⑥类干扰：相邻信道基站间 CLI					√
第⑦类干扰：相邻信道终端间 CLI					√

第①类干扰（基站侧的 SI）为基站自发自收干扰。收发天线复用或距离相近，导致空口发射信号经过较少空间信道衰减后直接落入接收链路中，如果不经有效抑制，自干扰信号强度可能远远高于基站接收到的目标终端发送的上行有用信号强度，从而导致基站侧上行接收性能急剧恶化。

第②类干扰（同信道基站间的子带间 CLI）和第④类干扰（同信道基站间的子带内 CLI）都属于基站间同信道 CLI。注意到第④类干扰即为 TDD 宏微异时隙组网场景中的 gNB-gNB CLI。考虑基站间空间传播损耗，基站间 CLI 干扰强度将远弱于第①类干扰，但仍然可能远远强于目标终端发送的上行有用信号强度，从而导致基站侧上行接收性能急剧恶化。由于干扰信号来自其他基站，当基站间缺乏理想回传链路时，受扰基站很难有效抑制来自邻站的 CLI。

第③类干扰（同信道终端间的子带间 CLI）和第⑤类干扰（同信道邻小区终端间的子带内 CLI）都属于终端间同信道 CLI。注意到第⑤类干扰即为 TDD 宏微异时隙组网场景中的 UE-UE CLI。

第⑥类干扰（相邻信道基站间 CLI）和第⑦干扰（相邻信道终端间 CLI）都属于相邻信道 CLI。

3GPP 在 Rel-16 NR 交叉链路干扰处理和远端干扰管理（WID on cross link interference（CLI）handling and remote interference management（RIM）for NR）课题中对第⑤类干扰（同信道邻小区终端间的子带内 CLI），亦即 TDD 宏微异时隙组网场景中的 UE-UE CLI，进行了充分研究，并且完成了包括 CLI 测量和上报在内的相关标准化工作。与第⑤类干扰相比，第③类干扰（同信道终端间的子带间 CLI）相对更弱些，因此，可以借鉴第⑤类干扰抑制技术处理第③类干扰问题。3GPP 还对第⑥类干扰（相邻信道基站间 CLI）和第⑦类干扰（相邻信道终端间 CLI）影响进行了充分研究，并且形成了技术报告 TR 38.828。

后文将分别探讨第①类干扰（基站侧的 SI）、第②类干扰（同信道基站间的子带间 CLI）和第④类干扰（同信道基站间的子带内 CLI）的干扰抑制方法及其性能，进而论证 TDD 宏微异时隙组网和基站侧子带不重叠全双工组网的技术可行性。

8.2.3 TDD 干扰抑制能力目标

TDD 基站收发器（Transceiver）架构下干扰情况示意图如图 8-9 所示。针对基站侧的自干扰（第①类干扰）和同信道基站间 CLI（包括第②类干扰和第④类干扰），为防止接收机阻塞和防止上行解调译码性能严重恶化所提出的干扰抑制目标要求示意图如图 8-10 所示。

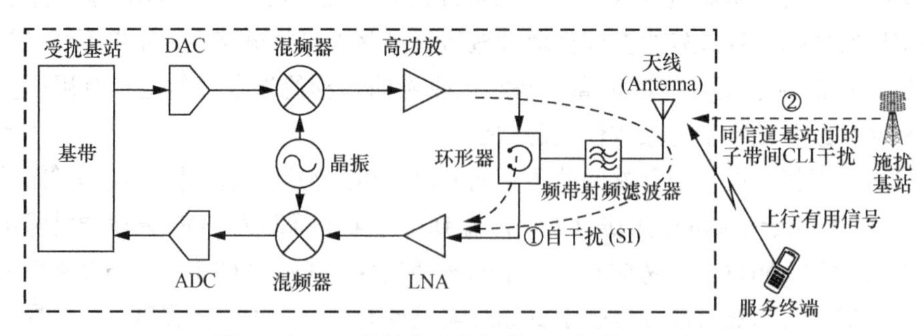

图 8-9　TDD 基站收发器架构下干扰情况示意图

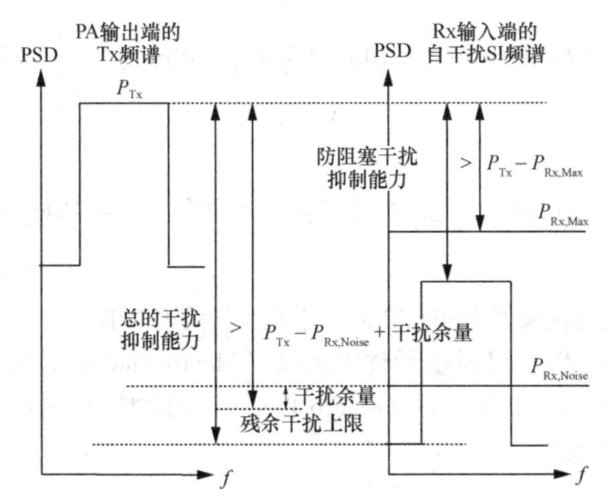

图 8-10　干扰抑制目标要求示意图

不妨设基站下行发射功率为P_{Tx}，目标终端所发送的上行有用信号的最大接收功率为$P_{Rx,Max}$，基站接收机噪声为$P_{Rx,Noise}$。

（1）为避免受扰基站接收机的 LNA 或 ADC 阻塞，需要受扰基站自身发送的下行信号（最大发射功率为P_{Tx}）经天线域和/或射频域的防阻塞自干扰抑制处理后，或相邻施扰基站所发送的 CLI 信号（最大发射功率为P_{Tx}）经空间传播损耗、天线域和/或射频域的防阻塞 CLI 抑制处理后，其落在受扰基站接收机的 LNA 或 ADC 的输入端的残留干扰信号功率（P_{Tx}–防阻塞干扰抑制能力）应小于上行有用信号的最大接收功率 $P_{Rx,Max}$，即要求防阻塞干扰抑制能力> P_{Tx}–$P_{Rx,Max}$。

（2）为避免受扰基站接收机的上行解调译码性能严重恶化（如接收机灵敏度恶化≤X），需要受扰基站自身发送的下行信号（最大发射功率为 P_{Tx}）经天线域、射频域和/或数字域等总的自干扰抑制处理后，或相邻施扰基站所发送的 CLI 信号（最大发射功率为P_{Tx}）经空间传播损耗、天线域、射频域和/或数字域等总的 CLI 抑制处理后，残留干扰信号功率（P_{Tx} – 总的干扰抑制能力）应小于受扰基站的接收机底噪$P_{Rx,Noise}$和特定干扰余量之和，即要求总的干扰抑制能力 > $P_{Tx} - P_{Rx,Noise}$ + 干扰余量，其中干扰余量根据接收机灵敏度恶化阈值 X 确定。

注意到当不存在残留干扰信号功率（P_{Tx} – 总的干扰抑制能力）时，接收机灵敏度为$P_{Rx,Noise} + S/N$；而当残留干扰信号功率比接收机底噪$P_{Rx,Noise}$低于特定干扰余量 Y 时，接收机灵敏度恶化为$P_{Rx,Noise} + S/(I+N)$，其中，$I - N = -Y$，则接收机灵

敏度恶化量 $X = S/(I+N) - S/N = 10\lg\left(\dfrac{\dfrac{S}{I+N}}{\dfrac{S}{N}}\right) = 10\lg\left(\dfrac{1}{\dfrac{I}{N}+1}\right)$。特别地，当 Y=7dB 时，$I/N = 10^{-Y/10} \approx 0.1995$，此时接收机灵敏度恶化量 $X = 10\lg\left(\dfrac{1}{\dfrac{I}{N}+1}\right) \approx -0.8$ dB，即当接收机灵敏度恶化阈值为–0.8dB 时，干扰余量约为 7dB。

表 8-2 分别分析了宏基站干扰宏基站（Macro-Macro）、微基站干扰微基站（Pico-Pico）和宏基站干扰微基站（Macro-Pico）时的防阻塞干扰抑制能力要求和总的干扰抑制能力要求。

表 8-2　干扰抑制能力要求

参数	备注	Macro-Macro	Pico-Pico	Macro-Pico
（1）工作带宽（BW）/MHz		100	100	100
（2）最大发射功率 P_{Tx}/dBm	不含收发天线赋形增益	53	30	53
（3）最大接收信号功率 $P_{\text{Rx,Max}}$/dBm	参考 3GPP In-band blocking 指标	–43	–35	–35
（4）基站噪声系数（NF）/dB		4	7	7
（5）基站接收机底噪/dBm	（5）根据工作带宽（1）和基站噪声系数（4）计算	–90	–87	–87
（6）接收机灵敏度恶化量/dB		–0.8	–0.8	–0.8
（7）干扰余量/dB	（7）根据接收机灵敏度恶化量（6）计算	7	7	7
（8）防阻塞干扰抑制能力要求/dB	（8）=（2）–（3）	96	65	88
（9）总的干扰抑制能力要求/dB	（9）=（2）–（5）+（7）	150	124	147

8.2.4　现有 TDD 基站收发器的干扰抑制能力分析

本节将分别探讨在 TDD 宏微异时隙组网场景和基站侧子带不重叠全双工组网场景下，现有 TDD 基站收发器能否满足干扰抑制能力要求。

1．TDD 宏微异时隙组网场景

在 TDD 宏微异时隙组网场景中，关注室外宏基站（Macro）干扰室内微基站（Pico）的情形，其中，室内微基站（Pico）的防阻塞干扰抑制能力要求和总的干扰抑制能力要求分别为 88dB 和 147dB。

在现有技术中，宏基站生成下行预编码矩阵时通常仅考虑本小区内的用户，所以下行用户信号经过交叉链路干扰信道后在微基站方向会存在一定增益（暂估为 20dB），这会对微基站在相同时隙内的上行接收造成干扰。考虑空间传播损耗、建筑物墙体穿透损耗和阴影衰落等影响，当宏微基站间距为 50m、100m 和 200m 时，现有 TDD 基站收发器大约可分别提供 97.2dB、103.8dB 和 110.4dB 的防阻塞干扰抑制能力和总的干扰抑制能力，可以满足室内受扰微基站的防阻塞干扰抑制要求，但不能满足总的干扰抑制要求，TDD 基站收发器架构下同信道基站间的子带内 CLI 抑制能力见表 8-3。

表 8-3 TDD 基站收发器架构下同信道基站间的子带内 CLI 抑制能力

参数	备注	宏微基站间距/m		
		50	100	200
（1）工作频点/GHz		4.9	4.9	4.9
（2）信道模型		UMa LOS	UMa LOS	UMa LOS
（3）室外空间传播损耗/dB	采用 3GPP UMa LOS 信道模型	79.2	85.8	92.4
（4）建筑物墙体穿透损耗（约为 29.5 dB）和阴影衰落（约为 6dB）/dB		35.5	35.5	35.5
（5）室内路损/dB		2.5	2.5	2.5
（6）收发天线阵列增益/dB	考虑施扰基站发射天线增益	20	20	20
（7）防阻塞干扰抑制能力要求/dB		88	88	88
（8）防阻塞干扰抑制能力/dB	（8）＝（3）＋（4）+（5）−（6）	97.2	103.8	110.4
（9）总的干扰抑制能力要求/dB		147	147	147
（10）总的干扰抑制能力/dB	（10）＝（3）＋（4）+（5）−（6）	97.2	103.8	110.4

2．基站侧子带不重叠全双工组网场景

在基站侧子带不重叠全双工组网场景中，不妨设所有基站采用相同的子带资源配置，关注密集城区部署时宏基站干扰宏基站和室内热点部署时微基站干扰微基站这两种情形。

在 TDD 基站收发器（Transceiver）架构上应用子带不重叠全双工制式的干扰情况示意图如图 8-11 所示。在该 TDD 基站收发器架构中，收发器共用一套天线，收发链路之间仅通过环形器（Circulator）隔离。

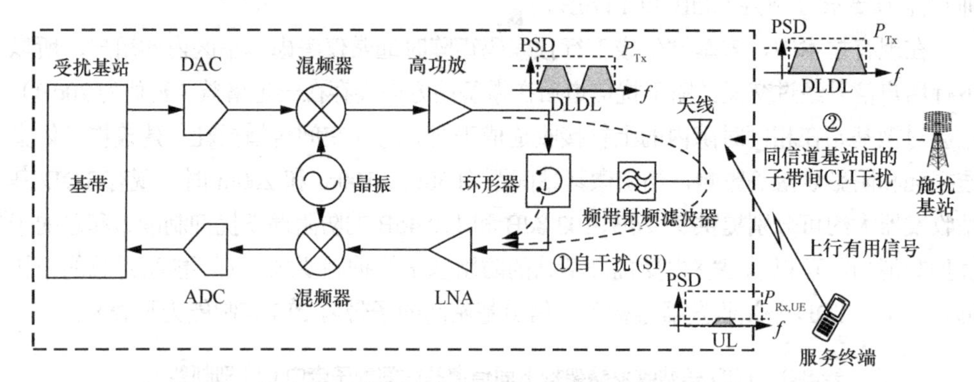

图 8-11　在 TDD 基站收发器架构上应用子带不重叠全双工制式的干扰情况示意图

TDD 基站收发器架构下的自干扰抑制能力见表 8-4，对于自干扰抑制而言，天线域可提供略优于 20dB 的自干扰隔离度，即除了环形器可提供 20dB 左右的天线域自干扰隔离度以外，对于收发非共振子的通道，还可以通过振子间距离和极化进行隔离获得额外的天线域自干扰隔离度。另外，由于收发子带在频域上不重叠，因此基带数字信号处理（如数字滤波器）大约可提供 45dB 的子带间干扰抑制能力（参考相邻信道泄漏功率比（Adjacent Channel Leakage Power Ratio，ACLR）指标）。综上，现有 TDD 基站收发器大约能提供略优于 20dB 的防阻塞干扰抑制能力（环形器）和略优于 65dB 的总的干扰抑制能力（环形器和数字滤波器），不能满足宏基站和微基站的自干扰抑制要求。

表 8-4　TDD 基站收发器架构下的自干扰抑制能力

参数	备注	室外宏基站	室内微基站
（1）天线域自干扰隔离度/dB	环形器+振子间距离+极化隔离	略优于 20	略优于 20
（2）数字域子带间干扰抑制能力/dB	数字滤波器	45	45
（3）防阻塞干扰抑制能力要求/dB		96	65
（4）防阻塞干扰抑制能力/dB	（4）=（1）	略优于 20	略优于 20
（5）总的干扰抑制能力要求/dB		150	124
（6）总的干扰抑制能力/dB	（6）=（1）+（2）	略优于 65	略优于 65

TDD 基站收发器架构下的同信道基站间的子带间 CLI 抑制能力见表 8-5，对于同信道基站间的子带间 CLI 而言，不妨设工作频点为 4.9GHz，宏基站部署在室外，站间距为 350m，参考 3GPP UMa LOS 信道模型，CLI 信号的空间传播损耗约为 97.8dB；微基站部署在室内热点，站间距为 20m，参考 3GPP InH LOS 信道模型，CLI 信号的空间传播损耗约为 68.7dB。由于施扰基站发送的 DL 干扰信号与受扰基站接收的 UL 有用信号在频域上不重叠，因此基带数字信号处理（如数字滤波器）大约可提供 45dB 的子带间干扰抑制能力。综上，对于室外宏基站而言，现有 TDD 基站收发器大约可提供 77.8dB 的防阻塞干扰抑制能力（空间传播损耗－收发天线阵列增益）和 122.8dB 的总的干扰抑制能力（空间传播损耗－收发天线阵列增益＋基带数字信号处理），均不能满足子带间 CLI 抑制要求。而对于室内微基站，现有 TDD 基站收发器大约可提供 68.7dB 的防阻塞干扰抑制能力和 113.7dB 的总的干扰抑制能力，可以满足子带间 CLI 的防阻塞干扰抑制要求，但不能满足总的干扰抑制要求。

表 8-5　TDD 基站收发器架构下的同信道基站间的子带间 CLI 抑制能力

参数	备注	室外宏基站	室内微基站
（1）工作频点/GHz		4.9	4.9
（2）站间距/m		350	20
（3）信道模型		UMa LOS	InH LOS
（4）空间传播损耗/dB	（4）根据（1）和（2）计算	97.8	68.7
（5）收发天线阵列增益/dB	考虑施扰基站发射天线+受扰基站接收天线的总增益	20	0
（6）数字域子带间干扰抑制能力/dB		45	45
（7）防阻塞干扰抑制能力要求/dB		96	65
（8）防阻塞干扰抑制能力/dB	（8）＝（4）－（5）	77.8	68.7
（9）总的干扰抑制能力要求/dB		150	124
（10）总的干扰抑制能力/dB	（10）＝（4）＋（6）－（5）	122.8	113.7

下面简单总结 TDD 宏微异时隙组网场景和基站侧子带不重叠全双工组网场景下，现有 TDD 基站收发器能否满足干扰抑制能力要求。

（1）在室外宏基站干扰室内微基站的 TDD 宏微异时隙组网场景中，关注第④类干扰（同信道基站间的子带内 CLI）。当宏微基站间距为 50m、100m 和 200m 时，现有 TDD 基站收发器可以满足室内受扰微基站的防阻塞干扰抑制要求，但不能满足总的干扰抑制要求。

（2）在所有基站采用相同的子带资源配置的基站侧子带不重叠全双工组网场景中，关注第①类干扰（基站侧的 SI）和第④类干扰（同信道基站间的子带间 CLI）。

- 关于第①类干扰，现有 TDD 基站收发器不能满足宏基站和微基站的防阻塞干扰抑制要求和总的干扰抑制要求。
- 关于第②类干扰，对于室外宏基站而言，现有 TDD 基站收发器不能满足子带间 CLI 的防阻塞干扰抑制要求和总的干扰抑制要求；而对于室内微基站，现有 TDD 基站收发器可以满足子带间 CLI 的防阻塞干扰抑制要求，但不能满足总的干扰抑制要求。

8.2.5 TDD 宏微异时隙干扰抑制技术增强

8.2.5.1 基于干扰消除（IC）的干扰抑制技术增强

1. 技术原理

宏微异时隙场景下，宏基站为施扰基站，微基站为受扰基站。假设施扰基站的下行发射数据可以通过 Xn 接口或光纤等方式传输给受扰基站。干扰消除在基带部分进行消除，首先要完成施扰基站干扰信号与受扰基站上行信号同步，然后，受扰基站接收到的交叉时隙干扰信号与施扰基站通过光纤或背板传送过来的干扰源信号经过时间同步达到在时间上对齐后，将接收信号和施扰基站通过光纤或背板传送过来的干扰源信号变换到频域，在频域完成交叉时隙干扰信道估计、交叉时隙干扰信号重建，最后实现交叉时隙干扰抑制，这一过程的算法流程即交叉时隙干扰消除算法流程如图 8-12 所示。

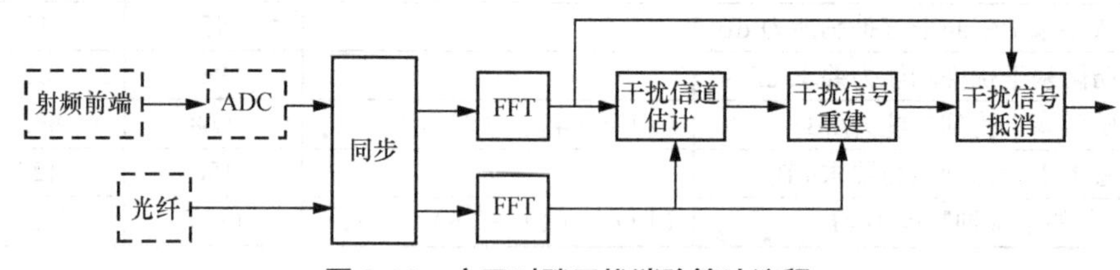

图 8-12 交叉时隙干扰消除算法流程

受扰基站接收来自射频接收通道并经过模数转换器（ADC）采样后的交叉时隙干扰信号，与来自施扰基站通过光纤或背板传送过来的干扰源信号进行同步后，交叉时隙干扰信号有如下形式：

$$y_{\mathrm{r}}(nT)=\left[\sum_{m=0}^{M}h_m x(nT-\tau_m)\right]\mathrm{e}^{\mathrm{j}(\omega_c(nT-\tau_m))}+w_{\mathrm{rx}}(nT)+z_{\mathrm{ue}}(nT) \tag{8-1}$$

其中，$y_{\mathrm{r}}(nT)$ 表示受扰基站接收的交叉时隙干扰信号，h_m 表示信道抽头系数，$x(nT-\tau_m)$ 表示施扰基站的下行发射数据经过了时间 τ_m 的延迟，$\mathrm{e}^{\mathrm{j}(\omega_c(nT-\tau_m))}$ 表示施扰基站下行信号受到的频率偏移影响，ω_c 表示载波角频率，$w_{\mathrm{rx}}(nT)$ 包含热噪声和接收机量化噪声，假设其为服从 $N(0,\sigma_n^2)$ 的高斯白噪声，$z_{ue}(nT)$ 为受扰基站上行信号。对交叉时隙干扰信号 $y_{\mathrm{r}}(nT)$ 进行快速傅里叶变换（FFT），得到接收交叉时隙干扰信号的第 k 个子载波表达式为：

$$
\begin{aligned}
Y_{\mathrm{r}}[k] &= \mathrm{FFT}\left[y_{\mathrm{r}}(nT)\right] \\
&= \sum_{n=0}^{N-1} y_{\mathrm{r}}(nT)\cdot \mathrm{e}^{-\mathrm{j}\frac{2\pi}{N}kn} \\
&= \sum_{n=0}^{N-1}\left[\left[\sum_{m=0}^{M} h_m x(nT-\tau_m)\right]\mathrm{e}^{\mathrm{j}(\omega_c(nT-\tau_m))}+w_{\mathrm{rx}}(nT)+z_{\mathrm{ue}}(nT)\right]\cdot \mathrm{e}^{-\mathrm{j}\frac{2\pi}{N}kn} \\
&= H_{\mathrm{r}}(k)X(k)+W_{\mathrm{rx}}(k)+Z_{\mathrm{ue}}(k),\quad k=0,1,\cdots,N-1
\end{aligned}
\tag{8-2}
$$

其中，FFT 大小 $N=2048$，$H_{\mathrm{r}}(k)$ 为交叉时隙干扰信道的频域表达式，$X(k)$ 为交叉时隙干扰信号的频域表达式，$W_{\mathrm{rx}}(k)$ 为噪声在频域的表达式，$Z_{\mathrm{ue}}(k)$ 为受扰基站上行信号。

对施扰基站通过光纤或背板传送过来的干扰源信号进行 FFT，得到施扰基站通过光纤或背板传送过来的干扰源信号第 k 个子载波表达式为：

$$
\begin{aligned}
Y_{\mathrm{b}}[k] &= \mathrm{FFT}\left[y_{\mathrm{b}}(nT)\right] \\
&= \sum_{n=0}^{N-1} y_{\mathrm{b}}(nT)\cdot \mathrm{e}^{-\mathrm{j}\frac{2\pi}{N}kn} \\
&= \sum_{n=0}^{N-1}\left[\left(gx(nT-\tau_{\mathrm{b}})+w_{\mathrm{fb}}(nT)\right)\mathrm{e}^{\mathrm{j}(\omega_c(nT-\tau_{\mathrm{b}}))}\right]\cdot \mathrm{e}^{-\mathrm{j}\frac{2\pi}{N}kn} \\
&= H_{\mathrm{b}}(k)X(k)+W_{\mathrm{fb}}(k),\quad k=0,1,\cdots,N-1
\end{aligned}
\tag{8-3}
$$

其中，g 表示干扰源信号经过光纤或背板受到的传输损耗的系数，$H_{\mathrm{b}}(k)$ 表示施扰基站通过光纤或背板送过来的干扰源信号的信道频域表达式，$W_{\mathrm{fb}}(k)$ 表示噪声的频域表达式（由于参考信号是从数字域传输过来的，故该噪声很小，可以忽略不计）。

根据算法流程，得到交叉时隙干扰信号与施扰基站通过光纤或背板传送过来的干扰源信号频域表达式后，接着进行交叉时隙干扰信道估计，这一步也是频域交叉时隙干扰消除算法的核心。由于交叉时隙干扰信号与受扰基站上行信号帧结构中，参考信号映射位置相互正交，因此参考信号位置不存在受扰基站上行信号对交叉时隙干扰信道估计的影响。信道估计算法采用最小二乘（LS）算法，LS 信道估计复杂度低，结构简单，便于实现。信道估计可分为两步，第一步是参考信号位置的信道估计，第二步为非参考信号位置处的信道估计。

根据 LS 算法，参考信号位置处的信道估计可以表示为：

$$\tilde{H}(k)=\frac{Y_{\mathrm{r}}[k]}{Y_{\mathrm{b}}[k]}=\frac{H_{\mathrm{r}}(k)X(k)+W_{\mathrm{rx}}(k)}{H_{\mathrm{b}}(k)X(k)+W_{\mathrm{fb}}(k)} \tag{8-4}$$

受噪声的影响，为了便于分析，假设 $\tilde{H}(k)$，如式（8-5）所示：

$$\tilde{H}(k)=\alpha\frac{H_{\mathrm{r}}(k)}{H_{\mathrm{b}}(k)} \tag{8-5}$$

其中，α 表示信道估计误差系数。

从而得到了参考信号位置的交叉时隙干扰信道估计值，然后进行信道估计的第二步，即通过插值算法获得非参考信号位置处的信道估计值，因此，重建信号可以表示为：

$$\begin{aligned}\tilde{Y}_{\mathrm{b}}(k)&=\tilde{H}(k)\cdot Y_{\mathrm{b}}(k)\\&=\alpha\frac{H_{\mathrm{r}}(k)}{H_{\mathrm{b}}(k)}\cdot\left[H_{\mathrm{b}}(k)X(k)+W_{\mathrm{fb}}(k)\right]\\&=\alpha H_{\mathrm{r}}(k)X(k)+W'(k)\end{aligned} \tag{8-6}$$

其中，$W'(k)$ 表示重建信号的噪声，为了表达方便，后续的推导过程都用 $W'(k)$ 表示噪声。

数字交叉时隙干扰消除后的残余交叉时隙干扰信号表示为：

$$\begin{aligned}Y_{\mathrm{res}}(k)&=Y_{\mathrm{r}}(k)-\tilde{Y}_{\mathrm{b}}(k)\\&=\left(H_{\mathrm{r}}(k)X(k)+W_{\mathrm{rx}}(k)\right)-\left(\alpha H_{\mathrm{r}}(k)X(k)+W'(k)\right)\\&=(1-\alpha)H_{\mathrm{r}}(k)X(k)+W'(k)\end{aligned} \tag{8-7}$$

残余交叉时隙干扰信号功率可以表示为：

$$\begin{aligned}E\left\{\left|Y_{\mathrm{res}}(k)\right|^2\right\}&=E\left\{\left|(1-\alpha)H_{\mathrm{r}}(k)X(k)+W'(k)\right|^2\right\}\\&=(1-\alpha)^2\left|H_{\mathrm{r}}(k)\right|^2E\left\{X(k)\cdot X^*(k)\right\}+\sigma_n^2\end{aligned} \tag{8-8}$$

其中，$X^*(k)$ 表示 $X(k)$ 的共轭，$\sigma_n^2=E\{W'|(k)|^2\}$ 表示噪声功率，令 $E\{X(k)\cdot X^*(k)\}=\sigma_x^2$ 表示信号功率，$|H_r(k)|^2=|h|^2$ 表示信道增益，式（8-8）可以表示为：

$$E\left\{\left|Y_{\text{res}}(k)\right|^2\right\}=(1-\alpha)^2|h|^2\sigma_x^2+\sigma_n^2 \tag{8-9}$$

从式(8-9)可以看出，σ_x^2 与含发射机相位噪声、非线性失真和数模转换器（DAC）量化产生的噪声有关。由此可见，信道估计的准确性将直接影响残余交叉时隙干扰信号的功率。然而，在交叉时隙干扰场景下，信道建模仍不成熟，对于在施扰基站下行干扰下的受扰基站上行的信道模型以及施扰基站和受扰基站之间的干扰信道模型，尚不能用较为贴切的数学语言进行恰当的描述，需要深入研究符合实际应用场景的交叉时隙干扰信道模型。同时，传统的信道估计算法需要全局的信道信息，而施扰基站干扰叠加下的节点信息以迭代的方式传递数据，会产生额外的传递误差导致信道估计的性能进一步下降。此外，数字域干扰消除方案对信道估计误差较为敏感。综上所述，交叉时隙干扰系统下的数字域干扰消除方案的主要技术重点与难点为站间信道的信道估计技术。

信道估计的算法，主要是应用于训练序列或导频处信道信息的估计。信道估计算法基于信道统计信息是否可用，大体上可以分为两种，一种是基于信道的统计信息或先验信息进行信道估计的算法，这种算法往往复杂度较高，但估计精度也较高；另一种是不需要信道统计数据的算法，一般结构比较简单，易于实现，但同时误差也比较大。为了更贴合接收机的误差精度需要以及结合交叉时隙干扰场景的特点，选择最小二乘估计算法、基于离散傅里叶变换（DFT）优化信道估计、快速基于线性最小均方误差准则（LMMSE）信道估计 3 种算法，进行算法性能仿真对比。

（1）DFT 信道估计

DFT 信道估计是在 LS 信道估计的基础上进行更进一步的优化。主要包含以下几个步骤。

步骤 1 使用 LS 信道估计算法得到实载波导频处信道频域响应的估计值 $\hat{H}_i^{'}$，记为 $\hat{H}_{\text{P\_AC}}$。

步骤 2 添加虚拟子载波导频处的频域响应。

$$\hat{H}_{\text{P\_VC}}(k_0)=\hat{H}_{\text{P\_AC}}\left(\frac{N_{\text{P\_AC}}}{2}\right)+k_0\left\{\frac{\left[\hat{H}_{\text{P\_AC}}\left(\frac{N_{\text{P\_AC}}}{2}+1\right)-\hat{H}_{\text{P\_AC}}\left(\frac{N_{\text{P\_AC}}}{2}\right)\right]}{N_{\text{P\_AC}}}\right\} \tag{8-10}$$

其中，$\hat{H}_{\text{P\_VC}}$ 表示虚拟子载波导频处的频域响应，$N_{\text{P\_AC}}$ 表示实载波导频个数，

$k_0 = 0,1,\cdots,N_{\mathrm{P\_AC}}-1$。

由此得到一个 OFDM 符号上导频处信道频域响应值。

$$\hat{H}_{\mathrm{P}} = \left[\hat{H}_{\mathrm{P\_AC}}\left(0:\frac{N_{\mathrm{P\_AC}}}{2}\right),\hat{H}_{\mathrm{P\_VC}}(0:N_{\mathrm{P\_VC}}-1),\hat{H}_{\mathrm{P\_AC}}\left(\frac{N_{\mathrm{P\_AC}}}{2}+1:N_{\mathrm{P\_AC}}-1\right)\right] \quad (8\text{-}11)$$

步骤 3 对整个导频处频域响应做加窗处理，增加虚拟子载波与实际子载波边界处的平滑程度，使信道冲激响应能量更加集中，减少能量泄漏。

$$\hat{H}_{\mathrm{P\_WIN}}(k) = \hat{H}_{P}(k)\cdot \mathrm{WIN}(mk), k = 0,1,\cdots,N_{\mathrm{P\_tot}}-1 \quad (8\text{-}12)$$

其中，$N_{\mathrm{P\_tot}} = N_{\mathrm{P\_AC}} + N_{\mathrm{P\_VC}}$，$N_{\mathrm{P\_tot}}$ 表示总的导频数量，$N_{\mathrm{P\_AC}}$ 表示实际子载波中导频数量，$N_{\mathrm{P\_VC}}$ 表示虚拟子载波中导频数量，m 表示导频间隔的子载波数量。窗函数和去窗函数可选择为：

$$\mathrm{WIN}(k) = 0.9 + 0.1\cos k, k = 0,1,\cdots,mN_{\mathrm{P\_tot}}-1 \quad (8\text{-}13)$$

$$\mathrm{RE\_WIN}(k) = \frac{1}{\mathrm{WIN}(k)}, k = 0,1,\cdots,mN_{\mathrm{P\_tot}}-1 \quad (8\text{-}14)$$

步骤 4 将加窗后的频域响应值变换到时域，并在时域利用抽头搜索算法区分出主要抽头区域（TapArea）和噪声抽头区域（NoiseArea），进行噪声抑制。

$$\hat{h}_{\mathrm{P\_WIN}}(n) = \frac{1}{N_{\mathrm{P}}}\sum_{k=0}^{N_{\mathrm{P}}-1}\hat{H}_{\mathrm{P\_WIN}}(k)\mathrm{e}^{\mathrm{j}2\pi\frac{kn}{N_{\mathrm{P}}}}, n = 0,1,\cdots,N_{\mathrm{P\_tot}}-1 \quad (8\text{-}15)$$

$$P_{\mathrm{NoiseMax}} = \max_{n\in\mathrm{NoiseArea}} |\hat{h}_{\mathrm{P\_WIN}}(n)|^2$$

$$h_{\mathrm{P\_WIN}}(n) = \begin{cases} \hat{h}_{\mathrm{P\_WIN}}(n), n\in \mathrm{TapArea}\,\&\&\,|\hat{h}_{\mathrm{P\_WIN}}(n)|^2 \geqslant P_{\mathrm{NoiseMax}} \\ 0, n\in \mathrm{TapArea}\&\&\,|\hat{h}_{\mathrm{P\_WIN}}(n)|^2 < P_{\mathrm{NoiseMax}} \\ 0, n\in \mathrm{NoiseArea} \end{cases} \quad (8\text{-}16)$$

步骤 5 对时域冲激响应插零值，得到整个信道冲击响应。

$$h_{\mathrm{WIN}} = \left[h_{\mathrm{P\_WIN}}\left(0:\frac{N_{\mathrm{P\_tot}}}{2}\right),0,\cdots,0,h_{\mathrm{P\_WIN}}\left(\frac{N_{\mathrm{P\_tot}}}{2}+1:N_{\mathrm{P\_tot}}-1\right)\right] \quad (8\text{-}17)$$

步骤 6 将时域序列变换到频域，去窗，挑选出实际子载波的频率响应。

$$H_{\text{WIN}}(k)=\sum_{k=0}^{N-1}h_{\text{WIN}}(n)\mathrm{e}^{\mathrm{j}2\pi\frac{kn}{N}} \tag{8-18}$$

$$H(k)=H_{\text{WIN}}(k)\cdot \text{RE\_WIN}(k),k=0,1,\cdots,N-1 \tag{8-19}$$

$$H_{\text{AC}}=\left[H\left(0:\frac{N_{\text{AC}}}{2}-1\right),H\left(N_{\text{P\_tot}}\cdot m-\frac{N_{\text{AC}}}{2}:N_{\text{P\_tot}}\cdot m-1\right)\right] \tag{8-20}$$

由此，最终可得到 DFT 算法获得的实载波导频处信道频域响应的估计值 H_{AC}。

（2）快速 LMMSE 信道估计

快速 LMMSE 信道估计算法拥有和传统 LMMSE 算法相近的性能表现，同时该算法不需要知道真实信道的先验信息，也不涉及矩阵求逆计算，运算量和复杂度都大大减小。具体步骤如下。

步骤 1　使用 LS 信道估计算法得到实载波导频处信道频域响应的估计值 $\hat{H}_i^{'}$，记为 $\hat{H}_{\text{P\_AC}}$。

步骤 2　添加虚拟子载波导频处的频域响应。

$$\hat{H}_{\text{P}}(k)=\begin{cases}\hat{H}_{\text{P\_AC}},k\in\text{index}_{\text{rp}}\\0,k\in\text{index}_{\text{vp}}\end{cases} \tag{8-21}$$

步骤 3　将全导频的频率响应变换到时域。

$$\hat{h}_{\text{p}}=\text{IFFT}_{N_{\text{P\_AC}}+N_{\text{P\_VC}}}\{\hat{H}_{\text{P}}\} \tag{8-22}$$

步骤 4　在时域根据信道时延参数，确定主要抽头区域，区分出 TapArea 和 NoiseArea，进行噪声抑制。$\tilde{h}_{\text{P,MST}}(k)$ 表示经过噪声抑制后的信道时域响应。

$$\tilde{h}_{\text{P,MST}}(k)=\begin{cases}\tilde{h}_{\text{p}}(k),k\in\text{TapArea}\\0,k\in\text{NoiseArea}\end{cases} \tag{8-23}$$

步骤 5　将抑制过噪声的时域响应变换到频域，提取出其虚拟子载波导频处的频率响应，与原有的实际子载波导频处的频率响应组合成全新的导频处子载波频率响应。

$$\begin{gathered}\tilde{H}_{\text{P,MST}}=\text{FFT}_{N_{\text{P\_AC}}+N_{\text{P\_VC}}}\{\tilde{h}_{\text{P,MST}}\}\\ \tilde{H}_{\text{P,MST}}=\begin{cases}\tilde{H}_{\text{P}}(k),k\in\text{index}_{\text{rp}}\\ \tilde{H}_{\text{P,MST}},k\in\text{index}_{\text{vp}}\end{cases}\end{gathered} \tag{8-24}$$

步骤 6　重复步骤 2～步骤 5，迭代多次直到导频处子载波的频率响应 $\tilde{H}_{\text{P,MST}}$ 不再变化，此时 $\tilde{h}_{\text{P,MST}}$ 也已经接近真实的信道时域响应。

步骤 7 已知 $\tilde{R}_{H_PH_P}\left(\tilde{R}_{H_PH_P}+\dfrac{\beta}{\tilde{\text{SNR}}}\right)^{-1}$ 是一个循环移位矩阵，因此我们只需要求出其第一行，通过循环移位（Circshift）运算即可得到整个矩阵。最后通过式（8-25）即可得到快速 LMMSE 估计结果。

$$
\begin{aligned}
&P_{\text{MST}}=|\tilde{h}_{\text{P,MST}}|^2\\
&\tilde{B}=\text{IFFT}_{N_P}\left\{\frac{P_{\text{MST}}}{P_{\text{MST}}+\dfrac{\beta}{N_P\tilde{\text{SNR}}}}\right\},\tilde{R}_{H_PH_P}\left(\tilde{R}_{H_PH_P}+\frac{\beta}{\tilde{\text{SNR}}}\right)^{-1}=\text{Circshift}(\tilde{B})\\
&\tilde{H}_{\text{FAST\_LMMSE}}=\tilde{R}_{H_PH_P}\left(\tilde{R}_{H_PH_P}+\frac{\beta}{\tilde{\text{SNR}}}\right)^{-1}\hat{H}_{\text{P\_AC}}
\end{aligned}
\quad (8\text{-}25)
$$

在实际操作中发现，步骤 6 中的多次迭代对最终结果影响并不大。改变迭代次数，在信噪比 SNR=21dB 时，迭代次数对快速 LMMSE 信道估计性能影响如图 8-13 所示。

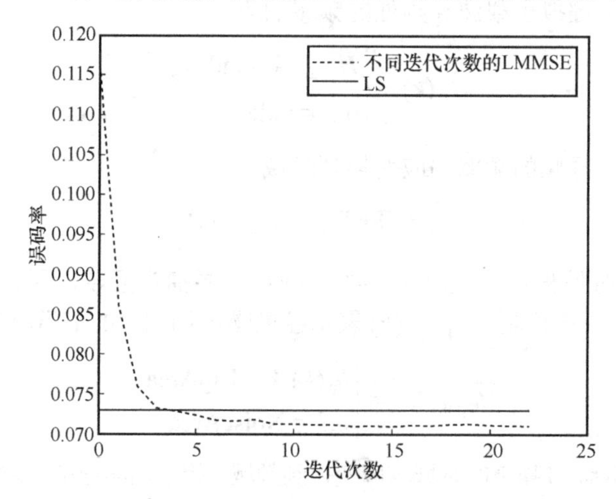

图 8-13 迭代次数对快速 LMMSE 信道估计性能影响

由图 8-13 可知，迭代次数过多对算法性能没有提升效果，迭代次数在 10 以后误码率趋于稳定。因此，所提快速 LMMSE 算法只需要迭代 10 次即可。

2. 性能评估

本节通过仿真评估不同信道估计算法下干扰消除的性能。信道估计算法性能仿真参数见表 8-6，采用 100MHz 带宽的 OFDM 波形，在 MATLAB2021B 的环境下进行仿真。

表 8-6 信道估计算法性能仿真参数

<table>
<tr><th>编号</th><th colspan="3">参数</th><th>数值</th></tr>
<tr><td>1</td><td colspan="3">调制方式</td><td>64QAM+OFDM</td></tr>
<tr><td>2</td><td colspan="3">FFT 点数</td><td>1024</td></tr>
<tr><td>3</td><td colspan="3">有效子载波个数</td><td>792</td></tr>
<tr><td>4</td><td colspan="3">子载波间隔/kHz</td><td>120</td></tr>
<tr><td rowspan="8">5</td><td rowspan="8">信道</td><td rowspan="4">瑞利信道</td><td>多径数目</td><td>13</td></tr>
<tr><td>多径时延</td><td>[8.1380×10^{-9},1.6276×10^{-8},4.0690×10^{-8},4.8828×10^{-8},6.5104×10^{-8},7.3242×10^{-8},8.9518×10^{-8},1.2207×10^{-7},1.3021×10^{-7},1.3835×10^{-7},1.4648×10^{-7},1.5462×10^{-7},2.8483×10^{-7}]</td></tr>
<tr><td>多径增益</td><td>[−2.3812,−6.5524,−21.3026,−12.0026,−16.4305,−14.8574,−16.7026,−18.1026,−19.5166,−24.3026,−22.0026,−24.4026,−38.5026]</td></tr>
<tr><td>多普勒频移</td><td>1kHz</td></tr>
<tr><td rowspan="4">莱斯信道</td><td>多径数目</td><td>7</td></tr>
<tr><td>多径时延</td><td>[0,8.1380×10^{-9},1.6276×10^{-8},2.4414×10^{-8},4.0690×10^{-8},4.8828×10^{-8},8.9518×10^{-8}]</td></tr>
<tr><td>多径增益</td><td>[−0.9029,−21.3026,−10.6648,−12.6724,−15.1756,−20.0286,−38.5026]</td></tr>
<tr><td>多普勒频移</td><td>1kHz</td></tr>
</table>

仿真条件为：将接收信号分别送到 LS 信道估计模块、DFT 信道估计模块和 LMMSE 信道估计模块分别进行信道估计，观察比较 3 个模块各自的误码率结果。设置高斯信道信噪比（SNR）由 10dB 递增到 25dB，步径为 1dB。仿真 100 帧，不同信噪比下 3 种信道估计算法的仿真结果见表 8-7。

表 8-7 不同信噪比下 3 种信道估计算法的仿真结果

序号	SNR/dB	LS 信道估计误码率	DFT 信道估计误码率	LMMSE 信道估计误码率
1	10	0.22531	0.20992	0.20783
2	11	0.20927	0.19478	0.19279
3	12	0.19367	0.18016	0.17818
4	13	0.17870	0.16621	0.16425
5	14	0.16433	0.15288	0.15098

续表

序号	SNR/dB	LS 信道估计误码率	DFT 信道估计误码率	LMMSE 信道估计误码率
6	15	0.15049	0.14026	0.13839
7	16	0.13753	0.12840	0.12672
8	17	0.12532	0.11739	0.11588
9	18	0.11400	0.10744	0.10610
10	19	0.10368	0.09849	0.09731
11	20	0.09429	0.09033	0.08937
12	21	0.08591	0.08313	0.08232
13	22	0.07844	0.07674	0.07612
14	23	0.07175	0.07103	0.07065
15	24	0.06567	0.06609	0.06567
16	25	0.06139	0.06151	0.06037

由表 8-7 可以看出，随着信噪比的增大，3 种信道估计算法的误码率性能都逐渐提升。LMMSE 算法的性能和 DFT 算法的性能始终接近，但是 LMMSE 性能更优一些。SNR 小于 20dB 时，LMMSE 算法和 DFT 算法的性能要比 LS 的性能好得多，但是随着信噪比逐渐增大，LS 算法的性能趋近于其他两种算法，在高 SNR 的情况下，3 种算法的误码率性能相差不大。

针对 LS 算法进行干扰抑制性能仿真，干扰抑制性能仿真参数见表 8-8。

表 8-8　干扰抑制性能仿真参数

编号	参数	数值
1	调制方式	64QAM+OFDM
2	FFT 点数	1024
3	有效子载波个数	792
4	子载波间隔/kHz	120
5	信道	Rician、AWGN
6	干扰信道估计	LS 算法
7	相对时延	0 个码片
8	相对频偏/Hz	0

仿真条件为：干扰信号与有用信号无时间偏差和频率偏差。此时，干噪比由 0 递增到 50dB，步径为 10dB，干扰抑制性能仿真结果仿真结果见表 8-9。

表8-9 干扰抑制性能仿真结果

参数	干噪比/dB					
	0	10	20	30	40	50
抵消前功率（干扰+噪声）/dBm	31.27	28.73	28.37	28.34	28.33	28.33
抵消后功率（干扰+噪声）/dBm	28.8	18.8	8.798	−1.201	−11.2	−21.15
噪声功率/dBm	28.18	18.18	8.181	−1.819	−11.82	−21.82
功率抵消量/dB	2.468	9.933	19.57	29.54	39.53	49.48
抵消前干扰功率/dBm	28.33	28.33	28.33	28.33	28.33	28.33
抵消后残余干扰功率/dBm	21.69	11.69	1.691	−8.306	−18.28	−28.06
干扰抵消量/dB	6.64	16.64	26.64	36.64	46.61	56.39
相对于底噪恶化程度	0.879%	0.879%	0.879%	0.88%	0.884%	0.927%

综上，由干扰抵消量、残余干扰功率分别与干噪比的仿真结果可以得出，在无时间误差和频率误差的情况下，干噪比越大，干扰抵消效果越好。

3．样机验证

针对数字域干扰消除技术，开发原型样机进行性能验证。在单站对单站场景下，施扰基站发射 20MHz 的带宽信号，测试干扰信号在不同的发射功率下，通过数字干扰消除算法达到的干扰消除效果，即样机测试结果见表8-10。

表8-10 样机测试结果

测试项目	指标	判据	结果
信号带宽	至少为 20MHz	功放输出口接频谱仪上观察，带宽至少为 20MHz	观察到为 20MHz 带宽信号
通信场景	单站对单站	施扰基站和受扰基站是否都只有一个	只有单个的施扰基站和受扰基站
干扰抑制量	站间达到 5～20dB	发射信号功率为 22dBm，软件观察基带干扰抵消量	天线接收信号功率为−62dBm，中频接收信号功率为−25dBm 时，距离底噪为 32.8dB，理论抵消量为 32.8dB，实际干扰抵消量为 29.1dB
干扰抑制量	调整发射功率后，站间达到 5～20dB	发射信号功率为 17dBm，软件观察基带干扰抵消量	接收信号功率为−67dBm 时，中频接收信号功率为−30dBm 时，距离底噪为 27.8dB，理论抵消量为 27.8dB，实际干扰抵消量为 25.5dB

在只有单个施扰基站对单个受扰基站的场景下，对于 20MHz 的测试信号，当发射信号功率为 22dBm 时，经过自由空间衰减和添加衰减器后，接收信号大小为−62dBm，经过射频板 37dB 的增益变频后，中频信号功率为−25dBm，接入基带进

行干扰抵消处理，此时断开发射信号，测得中频底噪为−57.8dBm，理论上抵消量为32.8dB，基带通过软件测得抵消量为29.1dB。理论抵消量是指接收信号到底噪的功率差值，在天线暗室中，实际测得环境底噪为−94.8dBm。由于信号功率是由基带板卡向上层应用使用用户数据报协议上报，所以存在一定的计算误差，但是观察软件显示基带干扰抵消后的信号距离底噪的水平都在3dB左右，具有非常好的干扰抵消性能。

8.2.5.2 基于干扰抑制（IRC）的干扰抑制技术增强

1. 技术原理

在回传链路容量及时延受限的情况下，采用波束成形的方法可以抑制基站间CLI（gNB-gNB CLI），其基本原理是利用多天线空间自由度设计预编码和/或接收向量，实现交叉链路干扰信号和目标信号的信号子空间的正交化。基于波束成形的交叉链路干扰抑制方法包括接收端干扰抑制算法和收发端联合干扰抑制算法。下面仅针对接收端干扰抑制算法进行介绍。为了进一步提升波束成形干扰抑制算法能力，还需要进行准确的干扰估计和用户信道估计。为此，作者团队提出了基于静默资源的干扰测量机制和自适应干扰抑制两种增强技术。

宏微基站异时隙配优场景干扰示例如图8-14所示，在宏微基站异时隙配比场景中，宏基站生成下行预编码矩阵时通常仅考虑本小区内的用户，所以下行用户信号经过交叉链路干扰信道后在微基站方向会存在一定增益，这会对微基站在相同时隙内的上行接收造成干扰。

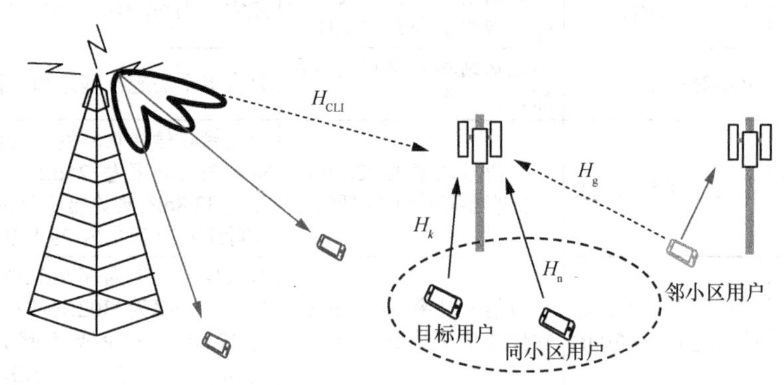

图8-14 宏微基站异时隙配优场景干扰示例

记微基站与小区内用户间的信道为$\boldsymbol{H}_k (k=1,\cdots,N)$，微基站与邻小区内用户间的信道为$\boldsymbol{H}_{\mathrm{g}}$，宏基站与微基站间的干扰信道为$\boldsymbol{H}_{\mathrm{CLI}}$。为了降低所述异配比干扰对微基站上行接收性能的影响，一种可行的方案为在微基站生成干扰拒绝合并（Interference Rejection Combining，IRC）接收矩阵时额外考虑宏基站，由于新的联合生成的接收矩阵利用多天线空间自由度和干扰空间的有色特性抑制同频干扰，所以可获得额外的干扰消除增益。此时，上行数据流与干扰间具有近似正交性，理论上宏基站下行信号对微基站接收机处的干扰将接近 0。

上行接收信号为：

$$\boldsymbol{Y}=\boldsymbol{H}_k\boldsymbol{S}_k+\sum_{n\neq k}\boldsymbol{H}_n\boldsymbol{S}_n+\sum\boldsymbol{H}_{\mathrm{g}}\boldsymbol{S}_{\mathrm{g}}+\boldsymbol{H}_{\mathrm{CLI}}\sum\boldsymbol{W}_m\boldsymbol{S}_m+\boldsymbol{N} \tag{8-26}$$

其中，$\boldsymbol{H}_k\boldsymbol{S}_k$ 是目标用户上行接收信号，$\sum_{n\neq k}\boldsymbol{H}_n\boldsymbol{S}_n$ 是同小区其他 UE 上行信号，$\sum\boldsymbol{H}_{\mathrm{g}}\boldsymbol{S}_{\mathrm{g}}$ 是邻小区 UE 上行干扰信号，$\boldsymbol{H}_{\mathrm{CLI}}\sum\boldsymbol{W}_m\boldsymbol{S}_m$ 是宏基站下行交叉链路干扰信号，$\boldsymbol{N}$ 是噪声。具体的 IRC 算法如下。

步骤 1　获得全部小区内用户的上行信道 $\boldsymbol{H}_k$，测得邻小区上行用户经信道 $\boldsymbol{H}_{\mathrm{g}}$ 的干扰以及宏基站下行信号经异配比干扰信道 $\boldsymbol{H}_{\mathrm{CLI}}$ 后的干扰信号。

异配比干扰为：

$$\boldsymbol{Y}_{01}=\boldsymbol{H}_{\mathrm{CLI}}\sum\boldsymbol{W}_m\boldsymbol{S}_m+\boldsymbol{N} \tag{8-27}$$

邻小区干扰为：

$$\boldsymbol{Y}_{02}=\sum\boldsymbol{H}_{\mathrm{g}}\boldsymbol{S}_{\mathrm{g}}+\boldsymbol{N} \tag{8-28}$$

步骤 2　将邻小区内用户间的信道 $\boldsymbol{H}_{\mathrm{g}}$、异配比干扰信道 $\boldsymbol{H}_{\mathrm{CLI}}$ 以及噪声 $\boldsymbol{N}$ 合并后作为色噪声 $\sum\boldsymbol{H}_{\mathrm{g}}\boldsymbol{S}_{\mathrm{g}}+\boldsymbol{H}_{\mathrm{CLI}}\sum\boldsymbol{W}_m\boldsymbol{S}_m+\boldsymbol{N}$，进而通过最小均方误差（Mimimum Mean Square Error，MMSE）方法获得 IRC 接收矩阵为：

$$\boldsymbol{W}_{k,v}=\left(\boldsymbol{H}_{k,v}\right)^{\mathrm{H}}\left(\begin{array}{l}\left(\boldsymbol{H}_{k,v}\boldsymbol{S}_{k,v}+\sum\limits_{n\neq k}\boldsymbol{H}_{n,v}\boldsymbol{S}_{n,v}\right)\left(\boldsymbol{H}_{k,v}\boldsymbol{S}_{k,v}+\sum\limits_{n\neq k}\boldsymbol{H}_{n,v}\boldsymbol{S}_{n,v}\right)^{\mathrm{H}}\\+\left(\sum\limits_{m}\boldsymbol{H}_{m,\mathrm{CLI},v}\boldsymbol{S}_{m,\mathrm{CLI},v}\right)\left(\sum\limits_{m}\boldsymbol{H}_{m,\mathrm{CLI},v}\boldsymbol{S}_{m,\mathrm{CLI},v}\right)^{\mathrm{H}}+\boldsymbol{R}_{\mathrm{uu},v}\end{array}\right)^{-1} \tag{8-29}$$

其中，$\boldsymbol{R}_{v,\mathrm{uu}}$ 为干扰协方差相关矩阵，可记为

$$\boldsymbol{R}_{v,\mathrm{uu}}=\frac{1}{V}\sum_{v=V_1}^{V_2}\left(\begin{array}{l}\left(\boldsymbol{Y}_{01,v}-\sum\limits_{m}\boldsymbol{H}_{m,\mathrm{CLI},v}\boldsymbol{S}_{m,\mathrm{CLI},v}\right)\left(\boldsymbol{Y}_{01,v}-\sum\limits_{m}\boldsymbol{H}_{m,\mathrm{CLI},v}\boldsymbol{S}_{m,\mathrm{CLI},v}\right)^{\mathrm{H}}+\\\left(\boldsymbol{Y}_{02,v}-\boldsymbol{H}_{k,v}\boldsymbol{S}_{k,v}-\sum\limits_{n\neq k}\boldsymbol{H}_{n,v}\boldsymbol{S}_{n,v}\right)\left(\boldsymbol{Y}_{02,v}-\boldsymbol{H}_{k,v}\boldsymbol{S}_{k,v}-\sum\limits_{n\neq k}\boldsymbol{H}_{n,v}\boldsymbol{S}_{n,v}\right)^{\mathrm{H}}\end{array}\right) \tag{8-30}$$

步骤 3 上行用户信号经 MMSE-IRC 均衡后，估计信号为：

$$\hat{\boldsymbol{s}}_k = \boldsymbol{H}_k^{\mathrm{H}}\left(\boldsymbol{H}_k\boldsymbol{H}_k^{\mathrm{H}} + \sum_{n\neq k}\boldsymbol{H}_n\boldsymbol{H}_n^{\mathrm{H}} + \boldsymbol{R}_{\mathrm{uu}}^{\mathrm{UL,inter-cell}} + \boldsymbol{R}_{\mathrm{uu}}^{\mathrm{DL,CLI}} + \boldsymbol{\sigma}^2\boldsymbol{I}\right)^{-1}\boldsymbol{Y} \tag{8-31}$$

需要注意的是，在使用 IRC 接收机的上行接收中，不同的干扰协方差相关矩阵估计或者测量方法会造成上行多用户接收和抗邻区干扰的性能差异。因此，增强协方差矩阵估计准确度的方法可以提升算法性能。

（1）基站间干扰测量协方差方案

针对该问题，引入基于静默资源的干扰测量机制，即在微基站上行传输时预留部分资源不发送任何上行信号，仅用于站间干扰测量。在进行干扰测量时，还需要考虑宏基站下行控制信道和数据信道等不同信道和信号对微基站干扰可能不同的情况（不同的信号和信道往往具有不同的下行预编码权值和预编码粒度）。基于上述考虑，作者团队提出一种解调参考信号（Demodulation Reference Signal，DMRS）和静默（Muting）资源粒子（Resource Element，RE）联合设计的导频图案，如图 8-15 所示。在图 8-15（a）中，用于干扰测量的 RE 不发送任何上行数据和信号。图 8-15（b）是一种多端口的 DMRS 导频图案示例。在图 8-15（a）和图 8-15（b）中，横轴是时域，纵轴是频域。在图 8-15（a）中，为了保持每个符号上发送功率的一致性，需要在存在 Muting RE 的符号上，抬升发送数据的 RE 的功率。

利用 MMSE-IRC 接收机抑制上行干扰和宏基站下行干扰如图 8-16 所示，根据 Muting RE 的资源，微基站可以较为精准地测量出干扰协方差矩阵，然后利用 MMSE-IRC 接收机对干扰进行抑制。另外，引入 Muting RE 资源测量干扰，可以提高基站间 CLI 干扰协方差相关矩阵 $\boldsymbol{R}_{\mathrm{uu}}^{\mathrm{DL,int}}$ 估计的精度，例如，可以估计出 1 个 RB，甚至 0.5 个 RB 上的干扰协方差矩阵。

（2）自适应干扰抑制

基于 DMRS 和 Muting RE 资源联合设计方案，可以通过 aIRC 技术和增强 IRC（enhanced IRC，eIRC）技术分别增强对交叉链路干扰中的 PDCCH 干扰和 PDSCH 干扰的抑制，aIRC 和 eIRC 技术原理框架如图 8-17 所示。aIRC 技术和 eIRC 技术都是以 IRC 接收机为基础的技术增强。aIRC 技术的原理是对前 2 个符号部分（RE）进行 UL 静默并进行 PDDCCH 干扰相关矩阵估计，估计出 PDCCH 干扰信号，均衡模块对前 2 个符号及其他符号进行独立均衡，其具体技术原理框架如图 8-17（a）所示。eIRC 技术的原理是通过宏微导频协同分配，实现显式的宏基站干扰相关矩阵估计，抑制 PDSCH 的干扰，其具体技术原理框架如图 8-17（b）所示。

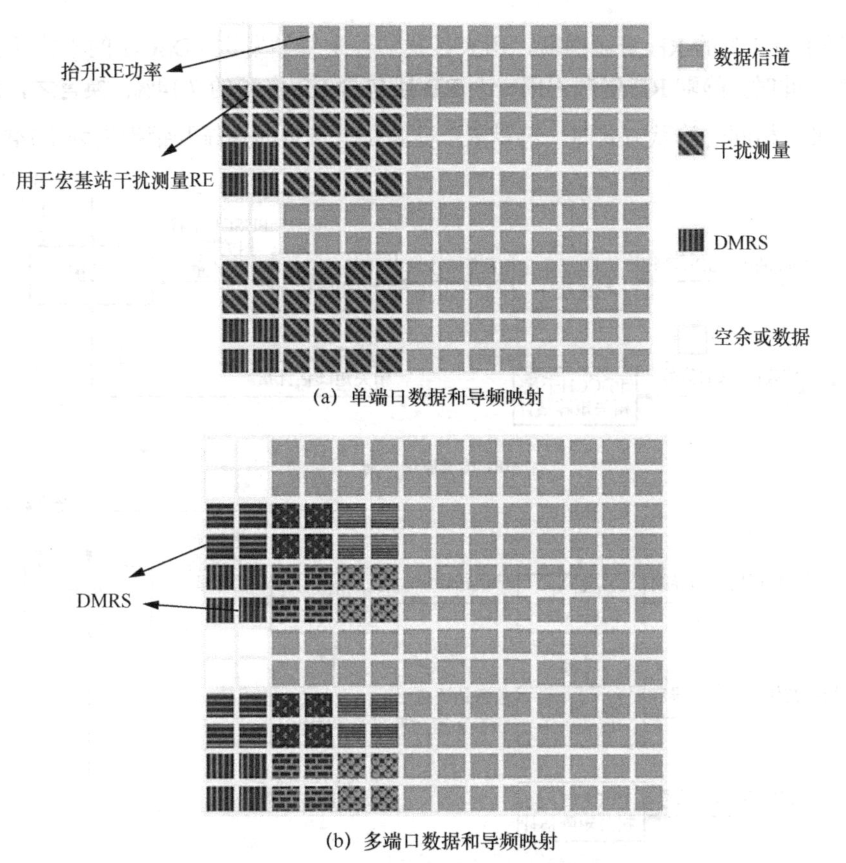

(a) 单端口数据和导频映射

(b) 多端口数据和导频映射

图 8-15　DMRS 和 Muting RE 联合设计的导频图案

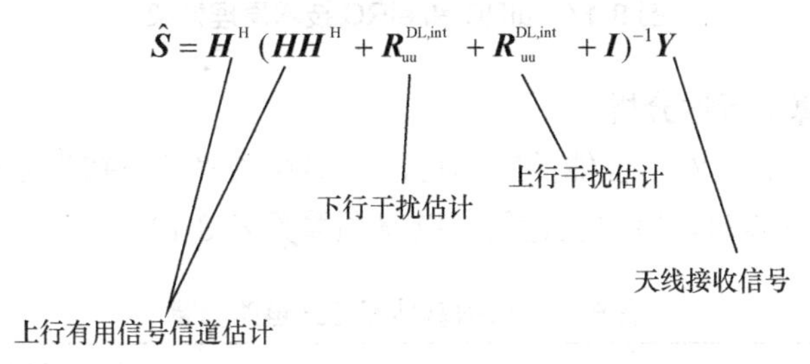

图 8-16　利用 MMSE-IRC 接收机抑制上行干扰和宏基站下行干扰

aIRC 技术和 eIRC 技术是通过 Muting RE 实现的，一种典型的 Muting RE 方式如下：一个 RB 包含 12 个子载波，14 个 OFDM 符号。在一个 RB 中，第一个符号 1/3 的 RE 资源静默，用来估计 PDCCH 的干扰。DMRS 占用 2 个符号，DMRS 所在的 2

个符号中有 1/3 的 RE 资源静默，用来显式估计宏基站发送 PDSCH 的干扰相关显式 $\boldsymbol{R}_{\text{uu}}^{\text{DL,int}}$ 。此时，静默 RE 资源占用一个 RB 所包含 RE 资源的 7.14%。换言之，在每个 RB 上采用相同的静默方式时，静默 RE 资源在全带宽的系统开销损失为 7.14%。

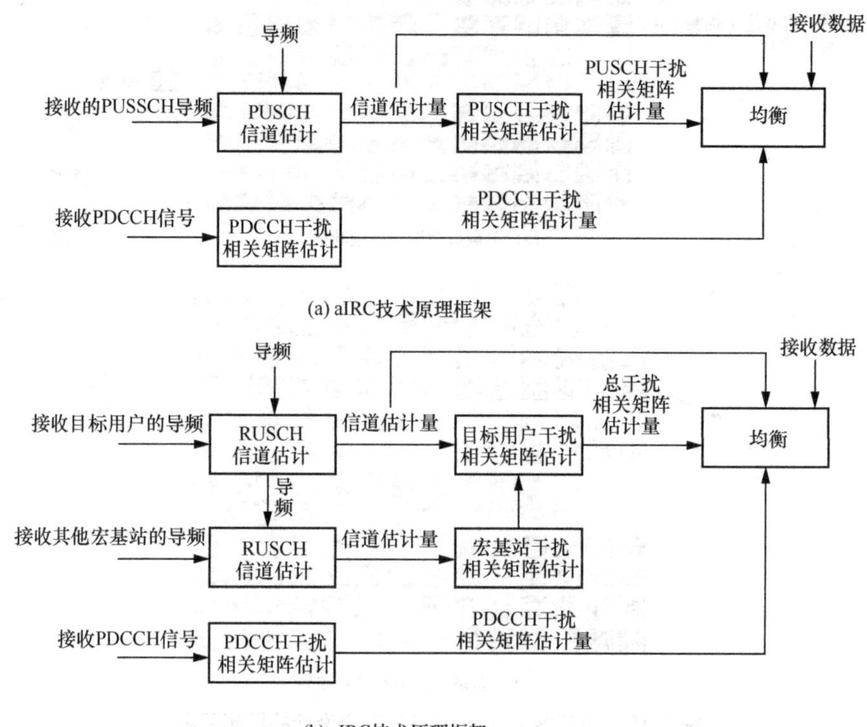

图 8-17 aIRC 和 eIRC 技术原理框架

2. 链路预算可行性分析

gNB-gNB CLI 对网络性能的影响可以由链路预算给出初步分析，宏微基站间 CLI 链路预算见表 8-11，室内上行用户链路预算见表 8-12。

表 8-11 宏微基站间 CLI 链路预算

参数	备注	宏微基站间距/m		
		50	100	200
（1）宏基站发送功率/dBm		53	53	53
（2）宏基站发送天线阵列增益/dB		20	20	20
（3）建筑物墙体穿透损耗（29.5dB）和阴影衰落约为（6dB）/dB		35.5	35.5	35.5

续表

参数	备注	宏微基站间距/m		
		50	100	200
（4）室外路损/dB	3GPP UMa LOS 信道	81.1	86.8	93.0
（5）室内路损/dB		2.5	2.5	2.5
（6）干扰强度 *I*/dBm	（6）=（1）+（2）−（3）−（4）−（5）	−46.1	−51.8	−58.0
（7）7dB 噪声指数下噪声功率 *N*/dBm		−87	−87	−87
（8）干扰噪声比 *I*−*N*/dB	（8）=（6）−（7）	40.9	35.2	29.0
（9）接收机灵敏度恶化量/dB		40.9	35.2	29.0

表 8-12　室内上行用户链路预算

参数	备注	UE-BS 距离/m		
		12	8	3
（1）UE 发送功率/dBm		23	23	23
（2）UE 发送天线增益/dB		0	0	0
（3）路径传播损耗/dB	3GPP UMa LOS 信道模型	−70	−60	−50
（4）上行接收信号强度 *S*/dBm		−47	−37	−27
（5）7dB 噪声指数下噪声功率 *N*/dBm		−87	−87	−87
（6）信噪比/dB	（6）=（4）−（5）	40	50	60

从表 8-11 和表 8-12 可以得到，当宏基站距离微基站 50m 时，宏基站对微基站的干扰强度为−46.1dBm，小于一般的阻塞功率阈值−35dBm，不会导致接收机阻塞。当用户距离室内小站 12m 以内且宏微距离为 50～200m 时，室内上行用户的 SINR 大于 0 而且随着用户与室内小站距离的拉近而不断增加，同时接收机灵敏度恶化量大约从 40.9dB 降到 29.0dB。从以上链路预算来看，如果能够通过一定技术手段降低来自宏基站的交叉链路干扰，减轻上行信号的接收性能的恶化程度，那么该系统将可以提供可观的上行容量。

3．性能评估

本节通过仿真评估了与 TDD 异配比的性能，包括基于 Muting RE 资源干扰协方差估计的 IRC 的上行接收性能，以及不同干扰协方差估计粒度的性能。

在工厂中 3 个宏基站与 18 个微基站共存的情况下，宏小区和微基站的 TDD 配置分别为 DDDSU 和 DSUUU。假设 IRC 接收机和上行联合接收技术由小基站应用。其他仿真配置参数见表 8-13。

表 8-13 仿真配置参数

仿真配置参数	参数配置值
接入方式	OFDMA
帧结构	TDD，宏基站：DDDSU，微基站：DSUUU
载频	4.9GHz
ISD	宏基站：300m，微基站：20m
调制	Up to 256QAM
子载波间隔	30kHz
信道模型	宏基站：Uma，微基站：IIOT
UE 分布	宏基站：80%室内 3km/h，20%室外 30km/h, 微基站：100%室内 3km/h
系统带宽	20MHz
天线配置	宏基站：BS@32TXRU，UE@4TXRU 微基站：BS@4TXRU，UE@4TXRU
传输方案	Macro：最大 12 流；Pico（6TRP 协作）：最大 12 流；SU：最大 1 流
调度粒度	4RB
UE 最大发送功率	26dBm
调度方案	正比公平调度
接收机	MMSE-IRC
信道估计	Ideal，Non-ideal，基线干扰相关阵估计 4RB，基于 Muting RE 估计的增强方案，干扰相关阵估计粒度 0.5RB
功控参数	P_0=−60，α= 0.6
小区数	宏小区：3，微小区：18
SRS 周期	10TTI
调度粒度	1slot

基于 Muting RE 资源的干扰测量的性能评估如图 8-18 所示，展示了基于 Muting RE 资源的干扰测量在不同估计粒度情况下的性能增益。仿真中，调度的频域粒度为 4RB。图 8-18 中的“4RB、2RB、0.5RB”表示干扰相关阵估计粒度分别为 4RB、2RB 和 0.5RB，理想估计表示干扰信息在微基站侧是理想已知的。通过降低 $\boldsymbol{R}_{uu}$ 估计粒度，可以估计出 0.5 个 RB 上的干扰协方差矩阵，这可以带来明显的性能提升。异配比场景下，相比于 4RB 估计粒度，0.5RB 估计粒度的小区平均吞吐量有 38%的增益，小区边缘吞吐量有 67%的增益。4RB 估计粒度时，相比于同配比，异配比的小区平均吞吐量有 249.8%的增益，小区边缘吞吐量有 260.3%的增益。

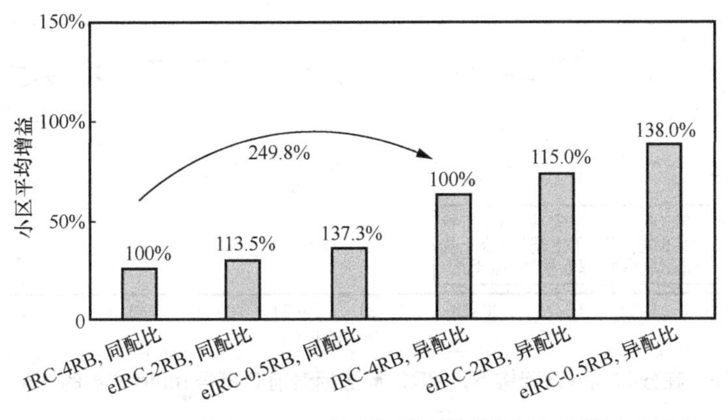

(a) 基于Muting RE资源的干扰测量的微小区平均增益（上行）

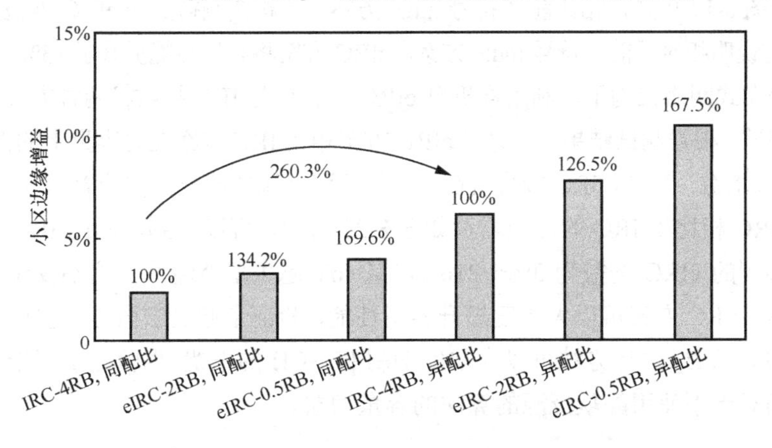

(b) 基于Muting RE资源的干扰测量的微小区边缘增益（上行）

图 8-18　基于 Muting RE 资源的干扰测量的性能评估

4．样机验证

在分布式网络架构和集中式网络架构下，设计了具备宏微异配比干扰消除特性的样机，其中分布式网络架构验证了 aIRC 和 eIRC 算法，集中式网络架构验证了 IC 算法。室内微基站时隙配比设为 2:3，室外宏基站配比设置为 8:2。

相比于静默前两个符号估计宏基站 PDCCH 信号的前 2 符号静默(mute)方案，aIRC 方案仅静默首符号 1/3 的 RE 资源估计宏基站 PDCCH 信号，这减少了干扰估计的资源开销。在分布式网络架构下，对以上两种方案的容量性能做了测试，根据测试结果，计算了 aIRC 方案相比前 2 符号 mute 方案在总容量上的性能增益，记为 aIRC 增益。在分布式网络架构下，aIRC 算法相对前 2 符号 mute 方案的性能增益如图 8-19 所示。

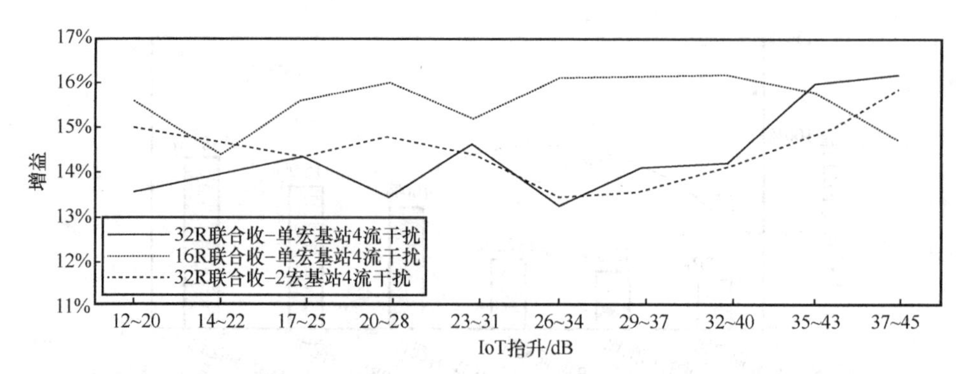

图 8-19　在分布式网络架构下，aIRC 算法相对前 2 符号 mute 方案的性能增益

根据图 8-19 可知，相比前 2 符号 mute 方案，样机实测得到的 aIRC 增益为 13%～216%，这说明相对于前 2 符号 mute 方案，aIRC 方案将容量性能提升了 13%～216%。

在分布式网络架构下，利用样机对 eIRC 接收机与 IRC 接收机两种方案的容量性能做了测试，根据测试结果，计算了 eIRC 方案相比 IRC 方案在总容量上的性能增益，记为 eIRC 增益，其中，IRC 接收机在不使用静默资源的情况下估计 $\boldsymbol{R}_{uu}$。在分布式架构下，eIRC 相比于 IRC 的性能增益如图 8-20 所示，可以看到，相比 IRC 方案，样机实测得到的 eIRC 增益为 3%～216%，且 IoT 越大增益越大，这不仅说明相对于 IRC 方案，eIRC 方案可以大幅度提升容量性能，验证了通过宏微导频协同分配实现宏干扰的显示 $\boldsymbol{R}_{uu}$ 估计方法可以大幅度抑制 PDSCH 的干扰，也验证了基于静默资源的算法相对于不使用静默资源的算法的容量增益。

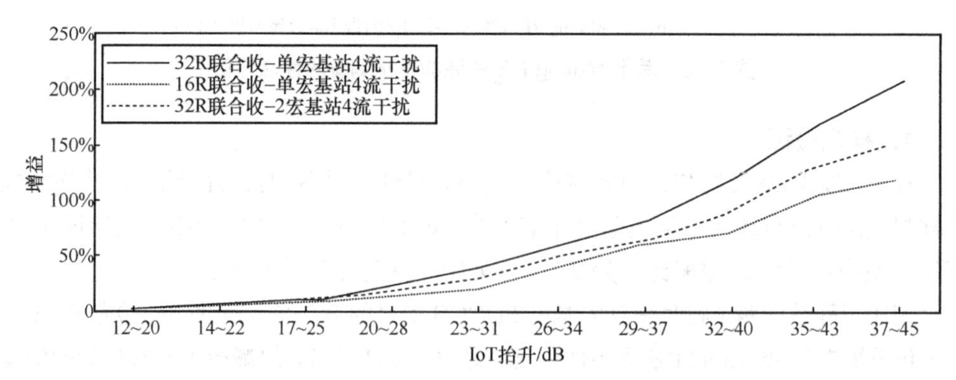

图 8-20　在分布式架构下，eIRC 相比于 IRC 的性能增益

在集中式网络架构下，利用样机对 IC 接收机和 IRC 接收机两种方案的容量性能做了测试，根据测试结果，计算了 IC 方案相比 IRC 方案在总容量上的性能增益，记为 IC 增益。在集中式网络架构下，IC 相对 IRC 的性能增益如图 8-21 所示，可以看到，相比 IRC 方案，样机实测得到的 IC 增益为 13%～210%，这说明 IC 方案比 IRC 方案的容量性能更优，而且 IoT 越大增益越大，这说明了 IC 方法在高干扰情况下的干扰消除能力更强。

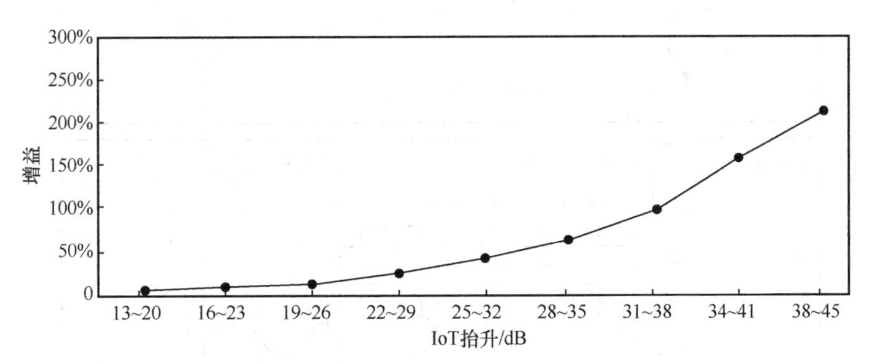

图 8-21 在集中式网络架构下，IC 相对 IRC 的性能增益

8.2.5.3 小结

在宏微异配比场景中，宏微同频干扰是主要干扰，也是制约性能的瓶颈。通过链路预算可以看出，在微基站处来自宏基站下行信号的干扰与接收的室内 UE 上行信号的功率相当，而且宏基站下行信号干扰功率小于阻塞功率阈值，不会造成接收机阻塞。总的来说，宏基站干扰对微基站性能影响有限，结合标准和算法能有效增强干扰抑制能力（静默资源测量干扰，IRC 接收机抑制干扰），保证微基站接收到的上行信号能够对抗来自宏基站的干扰，这使得宏微异配比可以提供期望的上行容量。

8.2.6 子带不重叠全双工干扰抑制技术增强

8.2.6.1 干扰抑制技术增强

对于自干扰抑制，总体来说可以分为空间域、射频域、数字域 3 个维度进行自干扰抑制，自干扰抑制技术如图 8-22 所示。

空间域干扰抑制技术包括：空间隔离，即通过收发天线之间的空间距离以及隔离材料实现，目前在 FR1 可以实现 50～80dBc 的隔离度，在 FR2 可以实现 80～120dBc 的隔离度；零陷滤波，即通过优化天线波束图样，实现在接收波束方向天线增益近似为 0，目前在 FR1 可以实现 0～40dBc 的隔离度，在 FR2 可以实现 0～40dBc 的隔离度。

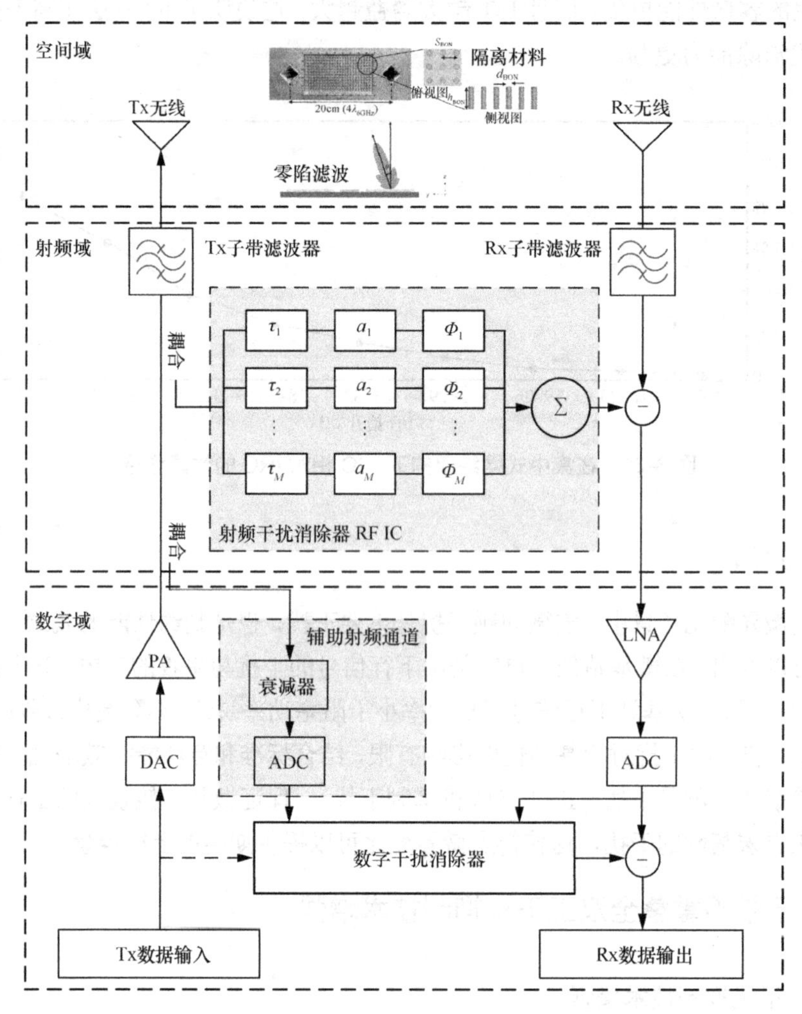

图 8-22　自干扰抑制技术

射频域干扰抑制技术包括基于子带滤波器的干扰抑制技术和基于射频干扰消除器的干扰抑制技术两种类型。其中子带滤波器的设备相对简单，但是支持的子带配置数量受限，如果使用可调滤波器或多组滤波器成本会上升。此外子带滤波器方案还会由于过渡带太小引起比普通滤波器更大的带内插损，会导致发射功率、接收机灵敏度和上下行覆盖的下降。射频干扰消除器则可以支持更加灵活的子带配置，不影响发射功率和接收机灵敏度，但是射频干扰消除链路跟设备通道数的平方成正比，电路复杂，成本高。

数字域干扰抑制技术包括收发子带间频率隔离和数字域自干扰消除等。其中收发子带间频率隔离在 FR1 可以实现 45dBc 的隔离度，在 FR2 可以实现 22.5～30dBc 的隔离度。数字域自干扰消除技术可以有多种实现方式，包括引入辅助射频通道，规避 PA 非线性影响或提升 PA 非线性估计精度，或者不引入辅助射频通道，直接建模 PA 非线性特性，在 FR1 可以实现 0～50dBc 的隔离度，在 FR2 可以实现 0～50dBc 的隔离度。

新型的子带不重叠全双工干扰抑制收发器架构示意图如图 8-23 所示，为了有效抑制基站侧自干扰 SI 和同信道基站间的子带间 CLI，子带不重叠全双工基站可以采用收发分离的高隔离天线面板，并且在收发链路中采用子带射频滤波器。其中，为了抑制发射通道和接收通道之间的自干扰，降低收发天线之间的耦合，提升收发天线的隔离度至关重要。一般情况下，天线之间的耦合分为表面波耦合和空间波耦合两种。对于微带天线等低剖面天线来说，表面波的影响效果会更大；对于阵子天线，空间波的影响更大。高隔离天线采用了隔离墙和电磁带隙两种去耦结构，天线隔离度可达 50～80dBc。子带射频滤波器可以同时抑制 SI 和同信道基站间的子带间 CLI，考虑过渡带带宽、小型化和成本约束，目前业界可实现约 30dB 的子带间干扰抑制能力。

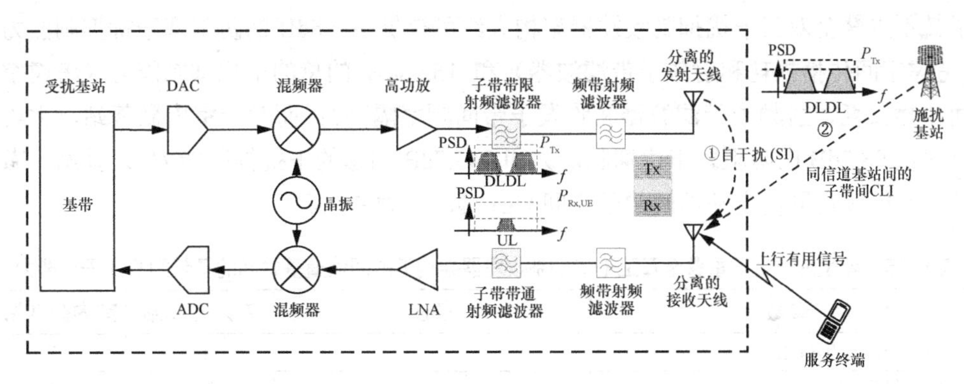

图 8-23 新型的子带不重叠全双工干扰抑制收发器架构示意图

8.2.6.2 链路预算可行性分析

新型的子带不重叠全双工干扰抑制收发器架构下的自干扰抑制能力见表 8-14，

对于自干扰抑制而言，保守估计，新型的子带不重叠全双工干扰抑制收发器架构至少能提供 85dB 的防阻塞干扰抑制能力（考虑收发分离天线之间的空间距离隔离和射频子带滤波器）和 130dB 的总的干扰抑制能力（考虑收发分离天线之间的空间距离隔离、射频子带滤波器和收发子带间频率隔离），可以满足微基站的自干扰抑制能力要求，但与宏基站的自干扰抑制要求存在一定差距。

表 8-14 新型的子带不重叠全双工干扰抑制收发器架构下的自干扰抑制能力

参数	备注	室外宏基站	室内微基站
（1）天线域自干扰隔离度/dB	保守估计，只考虑收发分离天线之间的空间距离隔离，忽略隔离材料和零陷滤波	55	55
（2）射频域子带间干扰抑制能力/dB	射频子带滤波器	30	30
（3）数字域子带间干扰抑制能力/dB	保守估计，只考虑收发子带间频率隔离，忽略数字域自干扰消除	45	45
（4）防阻塞干扰抑制能力要求/dB		96	65
（5）防阻塞干扰抑制能力/dB	（5）=（1）+（2）	85	85
（6）总的干扰抑制能力要求/dB		150	124
（7）总的干扰抑制能力/dB	（7）=（1）+（2）+（3）	130	130

新型的子带不重叠全双工干扰抑制收发器架构下的同信道基站间的子带间 CLI 干扰能力见表 8-15，针对同信道基站间的子带间 CLI，对于室外宏基站而言，新型的子带不重叠全双工干扰抑制收发器架构大约可提供 107.8dB 的防阻塞干扰抑制能力（考虑空间传播损耗和射频子带滤波器）和 152.8dB 的总的干扰抑制能力（考虑空间传播损耗、射频子带滤波器和收发子带间频率隔离）；而对于室内微基站，大约可提供 98.7dB 的防阻塞干扰抑制能力和 143.7dB 的总的干扰抑制能力；宏基站和微基站都能满足同信道基站间的子带间 CLI 抑制能力要求。

表 8-15 新型的子带不重叠全双工干扰抑制收发器架构下的同信道基站间的子带间 CLI 干扰能力

参数	备注	室外宏基站	室内微基站
（1）工作频点/GHz		4.9	4.9
（2）站间距/m		350	20
（3）信道模型		UMa LOS	InH LOS
（4）空间传播损耗	（4）根据（1）和（2）计算	97.8	68.7
（5）收发天线阵列增益/dB	考虑施扰基站发射天线+受扰基站接收天线的总增益	20	0
（6）射频域子带间干扰抑制能力/dB	射频子带滤波器	30	30

续表

参数	备注	室外宏基站	室内微基站
（7）数字域子带间干扰抑制能力/dB		45	45
（8）防阻塞干扰抑制能力要求/dB		96	65
（9）防阻塞干扰抑制能力/dB	（9）=（4）+（6）−（5）	107.8	98.7
（10）总的干扰抑制能力要求/dB		150	124
（11）总的干扰抑制能力/dB	（10）=（4）+（6）+（7）−（5）	152.8	143.7

综上，作者团队提出的新型的子带不重叠全双工干扰抑制收发器架构可以满足室内微基站的自干扰抑制能力要求和基站间的子带间 CLI 抑制能力要求，以及室外宏基站的基站间的子带间 CLI 干扰抑制能力要求，但不能满足室外宏基站的自干扰抑制能力要求。即在室内微基站场景中，作者团队所提出的新型的子带不重叠全双工干扰抑制收发器架构在技术上是可行的。

8.2.6.3 样机验证

本节使用样机验证基站侧子带不重叠全双工制式带来的时延降低性能。例如，将一部分带宽配置为 4:1，另外一部分带宽配置 1:4，来实现降低终端的业务时延。

基站侧组网及参数如下：场地面积为 2000m^2，pRRU 采用 16 个头端，头端间隔为 12m×12m，网络部署和 pRRU 头端部署如图 8-24 所示，时隙配比为 2:3 或 4:1，特殊子帧配比为 6:4:4，头端 pRRU 挂高为 9.7m。

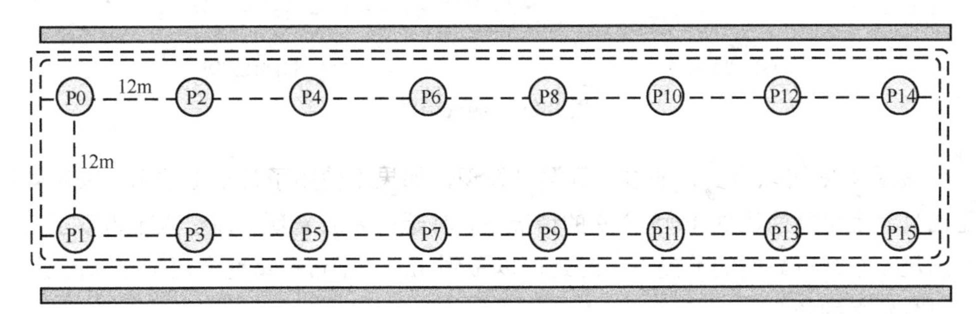

图 8-24 网络部署和 pRRU 头端部署

5G 工业以太网总线测试仪可以模拟 PLC、I/O 设备在 4ms 内发送和接收数据包，并可以统计 PLC 到 I/O 或 I/O 到 PLC 的时延。此外，还可以对链路的可靠性进行统计分析。

样机验证：5G 工业网络测试仪连接和端到端时延统计如图 8-25 所示，在样机测试中，发包长度为 64byte，发包周期为 4ms，协议采用 PROFInet，测试结构如图 8-25（a）所示。测试结果通过子带不重叠全双工组网最终可以达到 4ms 时延，如图 8-25（b）所示。具体测试结果如图 8-26 所示。

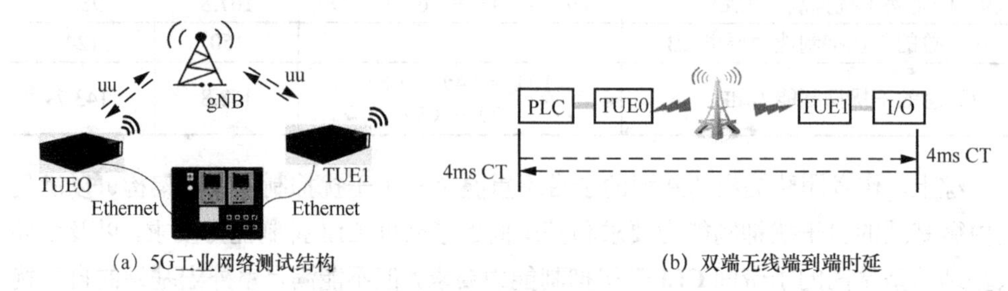

(a) 5G工业网络测试结构　　(b) 双端无线端到端时延

图 8-25　样机验证：5G 工业网络测试仪连接和端到端时延统计

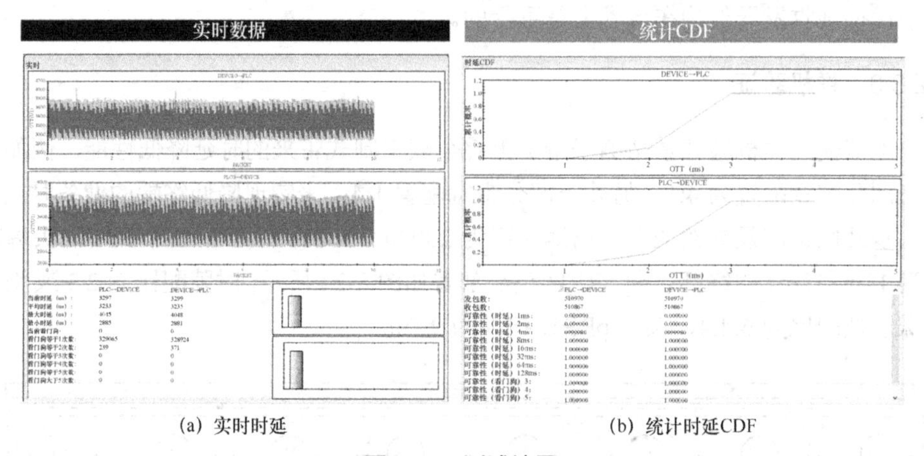

(a) 实时时延　　(b) 统计时延CDF

图 8-26　测试结果

从图 8-26 可以看到，通过实际测试发现，如果不使用子带双工技术，采用 4:1 配比且满足可靠性达到 4～5 个 9 的情况下，时延在 8ms 量级；而引入子带双工后，在满足 5 个 9 可靠性的前提下，时延可以做到 4ms，子带不重叠全双工技术的引入空口时延得到降低。

8.2.6.4　小结

在基站侧子带不重叠全双工组网场景中，干扰主要为基站侧的 SI 和同信道基站间的子带间 CLI。为了有效抑制上述干扰，子带不重叠全双工基站可以采用收发分离的天线面板，并且在收发链路中采用子带射频滤波器。通过链路预算可以看出，至少在室内微基站场景中，作者团队所提出的新型的子带不重叠全双工干扰抑制收发器能够满足子带间 CLI 的防阻塞干扰抑制能力要求和总的干扰抑制能力要求，保证残余干扰信号功率比基站底噪低至少 7dB（折合接收机灵敏度恶化量小于 0.8dB），这使得子带不重叠全双工系统可以提供期望的性能增益，包括增强上行覆盖能力、提升上行吞吐量和降低用户空口时延等。

为了使能 TDD 宏微异时隙组网方式，满足运营商的短期部署需求，作者团队提出了多种基站间 CLI 抑制算法（如静默资源测量干扰、IRC 接收机抑制干扰等）。链路预算、仿真评估和样机验证显示，作者团队提出的干扰抑制方案可有效抑制宏基站对微基站的 CLI，确保宏微异配比可以提供期望的上行容量。

为了迎合万物智联和工业互联网对低时延和大上行吞吐量同时提出的更高要求，满足运营商的中长期部署需求，本节详细分析了基站侧子带不重叠全双工制式的潜在部署场景和典型干扰特征，并且提出了一种包括收发分离的高隔离天线面板和子带射频滤波器在内的新型的子带不重叠全双工干扰抑制收发器架构。链路预算显示该架构至少能够在室内微基站场景中满足全双工干扰抑制能力要求，有望获得增强上行覆盖能力、提升上行吞吐量和降低用户空口时延等性能增益。本节进一步通过原型样机验证了基站侧子带不重叠全双工制式可以显著降低用户空口时延，满足工业互联网的低时延能力要求。

8.3 干扰识别、排查和消除中的 AI 应用

8.3.1 基于图像识别技术的 5G 干扰识别

随着 5G 组网越来越复杂，通信系统内干扰种类越来越多，智能化设备等通信系统外设备干扰也呈现快速增长趋势。单一类型、复合类型干扰的频繁出现会对用户感知造成比较大的影响。而目前现网干扰识别还主要依赖人工经验，现网运维人力成本高、效率低，如何快速、精准识别网络干扰类型，提高运维人员工作效率，成为亟待解决的问题。本节对改进深度残差网络的智能干扰识别方法进行了研究，采用图像识别技术对干扰频域信息进行图像处理和模型训练，有效提高干扰识别准确率和效率。

8.3.1.1 干扰识别背景

随着 5G 网络的大规模建设，100MHz 带宽上出现了大量新的干扰，并且伴随着当前 5G 用户的显著增多，系统内负荷显著增加，出现了多种复合干扰。复合干扰可能破坏原有干扰的时域和频域特征，显著增加干扰的识别难度。此外传统的干扰识别依然采用人工识别的方法，存在如下两点问题。

（1）技术能力不足

5G 新技术的出现，导致一线技术人员干扰识别的经验不足，缺乏对 5G 干扰时域和频域干扰特征的常识。

（2）人员差异较大

人员流动高，造成人员的干扰识别经验缺乏有效积累，分析能力因人而异，优化效果无法保证。尤其对于复合干扰，每个人的识别准则存在差异，容易导致漏判或者误判。

8.3.1.2 常见干扰特征

1．单一干扰

单一干扰是指由单独一类原因引起的干扰，一般只包含一种干扰特征。几种常见的单一干扰类型和干扰波形如图 8-27 所示，具体如下。

（1）LTE D 频段干扰：由于频谱划分的问题，原有 LTE D 频段 2575～2615MHz，40MHz LTE 小区需要移频到 2615～2655MHz。但是 LTE D 频段当前话务量较高，部分 LTE D 频段小区并未完全退频，产生对 5G 系统的干扰。根据 LTE 退频情况不同，可能存在单载波以及双载波干扰。

（2）NR 系统内干扰：由于 5G 用户大量增加，业务信道负荷显著抬升，在高话务区域，本身话务负荷或者小区 PUSCH 功能参数设置不合理等原因，导致 PUSCH 信道干扰显著抬升。不同厂商开启干扰随机化的特性，从 PUSCH 不同的 RB 位置开始分配资源，这就导致 NR 系统内干扰呈现多样性。

（3）无线网桥/视频监控干扰：一般是指无线回传部分非法占用 2.6GHz 频段，造成对 2.6GHz 5G 信号的干扰。从干扰特征来看，在整个 2.6GHz 100MHz 范围内都可能存在这种干扰，其波形图呈现大约 50RB 的干扰抬升，可能是单个也可能是多个。

（4）干扰器干扰：在监狱/学校周边，经常会开启干扰器干扰整个无线信号，从频域特征看，一般呈现整体底噪抬升或者大带宽的底噪抬升。

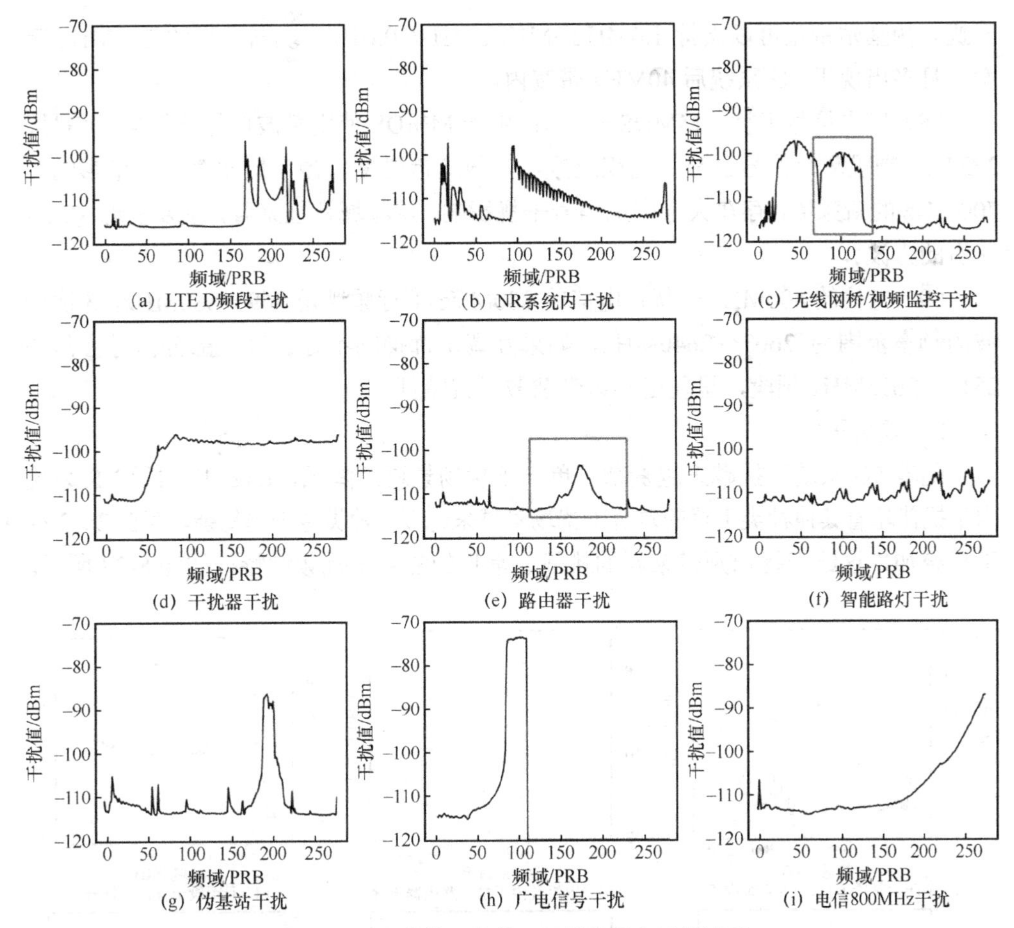

图 8-27　几种常见的单一干扰类型和干扰波形

（5）路由器干扰：在无线路由器性能不佳时，经常会在 2.6GHz 频段产生信号泄漏，从而干扰 5G 信号。从频域干扰特征上看，这种干扰呈现下宽上尖的宽频干扰，在 2.6GHz 整个 100MHz 频段都有可能出现。

（6）智能路灯干扰：智能路灯包含无线控制模块，能实现智能微波雷达感应自动调整亮度（人体靠近时增加亮度，远离时减小亮度）功能，此模块不间断地违规发射中心频率为 2620MHz、带宽约为 150MHz 的信号，用于探测人体距离来达到自动调节亮度目的。此类干扰在部分地区广泛出现。从干扰特征上来看，这种干扰存在右高左低、周期性波动降低特征，同时也有部分仅呈现右高左低的杂散特征。

（7）伪基站干扰：LTE D 频段伪基站使用 2.6GHz 频段，也会产生对 5G 系统的干扰。伪基站带宽可以支持 1.4MHz/3MHz/5MHz/10MHz，现网常见的是 5MHz 带宽，且多出现于 5G 系统后 40MHz 带宽内。

（8）广电信号干扰（MMDS 干扰）：由于 MMDS 使用微波信号传输电视信号，2.6GHz 频段广电信号已经大面积退频，少数地市进度较慢，依然存在少量影响。700MHz 的新频谱，存在大量广电信号干扰影响。从频域特征来看，主要呈现 8MHz 左右的方波。

（9）电信的 800MHz 干扰：电信的 800MHz 下行频谱是 869～880MHz，3 次谐波的频率范围为 2607～2640MHz，如果互调干扰抑制不好，有一部分信号会落进 2515～2615MHz 频段，呈现出右边带杂散干扰特征。

2．复合干扰

随着 5G 系统干扰越来越复杂，单一干扰场景逐渐降低，LTE D 频段/NR 系统内干扰伴随着其他种类干扰的复合干扰场景越来越多，种类越来越复杂，存在 2～3 种干扰叠加，这给干扰识别带来新的挑战。常见的复合干扰频谱特征如图 8-28 所示。

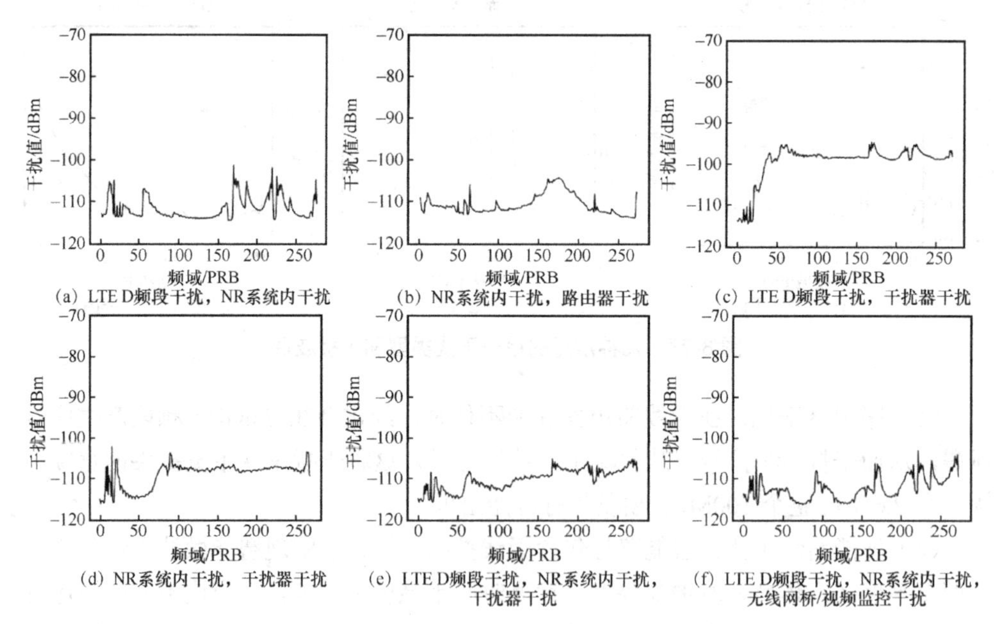

（a）LTE D频段干扰，NR系统内干扰
（b）NR系统内干扰，路由器干扰
（c）LTE D频段干扰，干扰器干扰
（d）NR系统内干扰，干扰器干扰
（e）LTE D频段干扰，NR系统内干扰，干扰器干扰
（f）LTE D频段干扰，NR系统内干扰，无线网桥/视频监控干扰

图 8-28 常见的复合干扰频谱特征

8.3.1.3 深度残差网络

在深度学习中，网络层数越高，包含的函数空间也就越大，理论上网络的加深

会让模型更有可能找到最优的函数解决我们的问题。例如，卷积神经网络（CNN）整合了低、中、高不同层次的特征，特征的层次可以靠加深网络的层次丰富，因此在构建网络结构时，网络的深度越高，可抽取的特征层次就越丰富、越抽象，对图像的分类就越准确。但实际上，在深度学习中，网络的精度不一定会随着网络层数的增多而增多，而会出现训练集和测试集准确率下降的网络退化现象，导致模型精度差、泛化能力低等问题。当浅层网络已经能够达到比深层网络更好的训练效果时，如果能把浅层的特征信息直接映射到深层，那么深层网络也可以保证较好的训练效果。

为了解决传统深度学习模型的网络退化问题，微软实验室在 2015 年提出残差网络（Deep Residual Network，ResNet）算法，该算法以巨大优势获得当年 ImageNet 竞赛第一名，成为目前图像识别领域最先进的算法之一。ResNet 算法通过恒等映射连接不同网络层的方式构建残差网络结构，使深层的网络一定比浅层包含更多或至少相同的图像特征，在保证网络结构复杂程度的前提下，根据学习目标自适应地调整网络层，保证了特征信息的完整性和准确性，提高了模型的精度和泛化能力。

ResNet 结构由多个卷积层堆叠形成，并包含如下多种优化。

（1）批标准化（Batch Normalization，BN），即在每次卷积后，对批量样本的特征做标准化处理，使样本分布更加均匀，达到避免过拟合、减小梯度问题和加快运算效率的目的。

（2）ReLU 激活函数的非线性变换，会使一部分神经元的输出为 0，加强网络的稀疏性，减少过拟合的发生，并且计算简单，可以提高运算效率。

（3）最大池化（Max Pooling），通过计算局部最大值，达到下采样降维的目的，从而提高效率。

（4）全局平均池化（Global Average Pooling），分别对每个通道的特征图（Feature Map）求平均值，降维提高效率并减少过拟合。

8.3.1.4　智能干扰识别方案

1．整体架构

智能干扰识别装置架构如图 8-29 所示，首先通过服务器对接运营商的通信干扰数据接口，对干扰数据进行采集和预处理，之后将结果保存到干扰数据库中。离线阶段将结合现网专家经验对历史干扰数据类型进行标注和校正，形成离线干扰数据集，再将干扰频域信息进行图像化，生成干扰频谱波形图，并针对不同干扰类型进行图像处理和数据处理，之后使用针对复合干扰的改进 ResNet 算法模型对干扰数据进行训练和验证，迭代生成模型并保存到干扰模型库中，最后根据验证结果校正模型。在线阶段通过导入干扰数据库中的实时干扰数据，对所有小区进行数据处理和干扰检测，并将干扰小区的频域信息做图像处理，通过导入已训练好的离线模型对其做在线推理，生成干扰识别结果，实现准确、高效的干扰识别。

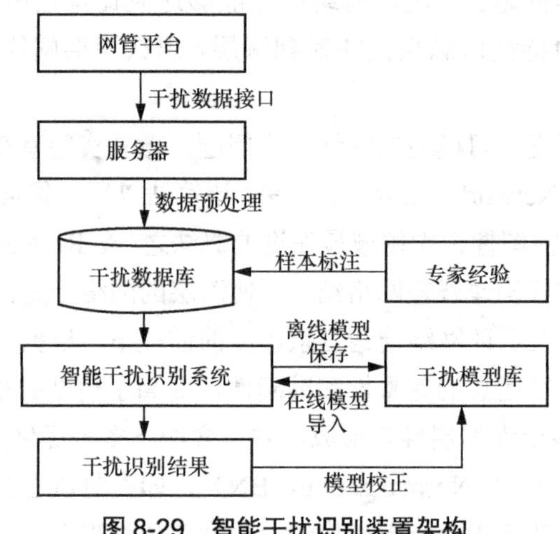

图 8-29　智能干扰识别装置架构

2. 智能干扰识别系统

智能干扰识别系统如图 8-30 所示，分为离线和在线两大部分，离线部分包含图像化模块、图像处理模块、数据处理模块、算法模块、效果评估模块和数据存储。在线部分包含数据采集、数据处理、干扰检测、图形处理、干扰识别和结果输出。

（1）图像化模块

本模块通过采集运营商北向网管通信干扰数据，结合现网专家经验标注生成干扰样本，并对样本进行初步的数据处理和图像化，最后将结果存储在数据库中。具体步骤如下。

步骤 1　干扰数据采集。通过对接运营商北向网管通信干扰数据，结合现网专家经验对干扰数据进行标注和校正，并对现有单一干扰类型和混合干扰类型进行梳理和分类。

步骤 2　数据提取。根据指标字段名称，提取干扰小区数据第 0～272 个 PRB 上检测到的干扰噪声（dBm）和干扰类型，作为对应特征和标签。

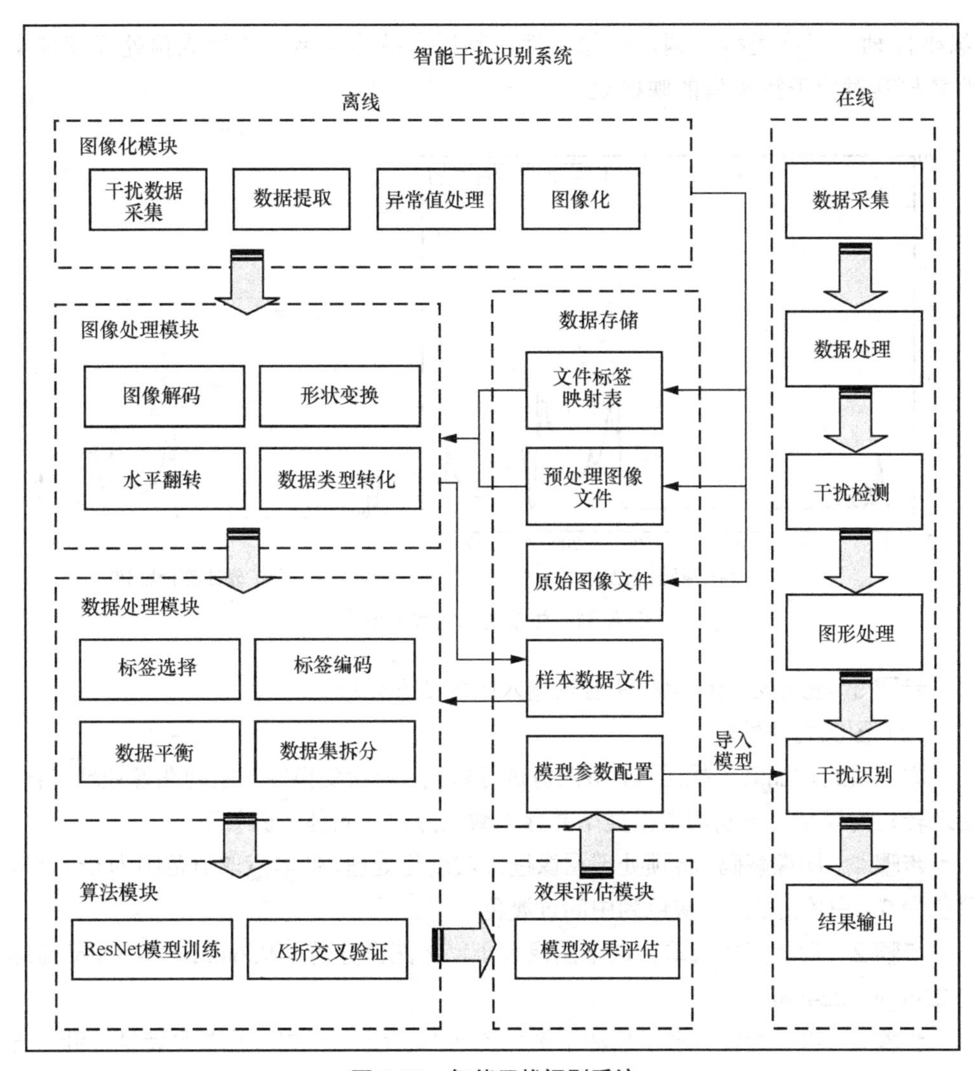

图 8-30　智能干扰识别系统

步骤 3　异常值处理。选取 100MHz 全频段干扰数据，删除或替换存在异常值（NIL）的样本。

步骤 4　图像化。生成的两组频率波形如图 8-31 所示，结合现网工程师的使用习惯，根据每条样本提取的特征值和标签生成两组干扰频谱波形。原始图像用于人工评估分析，x 轴为 0～272PRB，y 轴为干扰值（dBm），标题为对应干扰类型，图像文件以其样本编号命名。预处理图像用于模型训练、验证和测试，不包含横

/纵坐标轴、干扰类型标题，图像文件以其样本编号命名，并生成预处理图像文件名与其对应干扰类型的映射表。

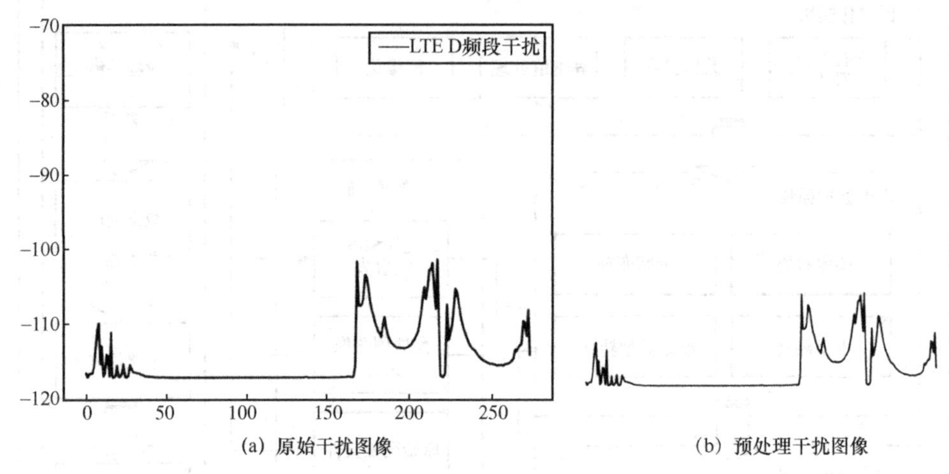

(a) 原始干扰图像 (b) 预处理干扰图像

图 8-31 生成的两组频率波形

步骤 5 将预处理图像和映射表输入图像处理模块。

（2）图像处理模块

本模块通过加载干扰图像，将图像进行解码、形状变换等一系列图像处理操作，使之转化为模型可识别的数据类型并存入数据库中。具体步骤如下。

步骤 1 图像解码。将预处理图像进行灰度化处理，像素点取值范围为 0～255，黑色为 0，白色为 255，灰色为中间过渡色。

步骤 2 形状变换。重新调整图像大小，将图像分辨率从 640dpi×480dpi 压缩为 224dpi×224dpi。

步骤 3 水平翻转。水平翻转示例如图 8-32 所示，根据干扰类型特征，针对部分频点不固定的干扰类型，可以对其图像做水平翻转，增加样本量。

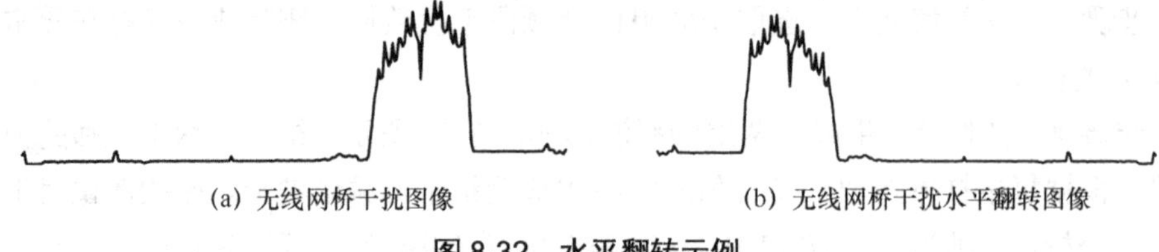

(a) 无线网桥干扰图像 (b) 无线网桥干扰水平翻转图像

图 8-32 水平翻转示例

步骤 4 数据类型转化。将图像解码后的数值转化为算法模型可识别的数据类型。

步骤 5　导入映射表，将图像处理后的样本数据与其对应的干扰类型做匹配，生成样本数据文件，输入数据处理模块。

（3）数据处理模块

本模块通过对干扰类型标签的分析，针对样本数量较多、特征较为明显的标签，进行标签选择和样本平衡处理，并通过 K 折交叉切分将样本拆分为训练集和测试集。具体步骤如下。

步骤 1　标签选择。根据效果评估和干扰类型占比，选择样本特征较明显、数量较多的干扰类型作为标签。

步骤 2　标签编码。对字符串类型的标签进行编码，转化为数字类型，便于算法模型预测和效果评估。

步骤 3　数据平衡。基于各干扰类型的样本数量，对数量较少的样本进行上采样，对数量较多的样本进行下采样。

步骤 4　数据集拆分。采用 K 折交叉切分将样本拆分为训练集和测试集，并保证每个子集中的干扰类型分布和原数据集相同。

步骤 5　将训练集和测试集输入算法模块。

（4）算法模块

改进残差网络结构如图 8-33 所示，本模块构建 ResNet18 算法的基础模型，并根据通信干扰数据的业务特点对原算法进行改进。由于复合干扰类型包含单一干扰类型的特征，即分类标签之间不满足相互独立的条件，所以原算法采用的多类别分类方法不适用于目前的干扰识别业务。本节通过构造单一干扰识别模块和复合干扰识别模块对原算法进行改进，将多分类问题转化为多标签分类问题。单一干扰识别模块通过模型训练提取单一干扰样本特征并对其进行识别，复合干扰识别模块通过获取单一干扰样本特征，对任意复合干扰样本进行识别。具体步骤如下。

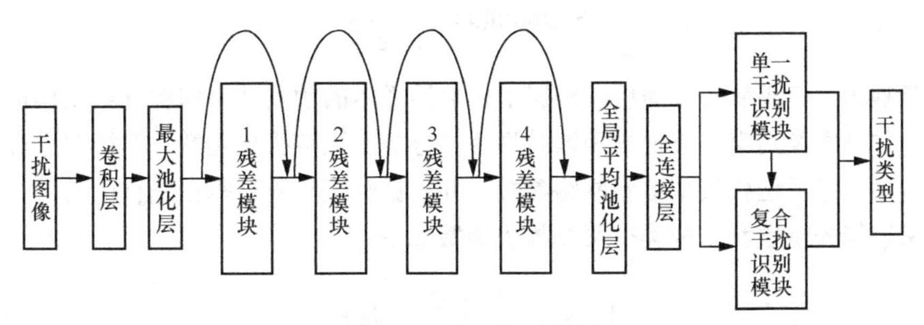

图 8-33　改进残差网络结构

步骤 1 导入单一干扰类型图像训练集并做 K 折交叉验证。将原训练集拆分为 K 等份，并保证每份数据集中的干扰类型占比与原数据集相同。随机选取 1 份作为验证集，$K-1$ 份作为新的训练集，进行 K 轮训练，每轮迭代 n 次，总迭代次数为 nK 次。由于干扰图片为单通道，图像分辨率为 224dpi×224dpi，所以输入数据的维度为 1×224×224。

步骤 2 输入数据进行初始卷积运算，该卷积层包含 64 个步长为 2、维度为 7×7 的过滤器，然后通过 BN 和 ReLU 函数的优化减小过拟合，最后经过最大池化运算将数据长宽压缩一半做降维处理。BN 即在每次卷积后，对小批量样本做规范化操作，使各通道的均值为 0、方差为 1，达到避免过拟合、加快运算效率的目的。ReLU 激活函数的非线性变换，会使一部分神经元的输出为 0，加强网络的稀疏性，从而减少过拟合的发生。

步骤 3 构造 4 组残差模块，每个残差模块包含 2 个基础模块，基础模块按照 CNN + BN + ReLU + CNN + BN 的顺序构造网络层，输入数据通过基础模块运算后得到对应结果，再将该结果与输入值相加，并通过 ReLU 激活函数得到该模块的输出。

步骤 4 完成所有卷积模块运算后，通过全局平均池化层和全连接层运算，提取干扰图像特征。

步骤 5 构造单一干扰识别模块，将原结果映射成概率分布的 Softmax 函数替换为 Sigmoid 函数。选取最大概率的干扰类型作为该干扰数据样本的预测结果。Softmax 函数和 Sigmoid 函数如下。

$$\text{Softmax}(x)_i = \frac{\mathrm{e}^{x_i}}{\sum_{j=1}^{k} \mathrm{e}^{x_j}} \tag{8-32}$$

$$\text{Sigmoid}(x) = \frac{1}{1+\mathrm{e}^{-x}} \tag{8-33}$$

步骤 6 完成前向传播后，根据干扰数据样本的预测结果和实际结果构造损失函数，并将多类别交叉熵损失函数替换为二分类交叉熵损失函数，对模型进行梯度反向传播。最后迭代模型更新网络参数，并根据验证集测试每轮迭代的效果。多类别交叉熵损失函数和二分类交叉熵损失函数如下。

$$\text{Loss} = -\frac{1}{N}\sum_{i}\sum_{c=1}^{k} y_{ic} \lg p_{ic} \tag{8-34}$$

$$\text{Loss}=\frac{1}{N}\sum_{i}-[y_i\lg p_i+(1-y_i)\lg(1-p_i)] \tag{8-35}$$

步骤 7　重复步骤 1～步骤 6，当模型训练达到最大迭代次数时停止迭代，并保存模型网络参数和配置参数。

步骤 8　构造复合干扰识别模块，将复合干扰类型样本通过网络提取干扰特征，并从单一干扰识别模块中获取单一干扰特征，对该样本特征进行匹配，选取得分较高的干扰组合作为该复合干扰类型结果。

（5）效果评估模块

本模块根据测试集的验证结果，对训练完成的模型进行效果评估，调整标签选择规则和模型超参数配置。具体步骤如下。

步骤 1　导入已经训练完成的模型网络参数和配置参数，对测试集数据进行模型推理，通过计算推理结果的 F1 和准确率，评估模型效果。

步骤 2　根据评估效果，调整标签选择规则和模型超参数配置。

（6）在线部分

本模块通过在线对接运营商北向网管的实时干扰数据，检测出高干扰小区，并对其进行数据处理和图像处理。之后通过导入离线阶段已经训练好的模型，对干扰小区进行干扰类型的识别。具体步骤如下。

步骤 1　对接运营商北向网管，根据预设的时间戳采集干扰数据。

步骤 2　根据规定的字段名称和数据格式，对采集到的数据进行预处理并入库。

步骤 3　计算每天忙时 8:00—22:00 的全频段、D1 频段、D2 频段的 PRB 干扰平均值，三者之一大于−110dBm 或−107dBm 的小区检测为干扰小区。

步骤 4　类似离线部分将干扰小区的频域信息进行图像化和图像解码，并转化为模型可识别的数据类型。

步骤 5　导入已经训练完成的模型，对干扰数据进行在线推理，获取干扰类型。

步骤 6　将干扰识别结果按照规定字段名称和数据格式保存到数据库。

8.3.1.5　现网应用

1．干扰分析和模型训练

本文通过收集 2021 年 6—8 月某省北向网管 2 万条 5G 干扰数据样本，并采用专家经验对其进行 3 轮标注和校正，生成基础干扰数据集。某省常见 5G 干扰类型见表 8-16，目前该省 5G 现网共有 17 种干扰类型，通过整理和筛选总结出 15 种类型为亟须重点解决的常见干扰类型，包括前 10 种单一干扰类型和后 5 种复合干扰类型，涵盖 90%的干扰场景。通过对单一干扰类型样本的模型训练和效果评估，实现对单一干扰类型的干扰识别，以及任意配对形成的复合干扰类型的干扰识别。

表 8-16　某省常见 5G 干扰类型

类型	特征	干扰源	常见场所
LTE D 频段干扰	D1/D2 频段对应的底噪明显抬升，多为三段式或凹形	LTE 小区的上行终端	未完成 LTE 清频的区域
NR 系统内干扰	随 NR 系统内上行资源分配波动	系统内上行负载高站点	重叠覆盖区域
无线网桥/视频监控干扰	宽带干扰，一个或多个直方凸起，中间一般有一个裂缝	视频监控的无线网桥、无线回传等设备	楼宇、小区，如电梯、停车场等
干扰器干扰	全频段或大带宽底噪抬升且有些波动	干扰器产生的外部干扰	学校附近
路由器干扰	呈现出尖峰状，尖峰的底部稍宽，上头变窄，频域位置不固定	路由器	楼宇、小区
智能路灯干扰	左低右高，规律性波动	智能路灯	城市、农村街道
伪基站干扰	干扰波形呈现规律的 1.4MHz/3MHz/5MHz/10MHz 等带宽的矩形波形	伪基站	公安附近
时钟源故障干扰	前 12 个 RB 受到较高的干扰，有的是前 35 个 RB	常见于基站时钟源抖动/跳变、GPS 故障等产生的上下行交叉时隙	随机出现
广电信号干扰	左边 8MHz 一个方波	广电信号	
电信 800MHz 干扰	右边带杂散干扰特征	电信 800MHz	
LTE D 频段干扰、NR 系统内干扰	LTE D 频段干扰和 NR 系统内的复合干扰	系统内上行负载高站点 LTE 小区的上行终端	重叠覆盖区域内未完成 LTE 清频的区域
LTE D 频段干扰、干扰器干扰	LTE D 频段干扰和干扰器干扰叠加的复合干扰		
NR 系统内干扰、干扰器干扰	NR 系统内干扰和干扰器干扰叠加的复合干扰		
LTE D 频段干扰、NR 系统内干扰、干扰器干扰	LTE D 频段干扰、NR 系统内干扰、干扰器干扰叠加的复合干扰		
LTE D 频段干扰、NR 系统内干扰、无线网桥/视频监控干扰	LTE D 频段干扰、NR 系统内干扰、无线网桥/视频监控干扰叠加的复合干扰		

2. 现网验证

现网数据采用该省 2021 年 12 月 27 日的 682 条 5G 干扰数据，人工干扰类型识别准确率约为 70%，识别效率约为一人一天的工作量。智能干扰识别系统结果见表 8-17，作者团队提出的智能干扰识别准确率为 90.5%，识别效率为 8.3s，相较于人工干扰识别，准确率和效率有明显提升，并且对于之前未出现过的新型复合干扰类型，如 NR 系统内干扰、路由器干扰，都有较好的识别效果。

表 8-17 智能干扰识别系统结果

正确标签	是	否	总计	准确率
LTE D 频段干扰	14	1	15	93.3%
NR 系统内干扰	232	16	248	93.5%
无线网桥/视频监控干扰	7	2	9	77.8%
干扰器干扰	104	1	105	99.0%
路由器干扰	1	0	1	100.0%
智能路灯干扰	12	1	13	92.3%
电信 800MHz 干扰	3	0	3	100.0%
其他干扰	0	32	32	0
LTE D 频段干扰、NR 系统内干扰	197	9	206	95.6%
LTE D 频段干扰、干扰器干扰	2	0	2	100.0%
LTE D 频段干扰、其他干扰	0	1	1	0
NR 系统内干扰、干扰器干扰	15	0	15	100.0%
NR 系统内干扰、路由器干扰	23	2	25	92.0%
NR 系统内干扰、电信 800MHz 干扰	1	0	1	100.0%
NR 系统内干扰、无线网桥/视频监控干扰	2	0	2	100.0%
LTE D 频段干扰、NR 系统内干扰、干扰器干扰	4	0	4	100.0%
总计	617	65	682	90.5%

作者团队提出的基于改进深度残差网络的智能干扰识别方法，通过采集运营商北向网管的通信干扰数据，并结合现网专家经验对干扰数据进行标注和校正。之后对干扰样本的频域信息进行图像处理，构造针对复合干扰类型的改进残差网络，对样本进行离线的模型训练和在线的实时干扰识别。经过现网验证，相较于传统的人

工干扰识别，该方法可以有效地提高识别准确率和效率、节约人力成本。未来可以针对 30MHz、60MHz、80MHz 不同带宽场景，结合已有模型，通过预处理不同带宽 PRB 干扰值，有效识别干扰类型。并且，在上站干扰排查前，可根据小区干扰的特征进行分析，确定可能的干扰类型，进而粗定位干扰源及其所在区域。最后，对干扰数据的特征进行提取并对具体解决方法进行分类，在充足的数据支撑和模型迭代下，未来 AI 有望直接解决干扰问题。

8.3.2 基于类语义的复合干扰识别

第 8.3.1 节中给出的基于二维图像的 AI 干扰识别技术，需要强大的算力支持，只能在网络侧（如 OMC-R 服务器）进行运算和分析。为了高效排查、定位现网受到干扰的问题，一线运维人员还希望仅具备有限算力的便携式仪表也拥有实时干扰识别能力。作者团队基于原始输入数据（类似于语义）设计了具有高效、性能更优的 AI 网络结构，通过多尺度 CNN 构造特征金字塔（Feature Pyramid），然后通过二元交叉熵损失函数（Binary Cross-entropy Loss Function）进行多标签分类，实现在移动环境下实时检测干扰类型，提出了多尺度特征金字塔网络（Multi-scale Feature Pyramid Network，MsFP-Net）算法。

该算法具有良好的分类性能和泛化能力，通过指标平均精度均值（mAP）度量分类性能，多分类准确率可以达到 86%，且该算法在一些地区已成功部署并在现网中得以实际应用。该算法的优势在于具有较少的学习参数和较低的时间复杂度，并且在小模型中获得了更高的识别性能，这为算法嵌入智能仪表提供可能性。智能仪表与基站不同，它的计算资源较为昂贵，同时，同时间内获得的数据量也比基站数据量要大。这就要求 AI 算法模型必须在保证识别准确率的同时，兼顾减少计算量和缩短运行时间的需求。

本节基于 2.6GHz（2515～2675MHz）频段出现的无线干扰进行研究。笼统来说，干扰的来源包括系统内的干扰（NR 系统内干扰或/和 LTE-D 频段干扰），也包括系统外干扰（智能路灯干扰或/和干扰器干扰）。而这些干扰信号本身的频带宽度和频带位置都存在不确定性，并且存在基站受到多干扰源共同干扰的情况。所以作者团队基于上行复合干扰提出了一种多尺度分类算法，用于解决现网存在的多标签干扰识别任务。对于本节设计的多尺度算法，除了识别精度的提升，还有更少的学习参数和时间复杂度。多标签识别算法具有通用性，有助于运维工程师识别干扰类型。

为了解决干扰类型逐渐增多，以及帮助研究未来 AI 算法，将干扰类型总结见表 8-18。

表 8-18　干扰类型总结

<table>
<tr><th colspan="2">类型</th><th>类型数量</th><th>总结</th></tr>
<tr><td colspan="2">宽频带</td><td>3</td><td>全频段与部分频段叠加，不易分解信号</td></tr>
<tr><td rowspan="2">窄频带</td><td>频点固定</td><td>4</td><td>固定频段之间存在信号叠加，容易混淆</td></tr>
<tr><td>频点灵活</td><td>2</td><td>数据分布有很大的随机性，并且无线网桥干扰和路由器干扰的区别主要在于数据分布中是否存在裂缝</td></tr>
</table>

根据不同省公司统计各干扰类型占比时发现数据呈现长尾效应，导致部分类型数据占比很小，并且还需要在有限算力的条件下输出多标签结果。基于上述情况，需要对现有算法进行适当的改进优化。根据不同要求借鉴了现有 AI 技术中 CNN 特征提取工作技术，用于解决现有以及未来存在的问题。

8.3.2.1　基于类语义的复合干扰识别原理

根据从中国移动某省公司采集得到的北向数据，我们可以简单分析出现网中存在大量不均衡数据和小样本数据，干扰训练数据集分类统计见表 8-19。这些数据体现了现网的真实分布，同时也对 AI 算法训练产生了较大的影响。

表 8-19　干扰训练数据集分类统计

干扰类型	样本数量
智能路灯干扰	491
电信 800MHz 干扰	28
700MHz 干扰	72
无线网桥/视频监控干扰	1741
干扰器干扰	1672
路由器干扰	506
伪基站干扰	47
大气波导干扰	64
NR 系统内干扰	5170
LTE-D 频段干扰	4666

基于上述问题进行了 AI 算法研究，在构造更为轻量化的算法模型的同时，保

证算法的识别精度。

在构建网络之前，本书进行了特征工程工作，加入了数据的一阶梯度信息和二阶梯度信息。在计算之前，需要对数据头尾进行平均值填补（Average Padding）。Padding 即边缘填充，常用分类有零填充、常数填充、镜像填充、重复填充，除了需要保证卷积后的数据维度不变外，还要选择合适的 Padding 方式，减少引入的新数据导致结果产生的负面影响。

（1）零填充：对数据使用 0 进行边界填充。

（2）常数填充：指定填充所需常数值。

（3）镜像填充：填充方式为新的 Dim 使用反方向的最下边元素的值。相比于前面使用固定数值进行填充，镜像填充有可能获得更好的卷积结果。

（4）重复填充：重复图像的边缘像素值，将新的边界像素值用边缘像素值扩展，同样可以指定 4 个方向的填充数量。

在本方案中，因为 PRB 的测量值一般为较大的负数，所以用 PRB 的平均值作为 Padding 的内容。

$$\mathrm{grad}(x)=f(x+1)-f(x), x=0,1,\cdots,n \tag{8-36}$$

$$\mathrm{laps}=\mathrm{grad}(x+1)-\mathrm{grad}(x), x=0,1,\cdots,n \tag{8-37}$$

在式（8-37）中，laps 基于 grad 计算，同时也会进行平均值 Padding，保证数据长度保持为 273 维。计算数据中梯度和二阶梯度信息，可以有效区分宽带宽和窄带宽的特征，同时可以对混淆干扰类型进行有效的区分。以“无线网桥/视频监控干扰”为例，一阶梯度信息可以表达频带特征的位置信息，即干扰带宽的起始和终止位置；而二阶梯度信息可以表达数据的细节信息，比较明显的就是“无线网桥/视频监控干扰”波形中存在中间裂隙的特征信息。

样本数据对比如图 8-34 所示，是“无线网桥/视频监控干扰”和“路由器干扰”的样本数据，其中图 8-34（a）和图 8-34（d）是原始数据，图 8-34（b）和图 8-34（e）是一阶梯度信息，图 8-34（c）和图 8-34（f）是二阶梯度信息。在原始数据中存在相似的数据分布，但是在梯度信息中原数据分布的细节信息被放大。将它们一起输入网络中，可以有效区分数据中的细节信息。

基于式（8-36）和式（8-37）计算数据的特征，不进行卷积核计算。该结果只是对原始数据以及提取后的数据进行一阶和二阶梯度信息计算。这是因为梯度信息本身反映数据的细节信息，经过卷积核计算可能会去除边界信息。

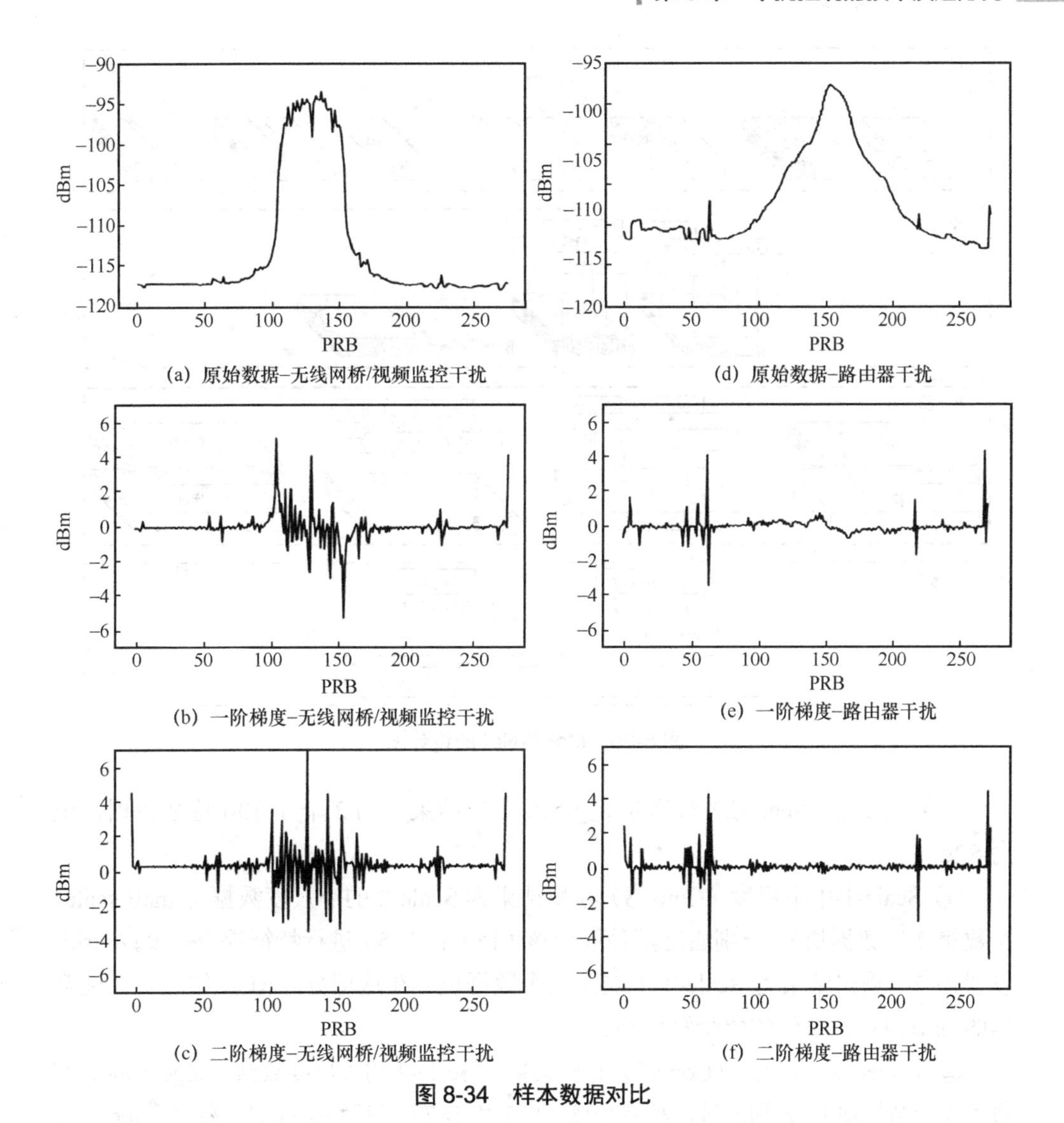

图 8-34　样本数据对比

MsFP-Net 的设计图如图 8-35 所示，整体分为 4 个部分，数据从下到上进行特征提取和干扰分类，同时也是一个不断下采样的过程。

（1）尺度-1（Scale-1）输入的是原始数据（输入维度为 1×273），通过两种尺度的卷积核（1×3 和 1×5）在不同尺度下进行滤波。参数步长（stride）设置为 2，用于数据下采样缩减特征维度，同时还能保留干扰的细节特征，这可以起到提高 AI 模型鲁棒性的作用，并且通过多信道（channel）的特征提取，可以增加样本特征的多样性。

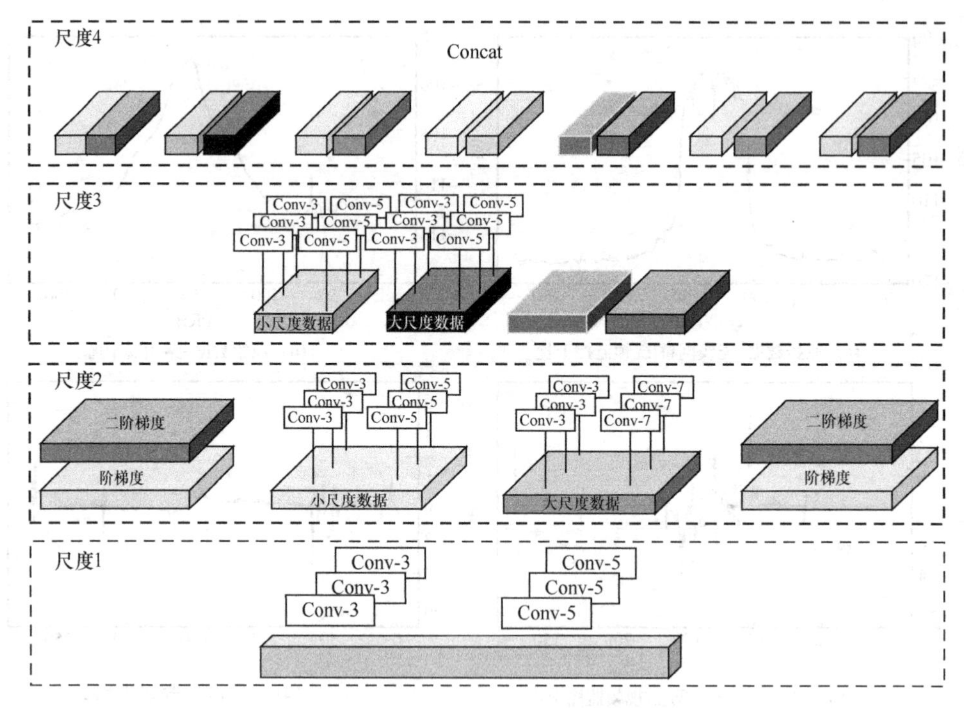

图 8-35　MsFP-Net 的设计图

（2）尺度-2（Scale-2）输入的是 Scale-1 的结果，为 2 个 3×136 特征数据，记为 S2d。

① Scale-1 中小尺度（Conv-3）卷积结果为 Scale-2 的小尺度数据（small-scale，左数第 2 个数据块），分别通过两种卷积核（1×3 和 1×5）进行特征提取，参数 stride 设置为 2，输出结果为 Scale-3 中左侧两个数据块。在这部分，AI 网络更加关注数据的细节信息，整体的感受野较小。

② Scale-1 中大尺度（Conv-5）卷积结果为 Scale-2 的大尺度数据（large-scale，左数第 3 个数据块），分别通过两种卷积核（1×3 和 1×7）进行特征提取，参数 stride 设置为 2。输出结果为 Scale-3 中右侧两个数据块。输出特征长度为 68。这与 Scale-3 左侧部分的数据相比，数据更为平滑，在具有较大感受野的同时，更趋向表达数据的趋势。

③ Scale-2 中数据长度为 136，依旧保留明显的干扰频段特征，所以基于 small-scale 和 large-scale 数据块进行特征工程工作，根据式（8-36）和式（8-37）分别计算两者的一阶梯度和二阶梯度信息，对应为 Scale-2 中最左侧和最右侧数据，记为 S2dl 和 S2dr。

（3）Scale-3 输入的是 Scale-2 的结果，为 4 个 3×68 特征数据。需要将这 4 个数据块分为左侧两数据块和右侧两数据块。同时该层数据因为随着提取特征网络深度的增加，数据长度逐渐缩小，所以呈现大尺度信息。

① Scale-3 中左侧两个数据块（small-scale 和 large-scale，记为 S3d），与步骤（2）类似，两数据块分别通过 1×3 和 1×5（stride=2）两种卷积核处理后，对应 Scale-4 中左数第 3 和第 4 数据对块，记为 S4_1 和 S4_2。

② Scale-3 中右侧两个数据块（记为 S3drt）不进行进一步特征提取工作，因为该数据是基于感受野较大的卷积核得到的数据结果，已经包含比较多的数据信息，无须进一步压缩数据维度。

（4）Scale-4 中，将 Scale-1～Scale-3 中结果（S2dl，S3d，S4_1，S4_2，S3drt，S2d，S2dr）按组拼接，获得多尺度的特征图。另外，Scale-1～Scale-3 中不同尺度的卷积核，通道的个数均为 3，不进行单尺度下的维度扩张。

这样，Scale-4 中通过拼接获得特征图，形成了数据金字塔，如图 8-36 所示，每一个数据块均为 3 个通道，所以共有 27×136 维数据。图 8-36 的结构是由图 8-35 中输出数据组合而成的金字塔结构。使网络输入的数据中 34 维、68 维和 136 维数据在总维度中的比例设置为 1:2:3。这在保证数据尺度多样性的同时，避免了丢失干扰频段的细节特征。

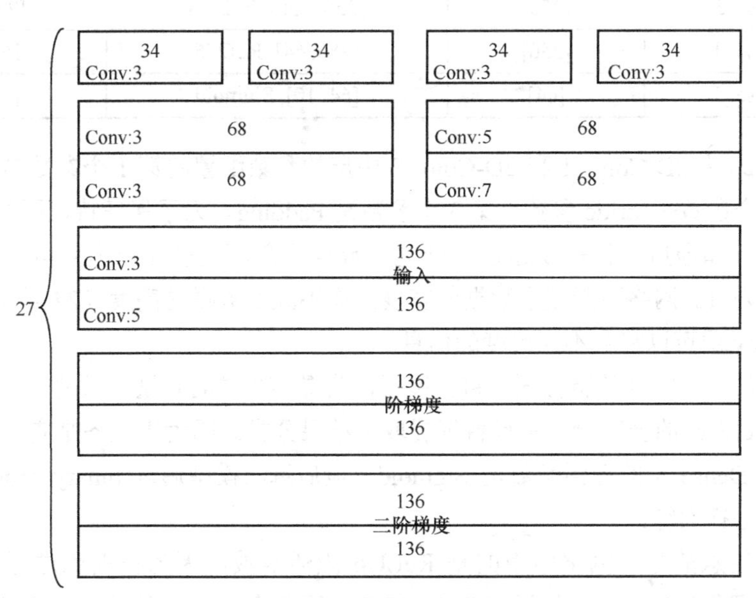

图 8-36　数据金字塔

特征金字塔其实就是多尺度的二维特征图。由于数据维度比较高，通过二维卷积进行特征提取，同时也可以综合不同尺度下的信息。根据式（8-38）和式（8-39）可以计算卷积输出维度，分类网络模型参数见表 8-20。

$$H_{\text{out}} = \frac{H_{\text{in}} + 2 \times \text{Padding}[0] - \text{dilation}[0] \times (\text{kernel\_size}[0] - 1) - 1}{\text{strdie}[0]} + 1 \qquad (8\text{-}38)$$

$$W_{\text{out}} = \frac{W_{\text{in}} + 2 \times \text{Padding}[1] - \text{dilation}[1] \times (\text{kernel\_size}[1] - 1) - 1}{\text{strdie}[1]} + 1 \qquad (8\text{-}39)$$

其中，H 和 W 分别表示特征图的高和宽；dilation 表示卷积核的膨胀系数，设为 1；kernel_size 表示卷积核的尺寸；由于特征图中宽的维度较高，所以将分类网络设计为表 8-20 所示的结构。

表 8-20　分类网络模型参数

层的名称	输入维度	层的参数配置	输出维度
2D-Conv_1	[27, 136]	[[3×11], [1, 2], [1, 0]]	[27, 63]
2D-Conv_2	[27, 63]	[[3×7], [1, 2], [1, 0]]	[27, 29]
Dense_1	[783]	[783, 512], ReLU6	[512]
Dense_2	[512]	[512, 256], ReLU6	[256]
Dense_3	[256]	[256, 256], ReLU6	[256]
Dense_4	[256]	[256, 64], ReLU6	[64]
Dense_5	[64]	[64, 10], Sigmoid	[10]

表 8-20 中 2D-Conv_1 和 2D-Conv_2 中层的参数配置的第 1 个参数是卷积核尺寸，第 2 个参数是 stride 参数，第 3 个参数是 Padding。为了保证特征图高（H）不变，第一行和最后一行需要通过复制进行数据补充，这里并非重复填充。dilation 的默认值为 1。网络不断减小数据的宽度，而不改变数据的高度（27 维）。所以通过 2D-Conv 层可以整合不同尺度的信息。

然后得到 27×29 的特征图，将其展平，获得 783 维的向量。通过前 4 层的激活函数为 ReLU6 的全连接层进行特征提取和结果分类。因为本任务是实现多标签任务，所以 Dense_5 的激活函数是 Sigmoid。最后算法模型通过 binary cross-entropy 损失函数进行训练。

值得注意的是，网络中用的是 ReLU6 激活函数。因为在训练过程中发现，当学习率调得比较大时，如设定为 0.002 时，用 ReLU 激活函数会导致梯度爆炸，从而导致中断训练。而当使用 ReLU6 时，训练会更稳定，并且性能越好、收敛速度越快。这是由于结果是按指数计算的，可能会导致训练不稳定。训练迭代会放大受干扰的类型并抑制未受干扰类型的输出结果。算法网络中的输出值可能会变得不稳定。

分类网络设计示意图如图 8-37 所示，其为表 8-13 的可视化体现，下方数据不断缩减的为 2D-Conv，图 8-37 中上半部表示了全连接分类器，为 Dense 网络部分，其中 bs 表示批大小（batch_size）。

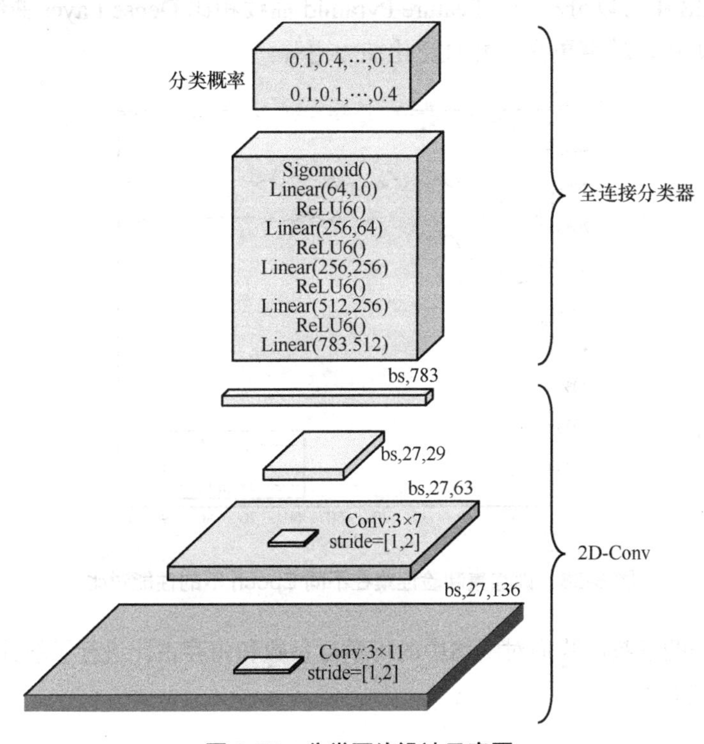

图 8-37 分类网络设计示意图

8.3.2.2 基于类语义的复合干扰识别测试验证

我们采集省 A 的现网数据，人工标定一万条样本训练集进行训练。以 2474 条 3 省市不同时期、不同地点的数据集作为测试集，用 mAP 度量作为判定网络性能的指标。

在机器学习中的目标检测领域，mAP 是十分重要的衡量指标，用于衡量目标检测算法的性能。一般而言，mAP 是将所有类别检测的平均精度（AP）进行综合加权平均得到的。但是与图像处理不同的是，本任务中没有交并比（IoU）指标。每一个分类的 AP 值本质上是计算查准率—查全率（PR）曲线的积分，所以该值直接反应网络的性能，与阈值无关。

训练集和验证集在不同 Epoch 下的性能对比如图 8-38 所示。其中 Train Process 是训练集在训练过程中的 mAP，而 Feature Pyramid 和 Dense Layer 分别是在训练过程中，对验证集推断的 mAP 值。随着训练轮次迭代，验证集的精度也在不断提升。从图 8-38 中可以分析出，Feature Pyramid 曲线相比 Dense Layer 曲线来说，它的收敛速度更快、精度更高，并且泛化能力更强。

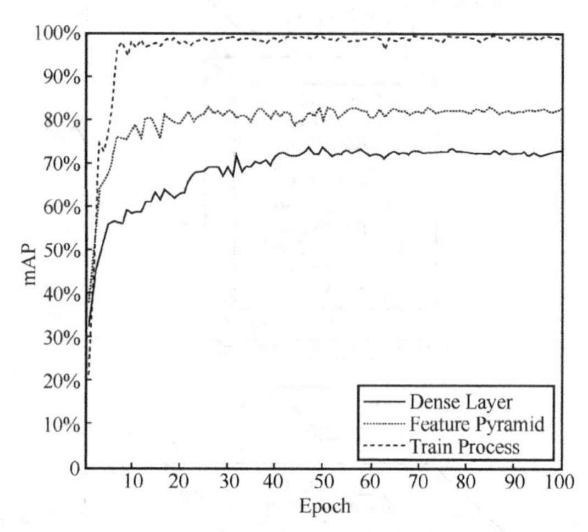

图 8-38 训练集和验证集在不同 Epoch 下的性能对比

对于新增的参数，我们对网络中的可学习参数和内存占比进行了统计，统计 AI 模型参数见表 8-21。

表 8-21 统计 AI 模型参数

层的名字	学习参数	存储
Feature Map	126	504B
Conv-2D	54	216B
Dense Network	614,528	4.9MB
All	614,708	4.9MB

从表 8-21 中可以看出，对于特征金字塔的特征提取网络，可学习参数并不多。

所以其使用较少的学习参数，可以获得较为丰富的数据特征。缩减网络模型可以有效减少模型的时间复杂度、为嵌入智能仪表提供技术支撑。首先，算法具有较少的可学习参数，在具备良好的识别性能的同时又具备足够好的泛化能力，可以在数据不平衡和小数据集上进行有效的训练，更加符合现网的实际情况。其次，对于仪表实时输出的大量数据，该网络模型也可以做到快速的在线推断。初步测试验证，在 Intel（R）Core（TM）i7-9700 CPU @ 3.00GHz 的硬件条件下，每秒可以处理 1.5 万条数据。

8.3.3 基于 AI 的 MIMO 系统干扰消除

将 AI 技术应用在无线网络中将有助于更精准地预测业务特征、用户移动性、用户行为、信道环境等信息，最终通过智能资源管理与调度机制保证更好的服务质量和用户体验，实现更好的公平性和系统资源利用率，促进无线通信网络的开放与智能。目前 AI 技术已经开始在核心网、网管网优、接入网等领域发挥积极的作用。近年来，基于 AI 的空口传输技术（尤其是物理层 AI 技术）也取得了显著进展。大量研究表明，将 AI 技术融入新型编码调制、多址、波形设计、预编码、信道估计、信号检测、干扰消除等物理层模块设计中，可带来显著的性能增益。以 ITU、3GPP、IMT-2020、IMT-2030 等为代表的多个行业组织已经在数据集构建、评估准则、典型用例等重要课题上开展了深入研究，为将来无线 AI 技术的实际应用打下重要基础。

MIMO 系统中的干扰状况是干扰数量多（小区内和小区间干扰）且动态变化，用传统的专家知识难以获得闭式解和优化的干扰消除效果。因此在干扰消除方面引入 AI 和机器学习技术是非常有必要的。高精度信道状态信息（Channel State Information，CSI）估计是信号判决检测、MIMO 波束成形、干扰消除等技术的重要前提。传统通信理论中的多用户多小区 MIMO 预编码技术可以基于精确的信道信息最大限度地降低用户之间的干扰，有效提升系统吞吐量。

8.3.3.1 基于 AI 的 MIMO 信道状态信息估计

现有系统以参考信号辅助的 CSI 估计作为主要信道估计手段，其依靠传输具有特定图案且收发端均已知的参考信号获取部分频带/符号上的信道，然后利用这些信道进一步通过一维或多维的插值获得所有时频空资源上的信道信息。受限于较为一般性的信道模型假设，传统信道估计算法的精度面临一定瓶颈。近几年来，研究发现，基于 AI 的信道估计方案通过对信道结构中先验信息的学习，在相同参考信号开销下明显提升了信道估计精度。

考虑基于参考信号辅助的信道估计框架，基于 AI 的信道估计需要学习的是从较少的已知信道信息到完整信道信息的映射，该过程类似于图像处理中的超分辨率插值技术。Ye 等通过仿真对比发现，基于AI的信道估计相比于传统的MMSE信道估计方案有明显性能优势（见参考文献[3]）。He 等基于 AI 的信道估计率先提出模型驱动的神经网络结构设计，引入了可学习的去噪近似信息传递网络来解决参考信号较少时的估计精度下降问题，并且所提方案仅需要少量数据即可训练，在实际部署中有明显优势（见参考文献[4]）。

基于 AI 的信道估计方案仅需要在链路的接收端进行部署，因此不存在多模型对齐问题。因为物理层传输过程需要进行大量信道估计，所以对信道估计方案的计算时延有较高要求，这也是目前基于 AI 的信道估计方案需要解决的主要问题之一。此外，用于信道估计的模型需要具备较好的泛化性，在多种不同信噪比、场景、移动速度下均能满足估计精度要求，否则频繁的模型更新带来的开销将会显得方案整体得不偿失。

8.3.3.2 基于 AI 的 MIMO 信道状态信息预测

MIMO 系统中 CSI 预测是以已有的 CSI 为基础，在不增加新的空口资源开销的前提下获得未知时频资源 CSI 的技术。不同时刻、空间等维度的 CSI 虽然不完全相同，但存在一定程度的相关性，使 CSI 预测成为可能。传统 CSI 预测方案在处理复杂数据上受限于预测精度而难以实用化。而且，在高铁等快速变化信道下信道的预测难度很大，需要更密集的导频开销。基于 AI 的 CSI 预测有望明显提升预测精度，从而有望在实际系统中实现以低开销获取未知 CSI 的目标。根据数据相关性类别，基于 AI 的 CSI 预测可以分为以下 4 类。

（1）基于时间相关性的方案

根据前一段时间内的 CSI 预测下一个时刻或者下一段时间内的 CSI，其主要是应用在随时间变化的信道或者高速移动的场景下。由于循环神经网络架构可以很好地处理时间序列，因此有科研人员利用循环神经网络（RNN）架构构建了基于 AI 的 CSI 预测网络，通过神经网络刻画和捕捉信道在时间前后状态信息的变化和相关性，可以根据前几个时间点的 CSI 预测下一时刻的 CSI。

（2）基于频率角度相关性的方案

例如，根据 FDD 的上行 CSI 预测和重建下行 CSI。Jiang 等和 Yang 等将深度学习的方法应用到 FDD 下行信道的预测和重建问题上，根据环境中的上行信道数据推测和重建新的环境（频率）中的数据，可以取得良好的预测精度（见参考文献[5-6]）。

（3）基于空间角度相关性的方案

例如，Han 等同时考虑了信道在空间和频率上的相关性，并利用这种相关性实现了根据基站部分天线与用户的CSI预测和映射全部天线与用户的CSI（见参考文献[7]）。其主要的方法是引入了一个由全连接构成的信道映射关系学习神经网络，对这些映射关系进行学习。

（4）基于用户间信道相关性的方案

对于在同一个场景中并且在同一个基站服务范围内的用户，他们的信道往往具有很强的相关性，且在不同位置的用户所享有的信道强弱可能不同。因此可以通过部分用户的信道预测区域所有用户的信道。

8.3.3.3　基于 AI 的大规模 MIMO 研究方向

MIMO 技术的研究和标准化已经持续了多年，并且在未来一段时间内仍然将是标准化讨论的核心议题之一。MIMO 信道信息的精确获取是有效消除多用户、多流之间的干扰，从而提升 MIMO 性能的根本前提，因此，3GPP 等标准化组织持续进行 MIMO 码本增强的工作，希望在提升信道反馈精度的基础上进一步降低反馈开销。现有的增强型 Type II 码本已经利用了信道的空间稀疏性以及时域稀疏性达到降低开销的目的，未来还可以进一步考虑如下潜在的方向。

（1）压缩预测一体化 CSI 反馈技术

基于 AI 赋能的信道状态信息反馈框架，从历史测量数据中提取信道的变化特征和稳态变量，推断 CSI 反馈的最佳时刻，完成对该时刻信道的预测，在此基础上实现 CSI 的获取和压缩。

（2）统一的 FDD 和 TDD CSI 反馈方案

分析提取 FDD 和 TDD 系统信道互易性的共性特征，提出基于 AI 的通用 CSI 反馈模型，根据信道互易性成立的程度提取必要的信息进行反馈，最大限度地利用信道互易性，达到反馈开销和性能之间的最佳折中。

（3）灵活易扩展的 CSI 反馈方案

新型 AI 反馈方案适用于各种可能的系统参数，并且在系统内外部条件变化的情况下，无须重新训练，仍然可以有效运行，提升反馈方案的适应性和扩展性。

（4）多用户信道状态信息融合技术

通过训练数据，学习系统内在的多个用户共享的传播环境特性，建模用户信道之间的内在相关性，融合多用户 CSI，去除冗余信息，提升反馈精度，降低开销。

8.4 小结

UDD 是 TDD 组网未来干扰控制的重要方向，它攻克了基站侧上下行自干扰、基站间或终端间的子带间交叉链路干扰、终端侧的上下行自干扰等复杂干扰，实现了全新时频复用模式，一网多能支持低时延、高可靠与大上行或大下行业务的高效共存，满足运营商的中长期部署需求。基于图像识别技术的干扰识别和基于类语义的复合干扰识别都是基于 AI 的干扰识别的重要方向，可分别适用于高算力、高精度、准实时性、大规模的网络侧干扰类型分析和低算力、中等精度、实时、单站的便携式仪表中的干扰类型分析，本章进行了有益的尝试和初步应用，获得了比较理想的效果。基于 AI 的 MIMO 系统干扰消除主要聚焦在用 AI 的手段进行高精度的信道状态估计和预测，从而提升信号判决检测、MIMO 波束成形的性能，最终获得降低系统内用户间干扰的效果。这方面的研究刚刚起步，但 AI 与通信物理层的结合是未来 6G 网络智慧内生的重要特征之一，让我们看到了 AI 在移动通信中应用的广阔前景。

参考文献

[1] HOWARD A, SANDLER M, CHEN B, et al. Searching for MobileNetV3[C]//Proceedings of 2019 IEEE/CVF International Conference on Computer Vision (ICCV). Piscataway: IEEE Press, 2019: 1314-1324.

[2] RAHMAN M A, WANG Y. Optimizing intersection-over-union in deep neural networks for image segmentation[C]//Advances in Visual Computing, 2016: 234-244.

[3] YE H, LI G Y, JUANG B H. Power of deep learning for channel estimation and signal detection in OFDM systems[J]. IEEE Wireless Communications Letters, 2018, 7(1): 114-117.

[4] HE H T, WEN C K, JIN S, et al. Deep learning-based channel estimation for beamspace mmWave massive MIMO systems[J]. IEEE Wireless Communications Letters, 2018, 7(5): 852-855.

[5] JIANG W, SCHOTTEN H D. Neural network-based channel prediction and its performance in multi-antenna systems[C]//Proceedings of 2018 IEEE 88th Vehicular Technology Conference. Piscataway: IEEE Press, 2018: 1-6.

[6] YANG Y W, GAO F F, ZHONG Z M, et al. Deep transfer learning-based downlink channel prediction for FDD massive MIMO systems[J]. IEEE Transactions on Communications, 2020, 68(12): 7485-7497.

[7] HAN Y, LI M Y, JIN S, et al. Deep learning-based FDD non-stationary massive MIMO downlink channel reconstruction[J]. IEEE Journal on Selected Areas in Communications, 2020, 38(9): 1980-1993.

[8] ALRABEIAH M, ALKHATEEB A. Deep learning for TDD and FDD massive MIMO: mapping channels in space and frequency[C]//Proceedings of 2019 53rd Asilomar Conference on Signals, Systems, and Computers. Piscataway: IEEE Press, 2019: 1465-1470.

第 9 章

TDD 大规模组网干扰理论及方法对全球 TDD 推广的借鉴意义

干扰是 TDD 网络的核心“症结”，是世界级难题，更是决定 TDD 道路行不行得通的关键。本书围绕 TDD 规模组网的干扰问题进行了系统阐述，提出了 TDD 大规模组网干扰体系，该干扰体系包括 TDD 特有的网络全局自干扰，以及与 FDD 干扰类型相同但更加复杂的基站终端间干扰、系统间干扰。针对 TDD 特有的网络全局自干扰，本书揭示了其干扰特性并构建模型，提出了灵活的 GP 帧结构设计、远端干扰溯源的导频设计及检测等技术，相关技术已写入了 3GPP 等国际标准，为 TDD 的国际推广奠定了坚实的技术和产业基础。针对基站终端间干扰及系统间干扰，本书提出了一套干扰研究及分析的方法，包括干扰特征提取、数学分析建模、仿真评估、提出解决方案、测试验证等，上述方法源于中国移动在 3G、4G、5G 等 TDD 大规模组网的实践。中国移动 TDD 规模组网的理论及实践经验，在 ITU、NGMN、GTI 等多个国际标准组织或交流合作平台进行了国际推广，为 TDD 的国际推广提供了宝贵的组网经验参考。TDD 规模组网干扰问题的成功解决，有效扫清了 TDD 推广道路上的最大“拦路石”，助力 TDD 技术成为 4G 全球主流，成为 5G 全球主导，截至 2022 年年中，全球已有 150 多个 4G 网络运营商、200 多个 5G 网络运营商采用了 TDD 技术。